# Vereinheitlichung in der Industrie

Die geschichtliche Entwicklung, die bisherigen Ergebnisse, die technischen und wirtschaftlichen Grundlagen

Von

## Dr. Georg Garbotz

**Dipl.-Ingenieur**

Mit 18 Abbildungen im Text

München und Berlin 1920
Druck und Verlag von R. Oldenbourg

# Vorwort.

Wenn im folgenden versucht werden soll, die geschichtliche Entwicklung, die technischen Ergebnisse und die wirtschaftlichen Grundlagen der Vereinheitlichungsbestrebungen in der Industrie darzustellen, Bestrebungen, deren Kenntnis trotz ihrer überragenden Bedeutung für den wirtschaftlichen Wiederaufbau Deutschlands noch nicht in der unbedingt wünschenswerten Weise Gemeingut aller Kreise der Bevölkerung geworden ist, so lagen hierfür zweierlei Beweggründe vor.

Neben dem Fehlen einer zusammenfassenden Darstellung des gesamten Fragenkomplexes war U r s a c h e die den Verfasser schon längere Zeit bewegenden offenkundigen Nachteile allzu großer Vielseitigkeit im Bau- und Baumaschinenbetrieb[1]) und V e r a n l a s s u n g die ausgesprochene Betonung technisch-ökonomischer und privatwirtschaftlich-organisatorischer Fragen an der Frankfurter Universität, die einen Staatswissenschaften treibenden Ingenieur geradezu reizen mußten, das Normungsproblem einmal hauptsächlich vom wirtschafts-wissenschaftlichen Standpunkte aus zu untersuchen. So konnte in einer Person der Schmollersche Satz befolgt werden, daß zwar für alle Einzelfortschritte im Erkennen weitgehende Arbeitsteilung und Spezialisierung nötig ist, daß aber die großen praktischen Resultate der Wissenschaft in Staat und Gesellschaft nur gesundes Leben gewinnen, wenn die arbeitsteiligen Träger des Fortschrittes immer wieder Verständigung suchen, die Mißverständnisse beseitigen, zu einheitlichen Zielen und Überzeugungen kommen[2]).

---

[1]) Ihre Erörterung muß einer speziellen Arbeit vorbehalten bleiben.

[2]) Gustav Schmoller, »Das Maschinenzeitalter in seinem Zusammenhange mit dem Volkswohlstand und der sozialen Verfassung der Volkswirtschaft«, Zeitschrift des Vereins Deutscher Ingenieure 1903, S. 1165.

Es mußten dabei von vornherein, um der Aufgabe auch nur einigermaßen gerecht zu werden, alle Sonderfragen ausgeschaltet und, so lockend deren Behandlung, insbesondere für den Ingenieur, mitunter auch sein würde, eine sorgfältige Beschränkung des überreichen Stoffes vorgenommen werden, um für den Wirtschafter die für dessen Urteil ausschlaggebenden großen Linien herauszuarbeiten.

Für Einzelheiten sei daher auf die reichlich angeführte Literatur verwiesen.

Frankfurt a. M., Ende 1919.

Georg Garbotz.

# Inhalts-Verzeichnis.

# Einleitung.

Ein Jahr beispielloser Enttäuschung für das deutsche Volk ist am 31. Dezember 1918 zu Ende gegangen. Eineinhalb Millionen Tote auf dem Schlachtfelde, schätzungsweise 15 bis 20 Milliarden Jahresbelastung unserer Volkswirtschaft und eine gänzliche Verarmung an Rohstoffen sind das Ergebnis eines in der Geschichte einzig dastehenden, mehr als vier Jahre unter den größten Entbehrungen während Ringens des deutschen Volkes gegen eine Welt von Feinden.

Kurz gesagt[1]), drei große Gesichtspunkte werden alle Erörterungen über den wirtschaftlichen Wiederaufbau Deutschlands beherrschen: Der Menschenmangel, der Rohstoffmangel und die wesentlich höheren öffentlichen Lasten.

Berücksichtigt man auf der einen Seite, daß unter unseren Feinden Amerika und Japan wirtschaftlich ganz erheblich erstarkt sind und England sowie Frankreich nicht so geschwächt wie Deutschland aus dem Kriege hervorgehen werden, so dürfte es auch dem größten Wirtschaftsoptimisten klar sein, daß nur die weitestgehenden Maßnahmen den gänzlichen Zusammenbruch unseres totwunden Wirtschaftskörpers zu verhindern vermögen.

Öffentliche Lasten. Stellen wir nun die Frage: »Wen trifft das Ergebnis des Krieges, der Menschen- und Rohstoffmangel, am meisten und wo finden wir die tragfähigen Schultern, auf die der Hauptteil der unerhörten Lasten abgewälzt werden kann?« Die durch Pfandbriefe und Hypotheken bereits hoch belastete Landwirtschaft und der Hausbesitz in den Städten, die nur eine niedrige Verzinsung aufbringen, sind nicht imstande, sehr große Teile der Kriegslasten zu verzinsen[2]). Der Hauptteil oder

---

[1]) E. Toussaint, »Spezialisieren, Organisieren und Normalisieren bei der Umstellung auf die Friedenswirtschaft«, Der Staatsbedarf vom 10. Nov. 1917, Nr. 45.

[2]) Dr. Wilh. A. Dyes, »Die Kriegsfolgezeit mit Berücksichtigung von Eisen und Stahl«, Gießerei-Zeitung 1918, S. 52.

mindestens 40 bis 50% entfällt voraussichtlich auf die Industrie; das bedeutet aber, daß bei nur 40% auf ihr eine erste Hypothek von etwa 60 bis 80 Milliarden lastet und daß sie diese nicht nur zu verzinsen, sondern auch abzutragen hat. Wir dürfen nicht vergessen, daß die nicht produktiven Teile des Volksvermögens für die Abtragung der Kriegslasten nicht in Frage kommen und daß der städtische sowie ländliche Grund und Boden nur etwa 20$^0{}_0$ des Volksvermögens ausmachen und wohl als Sicherheit für die Kriegsanleihen dienen, aber für die Verzinsung oder gar Abtragung derselben keine große Rolle spielen werden.

Löhne. Die zweite Belastung, die vielleicht nicht nur die Industrie trifft, sind die phantastisch gestiegenen Lohnansprüche der Arbeiter. Wenn heute ein Kohlenhäuer statt etwa M. 4.50 im Frieden M. 19.50 täglich verdient und dabei statt 10 Stunden nur noch 8 Stunden arbeitet (wenn er es überhaupt tut), so muß das bei einer Lohnsumme von 12 Milliarden im Frieden zu einer zweiten Verteuerung unserer Industrie-Erzeugnisse führen, die allein vielleicht geeignet wäre, unsere Wettbewerbsfähigkeit gegenüber dem Auslande in Frage zu stellen.

Rohstoffe. Diesen beiden Belastungen gesellt sich als dritte der Zwang hinzu, die für unsere Industrie benötigten Rohstoffe, und zwar infolge des Verlustes von Elsaß-Lothringen vor allem Eisen, vom feindlichen Auslande zu beziehen. Es ist klar, daß trotz Völkerbund, zumal bei dem schlechten Stande unserer Valuta, für uns diese Rohstoffe nur zu erheblich höheren Preisen erhältlich sein werden als für die glücklichen Besitzer und deren Bundesgenossen.

Vereinheitlichung zwecks Produktionssteigerung und Verbilligung. Vergegenwärtigen wir uns hierzu, daß unsere Gegner schon infolge ihrer Zahl und der vierjährigen Blockade in der glücklichen Lage waren, den ihnen bisher so unbequemen Konkurrenten auf nahezu allen Absatzgebieten aus dem Felde zu schlagen, und daß auch sie unter dem Einfluß des Krieges ihre Herstellungsverfahren wirksam verbessert und ihre Werkstätten erheblich erweitert haben, so ergibt sich als Folge des Krieges für unsere Industrie eine gegenüber dem Friedensstande völlige Verschiebung der Wettbewerbsmöglichkeiten auf dem Weltmarkt. Auf das Vielfache gestiegene Produktionskosten und schwierigste Absatzverhältnisse sind ihre beiden Hauptmerkmale. Die Frage, die sie sich hiernach stellen muß, ist die: Können wir unter diesen erschwerenden Umständen dem Auslande gegenüber wettbewerbsfähig bleiben? Die Antwort kann bejahend lauten, wenn wir trotz allem in der Lage sind, gut und billig zu liefern. Wir müssen also alle technischen und wirtschaftlichen Mittel anwenden, um in erster Linie die Herstellungskosten unserer Produkte so weit als möglich zu beschränken. Äußerste Materialausnutzung, vollkommenste Betriebsorganisation, Reihen- und Massenherstellung sind die Angelpunkte, um die sich die ganze Frage dreht. Das Mittel hierzu muß eine aufs höchste gesteigerte Produktion sein. Was eine Jahreserzeugung von 40 Milliarden an Unkosten nicht tragen kann, das trägt nach Walther Rathenau, »Die neue Wirtschaft«, S. 27, eine solche von 80 Milliarden. Die Voraussetzung hierfür aber ist restlose Durchführung des Vereinheitlichungsgedankens in der Industrie.

Gliederung der Vereinheitlichungsbestrebungen. Schon öfters ist der Versuch gemacht worden, eine systematische Gliederung des gesamten Gebietes aller Vereinheitlichungsbestrebungen vorzunehmen. Es braucht hier z. B. nur an die von Ostwald ausgehende Brückenorganisation erinnert zu werden, unter deren offenbarem Einfluß Hansen[1] und Goller eine »Deutsche Zentrale für systematische Arbeit« vorgeschlagen haben, deren Tätigkeit sich auf die Arbeitsgebiete:

1. Erziehung und Unterricht,
2. Sammlungen und Kunstwerke,
3. Naturwissenschaft und Mathematik,
4. Technik und Ingenieurwesen,
5. Handel und Verkehr,
6. Land- und Hauswirtschaft

erstrecken sollte. An zweiter Stelle ist die Gliederung Kienzles[2] zu nennen, die meines Erachtens den Tatsachen am nächsten kommt. Er teilt das gesamte Gebiet in zwei Gruppen: die organisatorischen und die mechanischen oder technischen Normen, und versteht dabei unter den ersteren die, welche die Beziehungen der Menschen untereinander und zu den Dingen regeln, also z. B. die Gesetzes-Vorschriften und anderes, und zu den letzteren alle

[1] Fritz Hansen, »Neuzeitliche Organisationsbestrebungen«, Organisation 1918, S. 95.
[2] Kienzle, »Normen und ihre Bedeutung für die Allgemeinheit, insbesondere für die Industrie«, Der Weltmarkt 1918, S. 179.

4

Normen über die Beziehungen der Dinge zueinander. Ähnlich ist die Einteilung Porstmanns[1]), der energetische und biologische Normen unterscheidet. Die ersteren sollen an leblose Dinge, wie Maße, Münzen, Gewicht, Formate usw. geknüpft sein, die letzteren befassen sich unmittelbar mit dem Menschen selbst, wie Sprache, Schrift, Werte, Erziehungsnormen, Denknormen, Kleidungsnormen, Recht, Politik usw. Dabei ist allerdings nicht recht ersichtlich, warum die Kleidungsnormen z. B. nicht auch in die erste Gruppe gerechnet werden können. Eine dritte Einteilung findet sich bei Neuhaus[2]), die sich allerdings nur auf das Gebiet der Maschinenindustrie erstrecken will. Er unterscheidet erstens Vereinheitlichungsbestrebungen, die den Einzelbetrieb regeln sollen, einmal vom technisch-fabrikatorischen, dann vom organisatorischen Standpunkte aus, und zweitens gleiche Bestrebungen auf dem den Einzelbetrieb umfassenden Gesamtgebiet, wieder unterschieden nach der technischen und nach der organisatorischen Seite. Zum Schluß will ich noch die Ausführung Czolbes[3]) erwähnen, der die Normen scheidet in soziale Normen, welche das Zusammenleben der Menschen betreffen, Naturgesetze, welche das Naturgeschehen beherrschen, und technische Normen, die sich auf das Verhältnis der Menschen zu den Dingen beziehen.

Es muß anerkannt werden, daß alle diese Einteilungen sich mit gewissen Einschränkungen vertreten lassen. Zu einer eindeutigen Lösung der Frage werden wir aber nur dann gelangen können, wenn wir den Begriff »Vereinheitlichung« und damit auch die Normen als deren Ergebnis genau präzisieren. Vereinheitlichung bedeutet Verständigung über Mittel körperlicher oder geistiger Art, die eine Mehrheit von Einzelwesen benötigt, um eine Gemeinschaft zu bilden[4]). Damit können wir aber die Czolbeschen Naturgesetze aus dem Vereinheitlichungsproblem

[1]) W. Porstmann, »Normenlehre: Grundlagen, Reform, Organisation der Maß- und Normensysteme«, 1917, Vorwort.

[2]) F. Neuhaus, »Der Vereinheitlichungsgedanke in der deutschen Maschinenindustrie«, Technik und Wirtschaft 1914, S. 606.

[3]) Bruno Czolbe, »Die wirtschaftlichen Funktionen der Normalisierung in der deutschen Maschinenindustrie«, Archiv für exakte Wirtschaftsforschung 1915, Bd. VII, Heft 1.

[4]) W. Hellmich, »Der Normenausschuß der deutschen Industrie«, Mitt. des Nadi 1918, Heft 1, S. 1.

von vornherein ausscheiden, denn sie besitzen absolute Geltung und bedürfen zu ihrem Bestehen keiner menschlichen Vereinbarung. Ebenso sind einheitliche Formen menschlicher Tätigkeit, die sich aus der Gewohnheit ergeben[1]), noch keine Normen! Sie können wohl zur geschichtlichen Erklärung später daraus entstandener Normen herangezogen werden; aber, um Normen darzustellen, bedürfen sie unter allen Umständen eines gemeinschaftlichen Willensaktes, der Verständigung.

Betrachten wir nunmehr von dem so gewonnenen Fundament aus das Gesamtgebiet der zahllosen bisher entstandenen Vereinheitlichungen, so lassen sich offenbar zwei große Gruppen unterscheiden:

A. Vereinheitlichungen, die eine Verständigung über Fragen hauptsächlich organisatorischen Charakters, also Mittel geistiger Art, darstellen,

B. Vereinheitlichungen, die das Produkt einer Verständigung über irgend welche Eigenschaften von Dingen, also Mittel körperlicher Art, sind.

Zu den ersteren wären etwa zu rechnen: Das metrische Maß- und Gewichtssystem, alle gesetzlichen Vorschriften, Normalunfallverhütungsvorschriften, normale Arbeitsverträge, Normen für Leistungsversuche an Dampfkesseln und ähnliches; ein großer Teil, vielleicht der überwiegende, dürfte hier sozialer Natur sein. Zu den letzteren wären etwa einheitliche Uniformen, einheitliche Schuhtypen, Schrauben-, Kessel-, Stift-, Zeichenblatt-Normalien und anderes zu rechnen.

Versuchen wir, dieser allgemeinen Einteilung die zurzeit ja allen Ingenieuren und Wirtschaftspolitikern wohlbekannte Schlagworte der industriellen Vereinheitlichung einzugliedern, so können wir etwa,

zu A.:

1. Die Normung oder Normensetzung, d. h. Verständigung über allgemeingültige organisatorische Regeln mit dispositivem Charakter,

---

[1]) Bruno Czolbe, »Die wirtschaftlichen Funktionen der Normalisierung in der deutschen Maschinenindustrie«, Archiv für exakte Wirtschaftsforschung 1915, Bd. VII, Heft 1, S. 4.

6

zu B.:

2. Die Normalisierung, d. h. Verständigung über die Abmessungen und Formen von Einzelteilen industrieller Erzeugnisse,

3. die Typisierung, d. h. Verständigung über die Beschränkung der Ausführungsformen der ganzen Erzeugnisse auf unbedingt notwendige, bewährte, allgemein gültige Typen,

rechnen und gewissermaßen als Bindeglied zwischen A. und B.

4. die Spezialisierung, d. h. Verständigung über die Verteilung der Herstellung dieser Typen auf die einzelnen Unternehmungen,

ansehen.

Dabei können sich diese Vereinheitlichungen einmal auf das enge Gebiet der Einzelwirtschaft bzw. der Einzelunternehmung beschränken, sie können aber auch die ganze Volkswirtschaft umfassen und schließlich internationale Geltung haben.

# Die geschichtliche Entwicklung des Vereinheitlichungsgedankens.

## Die Zeit bis zum Auftreten der Industrie.

Für die Beurteilung der oft recht verwickelten technischen und wirtschaftlichen Zusammenhänge der industriellen Vereinheitlichungsbestrebungen wird es sich unter allen Umständen als zweckmäßig erweisen, die Analogien aus anderen Gebieten menschlicher Tätigkeit zum Vergleich heranzuziehen und dabei zunächst eine lediglich historische Übersicht über die Entwicklung des Gesamtproblems zu geben.

Wenn man die Geschichte der wirtschaftlichen Technik mit Schmoller[1]) nur nach ihren größten und allgemeinsten Merkmalen einteilen will, so kann man drei klar erkennbare Zeitalter unterscheiden:

1. Die Urzeit, als das Zeitalter der ersten Fortschritte in der Ernährungsfürsorge, in der Werkzeug-, Waffen- und Gerätebeschaffung, unendliche Zeiträume umfassend,

2. das Zeitalter des beginnenden Ackerbaues mit Pflug und Viehzähmung, der verbesserten Werkzeuge aus Bronze und Eisen, von 4000—5000 vor Christi Geburt bis zum 16.—18. Jahrhundert, und

3. das Zeitalter der neueren Naturerkenntnis und der Maschinentechnik.

Nomadenleben. Schon in den allerersten Anfängen der Menschheitsgeschichte, in der Urzeit, hat sich mit dem Zusammenschluß der wandernden kleinen Horden und Stämme das Bestreben mit mehr oder minder großem Erfolg geltend gemacht,

[1]) Gustav Schmoller, »Das Maschinenzeitalter in seinem Zusammenhange mit dem Volkswohlstand und der sozialen Verfassung der Volkswirtschaft«, Zeitschrift des Vereins Deutscher Ingenieure 1903, S. 1165.

gewisse einheitliche Formen zu finden[1]), die das Zusammenleben der Einzelwesen äußerlich in gleiche Bahnen lenken und nach gewissen einheitlichen Regeln gestalten sollten. »Es kann der Mensch nicht leben ohne Formeln und Regeln, ohne Gewohnheiten und gewisse Methoden des Handelns und Seins« sagt Carlyle. Diese Regeln, Bestimmungen, Gesetze wurden notwendig, sobald der Mensch nicht mehr allein lebte, sobald der eine auf den andern Rücksicht zu nehmen hatte; ja man kann sagen, daß ein gewisses Maß solcher Vereinheitlichung der Lebensführung Vorbedingung für das Entstehen schon des Begriffes Gemeinschaft ist[2]). Es wird sich also hier in erster Linie um soziale Normen, wie z. B. die Stammesgesetzgebung, religiöse Formen, nicht zu vergessen die Sprache, eventuell Schriftzeichen und ähnliches, gehandelt haben. An eine Vereinheitlichung körperlicher Mittel dürfte auf dieser Stufe der Menschheitsentwicklung noch kaum zu denken sein, es sei denn, man wäre in der Lage, dies vielleicht bei der Kleidung nachweisen zu können.

Wohl hat auch hier die Gewohnheit, die Vorläuferin der Vereinheitlichung, schon den Menschen gelehrt, immer auf bereits einmal gemachte Erfahrungen zurückzugreifen. Aber die ersten deutlichen Anfänge von Normung, Typisierung und Spezialisierung finden wir erst in der zweiten Stufe der menschlichen Entwicklung.

Kundenproduktion. Der Übergang vom Nomadenleben zum seßhaften Ackerbau und insbesondere von der Eigen- zur Kundenproduktion war es, der die Menschen zur Spezialisierung, Normalisierung und Typisierung drängte. Der Mensch der Urzeit war sein eigener Bäcker, Sattler, Schuster, Schreiner usw. Mit der Aufgabe der geschlossenen Hauswirtschaft, der Trennung des Produzenten vom Konsumenten trat in dem Handwerk eine Spezialisierung der menschlichen Tätigkeit ein. Der Grundstein der Vereinheitlichung körperlicher Mittel, nennen wir sie in Zukunft kurz technische Vereinheitlichung, war gelegt. In diese Zeit etwa dürfte die Normalisierung der Backsteine fallen, denn schon zur Zeit der Babylonier, der alten Römer und

---

[1]) F. Neuhaus, »Der Vereinheitlichungsgedanke in der deutschen Maschinenindustrie«, Technik und Wirtschaft 1914, S. 606.

[2]) F. Neuhaus, »Der Vereinheitlichungsgedanke in der deutschen Maschinenindustrie«, Technik und Wirtschaft 1914, S. 603.

der alten Griechen lassen sich ausgeprägte Normalformate feststellen[1]). Neben die Normen, wie sie im Mittelalter die Zunftverfassung so zahlreich unter anderem für die Erlernung des Handwerks, Gesellen-, Meisterstück, schuf, traten die Normalien und Typen, die eine Vorratsproduktion ohne Berücksichtigung der Einzelwünsche des Käufers und der Zwang, sich infolge des Wettbewerbes auf einer bestimmten Preishöhe mit seinen Erzeugnissen zu halten, mit Naturnotwendigkeit verlangte.

Marktproduktion. Die nächste Förderung erfuhr der Vereinheitlichungsgedanke durch die Marktproduktion und das Dazwischentreten des Kaufmanns zwischen Erzeuger und Verbraucher. Die Produktionsmengen stiegen jetzt mit einem Mal ganz erheblich. Die Waren mußten vertretbar sein, der kleine Handwerker konnte den großen Anforderungen nicht mehr nachkommen, die Verlagsindustrie setzte ein, um die Mengen bei dem Fehlen von Maschinen zu bewältigen, der Gedanke der Arbeitsteilung trat hinzu. Man suchte die bisher in einer Hand vereinigten Arbeitsvorgänge als Teilarbeiten an oft weit voneinander entfernte Fachleute zu vergeben, mußte aber damit die Einzelteile mit Rücksicht auf das spätere Zusammenpassen in weitgehendem Maße normalisieren.

Fabrikbetrieb. Dieser Entwicklungsgang des Vereinheitlichungsgedankens erlitt mit dem Aufkommen des Fabrikbetriebes, insbesondere aber auch bei dem Übergang zu dem dritten Zeitalter der neueren Naturerkenntnis und der Maschinentechnik, eine sichtbare Verzögerung. Waren bei der arbeitsteiligen Hausindustrie die Spezialarbeiter oft räumlich weit getrennt, so beabsichtigte der Fabrikherr ja gerade durch die Vereinigung der Arbeits- und Produktionsvorgänge innerhalb der Fabrik, die Nachteile dieser Trennung zu beseitigen. Damit fiel aber auch der Ansporn zur Normalisierung weg. Das Zusammenpassen war ja mit Leichtigkeit an Ort und Stelle vorzunehmen. Ebenso war eine fachmännische Aufsicht und Anleitung für die vorteilhafteste

[1]) Tonindustrie-Kalender 1912, S. 17. »Die Einführung des Deutschen Reichsziegelformates fällt erst in die 70er Jahre.« — Lämmerhirt, »Über die Einführung eines einheitlichen Ziegelformates mit Bezug auf das Metermaß«, Notizblatt 5, S. 10, 89, 131, 342, 448; Notizblatt 6, S. 11, 156, 257. — Tonindustrie-Zeitung 1879, S. 98. — Tonindustrie-Zeitung 1883, S. 22.

10

Ausführung der Arbeit zur Stelle. Ohne zwingende Notwendigkeit aber fehlte der Industrie im Anfang ihrer Entwicklung bei dem rasenden Tempo, das diese nun unter dem Einfluß der wissenschaftlichen Erkenntnis annahm, einfach die Zeit, sich mit dem Vereinheitlichungsgedanken zu befassen. Die Aufgaben, vor die sie gestellt wurde, waren so riesengroß, die Fülle der unaufhörlich auf sie einstürmenden neuen Gedanken so umfangreich, daß man froh war, wenn man für deren Lösung überhaupt einen Weg gefunden hatte. Ob dieser vom technisch-ökonomischen Standpunkt aus der beste war, mußte ruhigeren Zeiten überlassen werden. Nichts hatte schon feste Form angenommen, alles war im Fluß.

Einer, vielleicht mit der wichtigsten Errungenschaft des Vereinheitlichungsgedankens aus jener Zeit muß an dieser Stelle gedacht werden: Die Französische Revolution hatte das metrische Maß- und Gewichtssystem geschaffen, dessen siegreiche Idee inzwischen in 34 Staaten der Erde ihren Einzug gehalten hat[1]).

## Die Entwicklung in Amerika.

Wie auf so vielen Gebieten wirtschaftlicher Tätigkeit sind es auch hier die Amerikaner gewesen, die den industriellen Vereinheitlichungsgedanken als erste in die Wirklichkeit umgesetzt haben. Der gelehrige Schüler, der noch in der ersten Hälfte des 19. Jahrhunderts keinerlei irgendwie bedeutende Industrie besaß und sein ganzes technisches Rüstzeug von Europa einführen mußte, hatte bereits gegen Ende desselben Jahrhunderts seinen Lehrmeister überflügelt. Die Anfänge der amerikanischen Vereinheitlichungsbestrebungen gehen — abgesehen von einigen schüchternen Versuchen aus früheren Zeiten, wie z. B. Eli Whitneys, des Erfinders des Baumwollentkerners, bereits im Jahre 1798 Gewehre als Massenartikel nach ganz modernen Grundsätzen herzustellen[2]) — bis in die 90er Jahre zurück und erreichen etwa

[1]) »Sollen Großbritannien und die Vereinigten Staaten von Nordamerika das metrische Maßsystem zwangsweise einführen?«, Zeitschrift der Deutschen Gesellschaft für Mechanik und Optik, 15. Juni 1918, S. 69.

[2]) Woodworth, deutsch von Heine, »Herstellung von Werkzeugen und die Massenfabrikation nach amerikanischem System«, Leipzig 1910. — »Standards in machinery«, Engineering 1900, S. 96.

um die Jahrhundertwende ihren Höhepunkt. Die in zahllosen
Abhandlungen der bedeutendsten amerikanischen Zeitschriften
ständig wiederkehrenden Schlagworte »Efficiency, Speciali-
zation« und »Standardization« kennzeichnen gleichsam als
logische Folge der Organisationsfähigkeit und des methodischen
Auffassens des amerikanischen Geschäftssinnes jenen Zeitabschnitt
und gaben den Anstoß zu der fast an das Wunderbare grenzenden
Entwicklung der amerikanischen Industrie. Zwar haben es die
Amerikaner bis heute, abgesehen von dem 1917 gegründeten
Munition Standard Boards[1]), noch nicht zu einer straff organi-
sierten Zentralstelle gebracht, in der zur Vermeidung nebeneinander
herlaufender Einzelbestrebungen alle Vorschläge vor ihrer Veröffentlichung zusammenlaufen: aber die außerordentlich rege
Tätigkeit der technisch-wissenschaftlichen und der wirtschaftlich-
industriellen Verbände auf dem Gebiete, sowie insbesondere die
überragende Machtstellung der amerikanischen Trusts haben,
begünstigt durch den Zwang eigenartiger später zu erläuternder
wirtschaftlicher Verhältnisse[2]), das Ihre dazu beigetragen, den
einmal gutgeheißenen Normen, trotz des oben erwähnten Mangels,
allgemeine Geltung zu verschaffen. Wir können auch hier deutlich alle vier auf Seite 5 und 6 skizzierten Erscheinungsformen
des Vereinheitlichungsgedankens feststellen.

[1]) Hassenstein. »Das amerikanische Munitionsnormenamt«, Mitteilungen des Normenausschusses der deutschen Industrie 1918, Heft 4,
S. 22. — American Machinist, 7 VII 1917, S 903 »Der aus sechs
Kabinettsbeamten mit dem Kriegsminister bestehende Rat der nationalen Verteidigung hat im Jahre 1917 das Munitions-Normenamt
gegründet, um die strikte Normalisierung und Toleranzierung der
Kriegsmaterialerzeugung zu gewährleisten Es sollte ihm danach zunächst obliegen: Die Vereinheitlichung und Sicherung der Austauschbarkeit der einzelnen Teile, Normung der Liefer- und Abnahmevorschriften, Herstellung genauer Zeichnungen mit richtigen, durch
Versuche und sorgfältige Ausführung vervollkommneten Toleranzen,
Festlegung von Arbeitsgängen, der hierfür notwendigen Arbeitszeiten,
dazu Ausarbeitung der notwendigen Abbildungen, um Arbeitsvorgänge
und Meßverfahren weiterzubilden, Sammlung sämtlicher Kriegs-
erfahrungen, um diese und die Vereinheitlichungsarbeiten des Muni-
tionsnormenamtes schließlich für die Friedenserzeugung nutzbar zu
machen.«

[2]) Siehe S. 198 u ff

Normungsbestrebungen. Die ersten Arbeiten auf dem Normungsgebiet dürften von der American Society of Mechanical Engineers im Jahre 1885 geleistet worden sein. Sie. gab Normen für Leistungsversuche an Dampfkesseln heraus, die im Jahre 1899 einer eingehenden Revision, entsprechend dem fortgeschrittenen Stande insbesondere der Meßtechnik, unterzogen wurden[1]). Damit war zum ersten Male eine einheitliche Grundlage für die Beurteilung der Hauptkraftquellen der Industrie geschaffen. Ihr folgten im Jahre 1900 als notwendige Ergänzung für die Hauptkraftmaschinen die Normen für Leistungsversuche an Dampfmaschinen durch den gleichen Verband[2]).

Hierher gehören u. a. dann auch die Normen für die Berechnung von Kältemaschinen[3]), die Bryanschen .Vorschläge, durch einheitliche Farben den Inhalt von Rohrleitungen in den Betrieben kenntlich zu machen[4]), die Normen der American Street and Interurban Railway Association für die Bau-, Puffer-, Kupplungs-, Plattform, Trittbrett- und Stufenhöhe von Straßenbahnfahrzeugen und anderes mehr[5]).

Bureau of Standards. Am 1. Juli 1901 erfolgte als Abteilung des Ministeriums für Handel und Arbeit die Gründung des National Bureau of Standards. Damit kommen wir zu einem der wichtigsten Marksteine in der Geschichte der amerikanischen Vereinheitlichungsbestrebungen.

Auf Drängen von Wissenschaft, Industrie und Handel hatte der Kongreß am 3. März 1901 die staatlichen Mittel bewilligt zum Bau und zur Einrichtung von Laboratorien und zur Einsetzung eines wissenschaftlichen Stabes, um die Vereinheitlichungs-

---

[1]) »Report of the Committee on the Revision of the Society Code of 1885, relative to a Standard Method of Conducting Steamboiler Trials«, Transactions of the American Society of Mechanical Engineers 1900, S. 34.

[2]) »The Report of the Engine-Trial-Committee of the American Society of Mechanical Engineers«, The Engineering Record, 8. VI. 1901, S. 550. — »Testing steam-engines«, Engineering, 25. VII. 1902, S. 104.

[3]) »Annual Meeting of the Amercian Society of Mechanical Engineers«, Engineering-News, 10. XII. 1903, S. 517.

[4]) »Proceedings of the American Society of Chemical Engineers«, 1918, S. 771. — Stahl und Eisen 1910, S. 393.

[5]) »Annual Convention of the American Street and Interurban Railway Association«, Engineering News, 22. X. 1908, S. 447.

arbeiten zu fördern und wissenschaftlichen Gesellschaften, Unterrichtsanstalten, Firmen, Verbänden und Einzelpersonen mit Rat und Tat zu dienen. Seine Tätigkeit hat sich hauptsächlich auf physikalische Messungen erstreckt und ist für die Wissenschaft von großem Wert gewesen[1]). Einen annähernden Begriff von der Wirksamkeit der Anstalt, die sich etwa mit der Physikalisch-Technischen Reichsanstalt[2]) vergleichen läßt, dabei aber noch die Gebiete der Normaleichungskommission und des Materialprüfungsamtes umfaßt, gibt die nachfolgende Übersicht der wichtigsten im ersten Bande der Schriften des Bureau of Standards bis 1905 gesammelten Veröffentlichungen[3]):

---

[1]) »The National Bureau of Standards«, The Engineering Magazine 1901/02, S. 928. »According to the law enacted a year ago, the functions of the National Bureau of Standards include the custody of the official standards and comparison of all standards used in scientific investigations, engineering, manufactures, commerce and in educational institutions, with the standards adopted or recognized by the government, the construction, when necessary of standards, their multiples and submultiples, the testing of standard, measuring apparatus and the solution of problems which arise in connection with standards. It is also authorized to make physical and chemical researches for the purpose of determining physical constants, and the properties of materials when such data are of great importance to scientific or manufacturing interests. The Bureau is authorized to exercise its functions for the departments of the Government, for any State or Municipality within the United States, scientific society, educational institution, firm, corporation or individual engaged in manufacturing or other pursuits requiring the use of standards, or standard measuring instruments.«

[2]) »Die Entwicklung des Bureau of Standards und seine elektrischen Arbeiten«, Elektrotechnische Zeitschrift 1916, S. 391.— Electrical World Bd. 66, S. 1244. »Das Bureau of Standards besteht aus 8 Abteilungen, nämlich aus Abteilung I: Elektrizität (Widerstand und Elektromotorische Kraft, absolute elektrische Messungen usw., elektrische Meßinstrumente, Magnetismus, Photometrie, Hochspannung, Elektrolyse, drahtlose Messungen für öffentliche Zwecke), Abteilung II: Maße und Gewichte, Abteilung III: Wärme und Thermometrie, Abteilung IV: Licht- und optische Instrumente, Abteilung V: Chemie, Abteilung VI: Technische Instrumente und Untersuchungen, Abteilung VII: Technik, Struktur der Materialien, Abteilung VIII: Metallurgie und Metallographie.«

[3]) S. W. Stratton and C. B. Rosa, »The National Bureau of Standards«, Proceedings of the American Institute of Electrical Engineers 1905, S. 1082.

14

Maße und Gewichte. Eine zweite, in sich geschlossene Gruppe von Vereinheitlichungsbestrebungen, die wir übrigens in gleicher Weise in allen Ländern wiederfinden, ist auf die Normung des Maß- und Gewichtssystems gerichtet[1]). Die Verfassung der Vereinigten Staaten hat zwar dem Kongreß das Recht gesetzlicher Festsetzung hier vorbehalten, aber von diesem Recht ist nur selten Gebrauch gemacht worden, und so stellt sich das derzeitige amerikanische Maß- und Gewichtssystem in der Hauptsache als ein Gewohnheitsprodukt dar[2]). In den ersten Tagen der Republik bestand keinerlei Einheitlichkeit in den Maßen und Gewichten, jeder Bundesstaat gebrauchte diese vielmehr so, wie er sie von seinen Vätern übernommen hatte. Dieser Mangel

---

[1]) Louis A. Fischer, »History of the Standard Weights and Measures of the United States«, American Machinist 1906, Bd. I, S. 46.

[2]) Herbert Wade, »The United States National Bureau of Standards«, The Engineering Magazine 1908, S. 1.

machte sich zum ersten Male fühlbar, als die Regierung durch die Einsetzung der Coast Survey 1815 den Versuch machte, eine Landesvermessung vorzunehmen. Als Haupterfordernis stellte sich hier die Schaffung eines Normallängenmaßes heraus, auf das alle Längenabmessungen bezogen, bzw. von dem neue abgeleitet werden konnten. Man wählte ein von der Internationalen Meter-Kommission konstruiertes Normalmaß, das bis zu seiner Ersetzung durch das »Nationale Prototyp der Meterkonvention« im Jahre 1890 im Gebrauch blieb. Hierzu trat ein 82-Zoll-Normalmaß als Urmaß für die handelsübliche Länge, und beide Maße zunächst in der Obhut der Coast Survey kennzeichnen also den Anfang der Längenmaßnormung in Amerika. Was die Raum- und Gewichtsmaße anbetrifft, so lagen die Verhältnisse hier noch weit mehr im Argen. Es war daher ein ganz bedeutender Schritt nach vorwärts, als der Kongreß der Coast Survey das Recht der Normung dieser beiden Maße übertrug. Und doch sollte erst jetzt der Kampf der Geister so recht einsetzen, denn es darf nicht übersehen werden, daß zwei verschiedene Systeme nebeneinander den Platz behauptet hatten, das handelsübliche, geschichtlich überlieferte englische Zollsystem und das vor allem von der Wissenschaft benutzte, durch die Französische Revolution geschaffene metrische System. Schon Washington hatte auf das Bedürfnis hingewiesen, ein einheitliches Maß- und Gewichtssytem einzuführen, und Jefferson hatte, bevor er Präsident wurde, 1801 bis 1809 bereits zwei Entwürfe zur Einführung einheitlicher Maße und Gewichte vorgeschlagen[1]), von denen das eine das metrische System enthielt. Seit dieser Zeit ist die Einführung der metrischen Maße und Gewichte in den Vereinigten Staaten zwar wiederholt von amtlicher Stelle empfohlen, und am 28. August 1866 sind sie auch gesetzlich zugelassen worden, aber die zwangsweise und allgemeine Einführung steht noch immer aus. Einen interessanten Einblick in die verschiedenen Strömungen für und wider das System gewährt hier eine im Jahre 1903 von der American Society of Mechanical Engineers gehaltene Umfrage bei ihren Mitgliedern, von denen allerdings nur 20%, wie folgt, geantwortet haben[2]).

---

[1]) »Das metrische Maß- und Gewichtssystem in Amerika«, Z. d. V. D. I. 1902, S. 1486.

[2]) »Bestrebungen, in den Vereinigten Staaten das metrische System einzuführen«, Z. d. V. D. I. 1903, S. 1269.

| F r a g e | Antwort | Ausländer | Konstrukteure | Eisenbahn-fachmänner | Lehrer | Maschinen-und Zivil-Ingenieure | Jüngere Mitglieder | Kaufleute u. a. |
|---|---|---|---|---|---|---|---|---|
| Soll das metrische Maßsystem als einziges gesetzlich zulässiges Maß in den Vereinigten Staaten eingeführt werden? | ja | 0 | 6 | 2 | 12 | 28 | 20 | 35 |
| | nein | 3 | 9 | 14 | 27 | 86 | 50 | 174 |
| Soll die Einführung des metrischen Maßsystems durch die Gesetzgebung beschleunigt werden? | ja | 2 | 8 | 4 | 20 | 52 | 26 | 41 |
| | nein | 1 | 9 | 12 | 21 | 66 | 43 | 159 |
| Würde die Einführung des metrischen Systems an Stelle des englischen für Ihren Betrieb schädlich sein? | ja | 2 | 8 | 9 | 7 | 56 | 35 | 125 |
| | nein | 1 | 4 | 4 | 14 | 47 | 28 | 47 |
| Würde die Einführung des metrischen Systems an Stelle des englischen ein Vorteil für Ihren Betrieb sein? | ja | 1 | 4 | 0 | 15 | 28 | 16 | 25 |

In erfreulichem Gegensatz hierzu stehen jedoch die 1474 zustimmenden Antworten, die auf eine Umfrage des Standardization Committee des American Institute of Electrical Engineers an 1635 Mitglieder betreffend gesetzliche Einführung des metrischen Systems eingingen[1]) sowie die Äußerungen von etwa 30 der hervorragendsten amerikanischen Werkzeugmaschinenfabriken auf ein Rundschreiben des Direktors des Bureau of Standards, die sich alle im Sinne der Einführung aussprachen. Bei den in die Augen springenden Vorteilen des einheitlichen metrischen Systems hat sich dieses naturgemäß allen Gegenströmungen zum Trotz bereits in weiten Kreisen Eingang verschafft[2]). So wurden bei der Post ausländische Postsachen nach Gramm gewogen, die elektrischen Einheiten sind sogar gesetzlich im Jahre 1894 im Metermaß festgelegt. Apotheker und Ärzte brauchen metrische Einheiten. Das

[1]) »Das metrische System in Amerika«, Z. d. V. D. I. 1906, S. 882.
[2]) »Bestrebungen, in den Vereinigten Staaten das metrische System einzuführen«, Z. d. V. D. I. 1902, S. 903

18

Landes- und Küstenvermessungsbureau hat seit langem das metrische System eingeführt, und schließlich gibt es eine Reihe von Industrien, die, einem Bericht der American Railway Association zufolge, nach Metermaß arbeiten, z. B. die Fabriken für Uhren, Injektoren, Zähleinrichtungen, Schraubenschneidmaschinen, Wagen, Bohrer, Lehren und andere Meßgeräte sowie Zeicheninstrumente. 1918 hat dann auch unter dem Druck der Verhältnisse das amerikanische Kriegsministerium für Artillerie, Maschinengewehre und Karten die Anwendung des metrischen Systems beschlossen. — Hatte nun bis zum Ende des 19. Jahrhunderts die Kontrolle der obenerwähnten beiden Maß- und Gewichtssysteme in der Hand seines Schöpfers, des Landes- und Küstenvermessungsbureaus (Coast Survey), gelegen, so mußten mit dem Wachsen und Fortschreiten von Handel und Industrie sich die Fragen und Anforderungen, die insbesondere die Technik an das Amt stellte, ganz bedeutend mehren und die schließlich notwendig werdende Kontrolle der elektrotechnischen, optischen und thermischen Einheiten es wünschenswert erscheinen lassen, die Coast Survey von den ständig wachsenden Aufgaben zu entlasten und eine besondere Stelle hierfür zu schaffen. Diese Aufgabe übernahm gleichfalls das Bureau of Standards.

Materialprüfung. Wie bereits oben (S. 13) erwähnt wurde, sollte das Bureau of Standards auch die Aufgaben eines staatlichen Materialprüfungsamtes übernehmen. All die zahl- und erfolgreichen Vereinheitlichungsbestrebungen, die auf diesem Gebiete schon von den verschiedensten Stellen geleistet waren und insbesondere in den Jahren 1900—1904 geleistet wurden, konnten hier, wenn auch nur zwanglos, zusammengefaßt werden. Die Bestrebungen, einheitliche Grundlagen für die Beurteilung und die Lieferung der Materialien zu den verschiedensten Zwecken zu schaffen, reichen zurück bis in das Jahr 1895, in dem sie sich zu der[1] in Zürich erfolgten Gründung des »Internationalen Verbandes für die Materialprüfungen der Technik« verdichteten[2]. Die amerikanischen Vertreter auf diesem Kongreß gründeten später am 10. August 1901 die American Society for Testing

[1] Scientific American, 17. V. 1902.
[2] William A. Webster und Edgar Marburg, »The Standardization of Specifications for Iron and Steel«, The Iron Age Bd. 13, 25. II. 1904, S. 36.

Materials, die im Verein mit der American Society of Civil Engineers, der American Society of Mechanical Engineers, der American Master Mechanics Association und der American Railway Engineering and Maintainance of Way Association bereits im selben Jahr folgende Normenblätter herausgab[1]):

1. Baustahl für Brücken und Schiffe,
2. Baustahl für Hochbau,
3. Kesselblech aus Siemens-Martinstahl und Nietenstahl,
4. Schienenstahl[2]),
5. Laschenstahl,
6. Achsenstahl[3]),
7. Radreifenstahl,
8. Schmiedestahl,
9. Gußstahl,
10. Schmiedeeisen.

Ihnen sind später gefolgt[4]): Normen für Stabeisen, Gießerei-Masseleisen[5]), gußeiserne Rohre und Spezialgußstücke, Lokomotivzylinder, gußeiserne Wagenräder, Graugußstücke, schmiedbare Gußstücke, Stehbolzeneisen, hartgezogenen Kupferdraht, Zement[6]), Bauholz, Brücken und Gerüsthölzer, feuerfeste Decken, feuerfeste Wände, Prüfungsmethoden, Abnutzungsprüfung für Straßenbaumaterial, Zähigkeitsprüfung für Chausseesteine.

Neuerdings wird aus der amerikanischen Motorwagenindustrie von einer noch weitergehenden Materialvereinheitlichung berichtet[7]). Danach hat die Society of Automobile Engineers nicht nur für bestimmte Zwecke Vorschriften über die chemischen und

[1]) »The proposed american standard specifications for steel«, The Iron Age, 17. V. 1900, S. 12. — »The standardization of specifications for iron and steel«, The Iron Age, 25. II. 1904, S. 36.

[2]) Stahl und Eisen 1907, S. 1556.

[3]) »36. convention of the Railway Master Mechanics Association Saratoga«, Engineering News, 2. VII. 1903, S. 20.

[4]) Hassenstein, »Normalisierung in England und Amerika«, Mitteilungen des Normenausschusses der deutschen Industrie 1918, Heft 1.

[5]) Engineering News, 9. VII. 1903, S. 30. — Souther, »Standard Specification for Gray Iron Castings«, The Iron Age, 25. II. 1904, S. 30.

[6]) Engineering News, 9. I. 1902, S. 23.

[7]) »Die Normalisierung in der amerikanischen Motorwagenindustrie«, Z. d. V. D. I. 1918, S. 68. — Siehe auch S. 28.

physikalischen Eigenschaften der zu verwendenden Materialien erlassen sondern auch über deren sich an die Bearbeitung eventuell anschließende Warmbehandlung.

**Elektrotechnik.** Am meisten zur Verbreitung von Normen in Amerika hat wohl das Nationalhandbuch für elektrotechnische Normen (National Electrical Code), der Niederschlag gemeinsamer Beratung des

Architekten-Verbandes,

Verbandes der Elektrotechniker,

Verbandes der Maschineningenieure,

Verbandes der Bergbau-Ingenieure,

Verbandes der Straßenbahnen und Kleinbahnen,

Vereinigung der Feuerversicherungsgesellschaften für Fabriken,

Verbandes der Edison-Beleuchtungs-Gesellschaften,

Internationalen Vereinigung der städtischen Elektrizitätswerke,

Nationalamtes für Haftpflicht bezüglich Feuersicherheit,

Nationalbundes für elektrische Beleuchtung,

Nationalbundes elektrotechnischer Unternehmer,

Nationalbundes elektrotechnischer Abnahmebeamter,

Nationalbundes elektrotechnischer Haftpflichtversicherungs-Gesellschaften,

beigetragen[1]).

Bereits am 26. Juni 1899 hatte der Verband der amerikanischen Elektrotechniker (Institute of Electrical Engineers), der am 10. Juni 1907 einen Normenausschuß einsetzte, Normen über Generatoren, Motoren und Transformatoren angenommen, die wiederholt, und zwar zuletzt 1914, verbessert und erweitert wurden[2]). Sie dürften jetzt in ihrer Fassung als »Standardization Rules« etwa den Normalien, Vorschriften und Leitsätzen des Verbandes deutscher Elektrotechniker entsprechen, gehen aber

---

[1]) Hassenstein, »Normalisierung in England und Amerika«, Mitteilungen des Normenausschusses der deutschen Industrie 1918, Heft 1, S. 8.

[2]) L. Schüler, »Die neuen amerikanischen Maschinennormalien«, Elektrotechnische Zeitschrift 1915, S. 109. — Proceedings of the American Institute of Electrical Engineers, August 1914, Bd. 33, S. 1217.

über dessen Festsetzungen an vielen Stellen erheblich hinaus[1]).
Sie umfassen Normen über elektrische Maschinen[2]) und Apparate
aller Art (Widerstände, Schalter, Sicherungen[3]), Blitzableiter,
Gleichrichter, Heizkörper), Leitungsnetze[4]), Akkumulatoren[5]),
elektrische Lampen[6]), Vorschriften über die Leitfähigkeit des
Kupfers und sogar Definitionen der Regulierung von Dampfmaschinen und Turbinen. Wie groß der Bereich ist, auf den sich
diese Vereinheitlichungsbestrebungen erstrecken, ist aus nach-
folgender Übersicht zu erkennen[7]):

Standardization Rules of the American Institute
of Electrical Engineers.

General-Plan.

I. Definition and Technical Data.
  A. Definitions-Currents,
  B.     »     -Rotating Machines,
  C.     »     -Stationary Induction Apparatus,
  D. General Classification of Apparatus,
  E. Motors-Speed Classification,

[1]) C. F. Guilbert, »American Electrical Engineering Standardization«, Electrical World and Engineers, 8. III. 1900, S. 321.

[2]) Dr. Georg Stern, »Vergleich der amerikanischen und deutschen
Maschinennormalien«, Elektrotechnische Zeitschrift 1908, S. 560. —
»Amerikanische Maschinennormalien«, ETZ. 1913, S. 277.

[3]) H. O. Lacount, »Standardization of enclosed fuses«, Proceedings of the American Institute of Electrical Engineers 1905, S. 957.
»Noch 1903 gab es z. B. etwa 25 verschiedene Sicherungen allein für
10 Ampere und 250 Volt, so daß die Elektrizitätswerke entweder
Tausende von verschiedenen Sicherungen auf Lager haben oder bis
zum Eintreffen der bestellten Sicherung die durchgebrannte trotz der
Gefährlichkeit des Unterfangens durch Kupfer- oder Eisendraht
ersetzen mußten.«

[4]) »Die Normalisierung von Gummileitungen und Kabeln«, ETZ.
1907, S. 246.

[5]) »Elektrochemie, Akkumulatoren, Elektrometallurgie«, Elektrotechnik und Maschinenbau 1912, S. 734.

[6]) »Normalbestimmungen für elektrische Glühlampen«, ETZ 1914,
S. 684.

[7]) »Standardization Rules of the American Institute of Electrical Engineers«, Proceedings of the American Inst. of Electr. Engineers 1907, S. 1076.

F. Definition and Explanation of Terms,
   (I) Load Factor,
   (II) Non-Inductive and Inductive Load,
   (III) Power-Factor and Reactive Factor,
   (IV) Saturation-Factor,
   (V) Variation and Pulsation.

II. Performance Specifications and Tests.
   A. Rating,
   B. Wave Shape,
   C. Efficiency,
      (I) Definitions,
      (II) Determination of Efficiency,
      (III) Measurement of losses,
      (IV) Efficiency of Different Types of Apparatus,
          (A) Direct-Current Commutating Machines,
          (B) Alternating-Current Commutating Machines,
          (C) Synchronous Commutating Machines,
          (D) Synchronous Machines,
          (E) Stationary Induction Apparatus,
          (F) Rotary Induction Apparatus,
          (G) Unipolar or Acyclic Machines,
          (H) Rectifying Apparatus,
          (I) Transmission Lines,
          (J) Phase-Displacing Apparatus,
   D. Regulation,
      (I) Definitions,
      (II) Conditions for and Tests of Regulation,
   E. Insulation,
      (I) Insulation Resistance,
      (II) Dielectric Strength,
          (A) Test Voltages,
          (B) Methods of Testing,
          (C) Methods for Measuring the Test Voltage,
          (D) Apparatus for supplying Test Voltage,
   F. Conductivity,
   G. Rise of Temperature,
      (I) Measurement of Temperature,
          (A) Methods,
          (B) Normal Conditions for Tests,

Dabei sind für Gleichstrom nur drei Spannungen als normal zugelassen: 125, 250 und 550 bis 600 Volt, für Wechselstrom niederspannungsseitig 110 und 220 Volt, hochspannungsseitig 2200, 4400, 6600, 11000, 22000, 33000, 44000, 66000 und 88000 Volt. Als Frequenz kommen 25 und 60 Perioden in Frage. Wie weit unter dem Einfluß dieser Standardization Rules die Vereinheitlichung der Netzspannungen 1917 bereits fortgeschritten war, erhellt aus folgendem Bericht des Engineers vom 21. September 1917[1]): Die Zahl der Anlagen, die 110, 115 und 120 Volt Netzspannung aufweist, hat im Juni 1917 66% aller Anlagen des Landes ausgemacht, im März 1916 ergab die Zählung nur 61% für die Anlagen mit Normalspannung. Besonders in Ohio hat man nach Vereinheitlichung der Spannung gestrebt: 45,6% aller Zentralen in Ohio geben 110 Volt Spannung, 30,2% geben 115 Volt, 6,5% 112 Volt, 4,6% arbeiten mit 220 Volt und nur 2% der Anlagen

[1]) »Die Normalisierung der Netzspannung in den Vereinigten Staaten«, Elektrotechnik und Maschinenbau 1917, S. 617. — Dr. Georg Stern, »Normalisierung von Transformatoren«, Elektrotechnische Zeitschrift 1917, S. 277.

mit 120 Volt, während die primäre Seite fast nur zwei Spannungen verwendet.

Normalisierung. Schon die Normen des amerikanischen elektrotechnischen Verbandes greifen vom Gebiete der Normung in das der Normalisierung, d. h. der Vereinheitlichung der Einzelteile, über, wenn sie z. B. die Ausführung der Lampenfassungen, Sicherungen u. a. einheitlich festlegen. Hier ist nun insbesondere das Gebiet, wo die Amerikaner vielleicht mehr oder minder unter dem Druck später zu erörternder Verhältnisse[1]) geradezu Mustergültiges geleistet haben und bereits um die Wende des 19. Jahrhunderts sich auf einer Stufe der Entwicklung befanden, wo wir jetzt in Deutschland erst anfangen.

Gewinde. Wie in fast allen übrigen Industriestaaten dürfte auch in Amerika die Frage der Vereinheitlichung der Schrauben und Gewinde wohl als erste brennend geworden sein. Bis zum Jahre 1864 bestanden hier keinerlei Normalien; zwar wurde vereinzelt das Whitworth-Gewinde verwendet, aber von einer allgemeinen Anerkennung konnte keine Rede sein. Williams Sellers war es, der am 31. April 1864 zum ersten Male in einem Vortrage vor dem Franklin Institute auf die schreienden Mißstände infolge der Verwilderung der Gewindeformen und die Nachteile des sich erst schüchtern breit machenden Whitworthschen Systems hinwies, um schließlich die allgemeine Einführung des von ihm vorgeschlagenen United-States-Standard-Gewindes zu empfehlen. Der Vorschlag wurde nach eingehender Prüfung durch einen Ausschuß für gut befunden und den industriellen Verbänden sowie der Regierung zur Annahme empfohlen[2]). Wie dringend das Bedürfnis hierfür war, erhellt aus der Tatsache, daß bereits 1868 dieses auf Zollgrundlage beruhende Gewinde staatlich anerkannt war und fast in ganz Nordamerika sich durchgesetzt hatte. Das später zu behandelnde, auf metrischer Grundlage aufgebaute S-J-Gewinde hat trotz lebhafter Werbetätigkeit insbesondere wissenschaftlicher Verbände und der Feinmechanik bisher bei der Abneigung der Amerikaner gegen das metrische Maßsystem überhaupt keine ausschlaggebende Verbreitung gefunden. Dagegen

---

[1]) Siehe S. 198 u. ff.

[2]) »The Standardization of screw Threads«, Engineering 1900, S. 75; weitere Literatur siehe dort.

hat sich bald die Notwendigkeit ergeben, Normalien für Maschinenschrauben und schließlich einheitliche Feingewindeschrauben festzulegen. Hier sind die Hauptarbeiten, von der American
Society of Mechanical Engineers und der Society of Automobile
Engineers geleistet worden. Die erstere nahm Maschinenschraubennormalien im April 1904[1]), die letztere Feingewindenormen 1906
und 1911 an[2]).

Die Unmöglichkeit, infolge der großen Zahl verschiedenartiger Schlauchverschraubungen in den einzelnen Gemeinden bei
Bränden sich gegenseitig Löschhilfe zu leisten, führte 1906 zu der
bereits 1873 zum ersten Mal angeregten, von der National Fire
Protection Association, der American Water Works Association,
der International Association of Fire Engineers, der National
Firemen's Association, der New-England Water Works Association,
der Pennsylvania Water Works Association und dem National
Board of Fire Underwriters vereinbarten Annahme von Normalien, die die Vielzahl der Verschraubungen auf vier Ausführungsformen beschränkten[3]).

Rohrfabrikation. Ein zweites großes Gebiet, auf dem die
Entwicklung zwangsweise zur Vereinheitlichung führen mußte,
war die Rohrfabrikation. Bereits im Jahre 1886 stellte die Society
of Mechanical Engineers Normalien für Rohre und Röhrengewinde
auf. Diesen folgten im Juli 1894 Flanschennormalien für Nieder-

[1]) »Report of the American Society of Mechanical Engineers:
Committee on Standard Proportions for Machine Screws«, American
Machinist, 27. X. 1906, S. 471.

[2]) Charles Tyler, »A proposed Standard for machine screw thread
sizes«, Transactions of the American Society of Mechanical Engineers
1902/03. — Dr.-Ing. G. Schlesinger, »Vereinheitlichung der Schraubengewinde«, Mitteilungen über Forschungsarbeiten, Heft 142, S. 11. —
»Standard proportions of machine screws«, American Machinist 1907,
S. 126, 156, 235, 269, 575. — Charles Tyler, »A proposed standard
for machine screw thread sizes«, The Iron Age, 12. VI 1902, S. 17.
— »A S. M. E. standard machine screws«, American Machinist 1912,
Bd. I, S. 59. — »Fine screw Thread standards«, Machinery, Sept. 1912,
S. 17. — »Standardization of screw threads«, The Engineer, 22. XI.
1901, S. 541.

[3]) »Standard thread for hydrants and fire couplings«, The Engineering Record 1906, S. 489. — »Standard hose couplings«, American Machinist, 2 XII 1905, S. 685.

druck[1]), 1902, angesichts der planlosen Verwilderung der Hoch-
druckrohrverbindungen, solche für Hochdruck[1]) und etwa zu
gleicher Zeit einheitliche Gasrohrfittings von 1/8—4″[2]) als Ergebnis der Zusammenarbeit der Society of Mechanical Engineers,
der American Railway Master Mechanics Association und der
Master Car Builders' Association mit der Industrie. Gußeiserne
Muffenrohre für Kanalisationszwecke waren jedoch 1901 noch
nicht vereinheitlicht[3]).

Eisenbahnwesen. In gleicher Weise haben die Amerikaner
trotz der Zersplitterung des Eisenbahnbetriebes in zahlreiche
Gesellschaften frühzeitig mit der Vereinheitlichung des Eisenbahnwesens angefangen. Ganz besonders rührig ist auf diesem Gebiete
die American Railway Engineering Association gewesen. Neben
normalen Signalen, Radsätzen, Fahrdrahtaufhängungen, Wagenkonstruktionen u. a. sowie den bereits 1901 von der American
Bridge Co. für ihre 24 Brückenbauanstalten vorgeschriebenen
Konstruktionsnormalien, Standards for structural Details, war es
vor allem das Oberbaumaterial, dessen Normalisierung 1903 mit
der Verminderung der Profilzahlen von 188 auf 13 in Angriff
genommen wurde. Bereits Anfang 1908 konnte eine Umfrage das
Ergebnis liefern, daß 55 Eisenbahnen mit 154000 Meilen Oberbau
nur etwa fünf verschiedene Profile[4]) verwenden.

Nachdem im Kriege die Verwaltung sämtlicher amerikanischer
Bahnen an den Staat übergegangen ist, sind eine große Anzahl
Einheitslokomotiven von der Regierung bestellt worden. Es sollen

---

[1]) »Report of Committee on flange standardization, appointed at
New York Meeting, 6. XII. 1899«, Transactions of the American
Society of Mechanical Engineers 1900, S. 29.

[2]) »The Standardization of extra heavy pipe and valve flanges«,
The Engineer, 18. X. 1901, S. 401. — »Standardization of extra heavy
pipe flanges«, Journal of the American Society of Naval Engineers
1902, S. 274.

[3]) »Standard Pipe Unions, Report of the Committee on Standard
Pipe Unions of the American Society of Mechanical Engineers«, The
Iron Age, 9. I. 1902, S. 23. — »Standard Pipe Unions«, Engineering.
15. VIII. 1902, S. 225.

[4]) »Standard Cast Iron Pipe Joints«, The Engin., 21. VI. 1901, S 637.

[5]) »Standards of track construction on American Railways«,
Engineering News, 4. VI. 1908. — M. Ch. Jullien, »Note sur la construction de la voie aux Etats-Unis«, Revue Générale des Chemins
de Fer et des Tramways 1907, S. 3.

sechs verschiedene Typen gebaut werden, und zwar jede in zwei Größen, so daß sich nur 12 Modelle ergeben, während deren Zahl früher 500 betrug[1]).

Schiffbau. Bedeutendes ist gleichfalls unter dem Einfluß des Krieges von der amerikanischen Schiffbauindustrie geleistet worden. Nie hätte sich wohl gerade hier der Vereinheitlichungsgedanke so schnell durchsetzen können, wenn nicht der U-Bootkrieg unsere Feinde in die Zwangslage versetzt hätte, mit allen nur erdenklichen technischen und wirtschaftlichen Mitteln den Fahrzeugbau zu beschleunigen. Ansätze zur Normalisierung von Schiffsteilen lassen sich zwar schon in den Jahren 1900, 1902 und 1906 nachweisen, damals verringerten die Amerikaner in der richtigen Erkenntnis von der Bedeutung der Austauschbarkeit für die Kriegsmarine die Zahl der Ausführungen von deren Dampfbeibooten auf sechs[2]) und gingen zur Vereinheitlichung der Bordhilfsmaschinen[3]) über; aber restlos ist der Vereinheitlichungsgedanke erst 1917 von der U. S. Shipping Board Emergency Fleet Corporation[4]) und der Standard Ship-building Corporation verwirklicht worden, von denen die erstere nur zwei und die letztere einen Typ von Frachtdampfern ausgearbeitet hat[5]), so daß sämtliche Einzelteile in größtem Umfange normalisiert werden konnten[6]). Durch diese Vereinfachung, die die Anwendung der höchstentwickelten Spezialmaschinen ermöglicht, hofft die Standard-Ship-building Corporation 18 Schiffe von 7300 t jährlich fertigstellen zu können[7]), wobei die Normalisierung gleichzeitig

---

[1]) Public Ledger, Philadelphia v. 1. V. 1918.

[2]) »Standard steam-cutter machinery for the U. S. Navy« Journal of the American Society of Naval Engineers, Februar 1902, S. 37. — »Interchangeability of Units for Marine Work«, Engineering 1900, S. 763.

[3]) Forbes, »Interchangeability of units in machinery«, Journal of the American Society of Naval Engineers, Februar 1906, S. 164.

[4]) »Standard Single-Screw Steel Steamship for U. S. Shipping Boards Emergency Fleet«, International Marine Engineering 1917, S. 355.

[5]) »Standard type wooden cargo steamer for United Staates Emergency Fleet«, International Marine Engineering 1917, S. 241. — Zeitschrift des Vereins Deutscher Ingenieure 1916, S. 287.

[6]) W. Kaemmerer, »Amerikanische Einheitsschiffe«, Z. d. V. D. I., 3. XI. 1917, S. 892.

[7]) »The Standard Shipbuilding Corporation and its Standard Ship«, International Marine Engineering 1917, S. 21.

die Möglichkeit bietet, die Einzelteile binnenländischen Maschinenfabriken in Auftrag zu geben[1]).

Kraftmaschinen. Unter den zahlreichen Gebieten, auf denen sich amerikanischer Organisationsgeist normalisierend mit Erfolg betätigt hat, wären noch folgende zu nennen: Im Dezember 1901 nimmt die Society of Mechanical Engineers in Übereinstimmung mit den führenden Kreisen der Industrie. Normalien für Generatoren und deren Antriebsmaschinen an. Die Vereinheitlichung erstreckt sich auf Maschinen bis 200 kW und legt die Leitungsgrößen, die Drehzahlen, die Wellendurchmesser, die Baulänge, Bauhöhe, Breite, Kupplungsabmessungen usw. fest[2]). Es sollen z. B. danach nur noch folgende Typen gebaut werden[3]):

| | | |
|---|---|---|
| 25 kW | 300—325 | Touren |
| 35 » | 285—315 | » |
| 50 ». | 270—300 | » |
| 75 » | 250—280 | » |
| 100 » | 250—275 | » |
| 150 » | 200—225 | » |
| 200 » | 175—200 | » |

Autoindustrie. Die Society of Automobile Engineers hat im Verein mit der durch ihre Bedeutung bereits an fünfter Stelle stehenden Autoindustrie gleichfalls ihr Augenmerk auf weitestgehende Normalisierung der Einzelteile, insbesondere verschiedener Motorgrößen untereinander, gerichtet[4]), so daß die ameri-

---

[1]) »Wirtschaftliche Fertigung im Ausland«, Mitteilungen des Ausschusses für .wirtschaftliche Fertigung, März 1919, S. 3.

[2]) »Final report of Committee on Standardization of Engines and Dynamo«, Transactions of the American Society of Mechanical Engineers 1902/03, S. 99.

[3]) »Proceedings of the Cincinnati meeting of the American Society of Mechanical Engineers«, Transactions of the American Society of Mechanical Engineers 1902/03, S. 776 -- The Engineering Record, 8. XII. 1900, S. 551.

[4]) »A reason for the high cost of building automobiles«, American Machinist 1911, Bd. I, S. 689. -- »Data sheets of the Society of Automobile Engineers«, American Machinist 1911, Bd. II, S. 470. — »Standardization work of the S. A. E.«, Machinery, März 1912, S. 513. — »Standardization by the automobile engineers«, The Iron Age, 6. IV. 1911, S. 857.

kanische Motorindustrie infolge der daraus sich ergebenden Massenfabrikation 1913 in der Lage war, ihre Maschinen 50 bis 65% billiger auf den Markt zu bringen wie die europäische Konkurrenz[1]). Vereinheitlicht wurden nach und nach die Vorschriften für die Warmbehandlung des Materials, die Bezeichnung von Einzelteilen[2]), nahtlosen Stahlrohren, Blechen, Schrauben[3]), Unterlagsscheiben, Toleranzen für Schrauben und Bolzen, Quadrateisen und Keilnuten, Kupplungs- und Bremsteile, Rotguß- und Weißmetallegierungen, Holzräderabmessungen, Felgen und Befestigungsschrauben, Laschenbolzen, Vergaser, Flanschenabmessungen, Überwurfmuttern, Benzinhähne, Wasserhähne, Rahmenteile, die Automobilnomenklatur usw.

Einen großen Schritt vorwärts aber bedeutet zweifellos die Vereinheitlichung der Spezialstähle. Für jeden bestimmten Zweck ist eine besondere Zusammensetzung und Warmbehandlung vorgeschrieben. In Zukunft wird dann auf der Zeichnung nur die Standard-Nummer angegeben mit der entsprechenden Warmbehandlung, und der Besteller ist sicher, von jedem beliebigen Lieferanten die gewünschte Ausführung zu erhalten[4]). Damit alle diese Normen auch tatsächlich praktischen Wert haben, müßten die einzelnen Teile eines Automobils auch feststehende Bezeichnungen und Nummern erhalten. Hier lag die ganze Nomenklatur sehr im argen. Ein und derselbe Gegenstand findet sich oft unter ganz verschiedenen Bezeichnungen. Es sei erinnert an: Gestell, Rahmen oder Chassis usw. Die Society of Automobile Engineers hat nach langjährigen Beratungen die verschiedenen Organe eines Automobiles in 19 Hauptgruppen gegliedert, die jede eine Reihe von Unterabteilungen mit den Einzelteilen enthalten, und beabsichtigt diese Gliederung, die etwa 600 Positionen enthält, mit Skizzen und Bemerkungen in mehreren Sprachen versehen, demnächst der Öffentlichkeit zu übergeben.

---

[1]) »Standardization in the Motor Car Industry«, Machinery, Januar 1913, S. 361. — »Standardization of automobile drawings«, Machinery, Okt. 1912, S. 129.

[2]) »Automobile Standardization«, The Iron Age 1910.

[3]) »A. L. A. M. screw standard as revised by S. A. E.«, Machinery, April 1912, S. 587.

[4]) »Die Vereinheitlichungsbestrebungen der amerikanischen Automobilindustrie«, Die Werkzeugmaschine 1918, S. 10/11.

Maschinenelemente, Werkzeugmaschinenbau usw.
Schließlich wären neben den zahlreichen Normalien, die für die
verschiedensten Maschinenelemente[1]), wie Keile, Zahnräder[2]),
Nuten, Ventile und die Walzwerksprodukte[3]) bestehen noch die
Vereinheitlichungsbestrebungen im elektrischen Bahnwesen[4]) und
dem Werkzeug- und Werkzeugmaschinenbau zu nennen[5]). Obwohl diese Gebiete der Fabrikation so recht eigentlich die Domäne
amerikanischer Ingenieurtätigkeit sind, ist die Vereinheitlichung
der Einzelteile hier über den Rahmen der Einzelunternehmung
nicht recht hinausgekommen[6]). Sie beschränkt sich im großen
und ganzen auf die von der National Machine Tool Builders
Association ausgehende Normalisierung der Bohrer, Reibahlen
und Senker[7]), der Befestigungskonen hierfür sowie der Flanschen,
Spindeldurchmesser und Tourenzahlen von Schleifscheiben[8]),

[1]) R. Hanau, »Standardizing elementary parts«, American Machinist 1912, Bd. I, S. 899.

[2]) Lewis, »Interchangeable gearing«, American Machinist, 16. III.
1901, S. 218. — Lewis, »Interchangeable involute gearing«, The
Institution of Mechanical Engineers 1910, S. 1039. — American Machinist 1910, Bd. II, S. 305. — Gates, »Pitch diameters of standard
gears«, American Machinist 1912, Bd. II, S. 62.

[3]) »Standard allowable bar variations«, The Iron Age, 2. VI.
1910, S. 1307. — »A standard gauge for sheets and plates«, The Iron
Age, 7. VII. 1910, S. 29.

[4]) »Committee on Standards«, The Electric Railway Journal 1913,
S. 203. — »Standardization of car-body design«, The Electric Railway
Journal 1913, S. 129. — »Report of standardization committee«, The
Electric Railway Journal 1913, S. 29.

[5]) »Standardization of machine tools for the benefits for the user«,
Machinery Nov. 1911, S. 240. — »Einiges über Normalisierung von
Werkzeugen«, Dinglers Polytechnisches Journal 1909, S. 702.

[6]) »Machine Tool Builders' Convention«, American Machinist 1912,
Bd. I, S. 845. — Barth, »Standard T-Slots«, American Machinist 1912,
Bd. I, S. 516. — M. E. Ellis, »Standardization of spezial tools«, American Machinist, 22. VI. 1907, S. 800. — »Standardizing machine
tools«, The Iron Age 1906, S. 1239. — Lampl, »Die Einheitlichkeit in
der Wahl des elektrischen Bahnsystems«, Elektrische Kraftbetriebe
und Bahnen 1910, S. 683.

[7]) Jos. Stabel, »Standard taps, reamers and counterbores«, American Machinist, 19. III. 1904, S. 269.

[8]) Jos. Reindl, »Zur Vereinheitlichung der Werkzeugschleifscheiben«, Werkstattstechnik 1917, S. 241.

während z. B. die Drehbankspindeln[1]) noch ebenso wilde Gewindeformen wie in Deutschland zeigen[2]). Eine erfreuliche Arbeit
dürfte ihren Abschluß inzwischen gefunden haben, nämlich die
Vereinheitlichung des Werkzeugmaschineneinzelantriebes. Als
Motoren sollten danach nur folgende Typen mit 110 und 220 Volt
bei einer Tourenregulierbarkeit von 1:3 und 1:4 zur Verwendung
kommen:

| PS | N |
|---|---|
| 25 | 900 |
| 20 | 900 |
| 15 | 1200 |
| 10 | 1200 |
| $7\frac{1}{2}$ | 1200 |
| 5 | 1200 |
| 3 | 1500 |
| 2 | 1500 |
| $1\frac{1}{2}$ | 1500 |
| 1 | 1500 |

wobei die Wellenstumpf- und Keilabmessungen, die Achsenhöhe
und die Auflagerabmessungen festgelegt sind[3]). Eine mehr ins
Kaufmännische hinübergreifende Vereinheitlichung ist die schon
1891 begonnene Normalisierung der Katalog- und Zeitschriften-
formate, die auf drei Ausführungsformen beschränkt worden sind[4]).
Allerdings haben 1903 noch 50% der Produzenten ihre eigenen
Formate benutzt.

Spezialisierung und Typisierung. Was die Vereinheitlichung ganzer Maschinen, die Typisierung und schließlich die

---

[1]) Trotz der im American Machinist vom 26. XII. 1903, S. 1743
abgedruckten Zuschrift eines Arbeiters: »Weshalb werden die Einzelheiten von Drehbänken nicht normalisiert?«

[2]) »Standardizing machine tools«, The Iron Age 1906, S. 601. —
Oyen, »Standardizing machine spindles and arbors«, American Machinist, 7. III. 1908, S. 297.

[3]) »The Standardization of motor drives for machine tools«, The
Iron Age 1910, S. 227. — Charles Fair, »Standardizing motors for
machine tools«, The Iron Age, 7. V. 1914, S. 1134.

[4]) »Standard size catalogues«, Engineering News, 26. XI. 1903,
S. 478. — »Standard size technical journals«, American Machinist
1905, I, S. 16, 123, 379. — »Standard sizes for catalogues«, American
Machinist 1906, I, S. 83.

Spezialisierung anbetrifft, so haben die Amerikaner in ihrem ausgeprägten Geschäftssinn frühzeitig die großen wirtschaftlichen Vorteile der Beschränkung des Arbeitsprogramms der Einzelunternehmung auf einige wenige Typen erkannt. So finden sich in den Vereinigten Staaten Fabriken, die schon seit Jahrzehnten nur eine Maschinengattung herstellen, wie z. B. die Gray Co., welche seit 35 Jahren nur Hobelmaschinen, die Cincinnati-Richford Tool Co., welche seit ihrer Gründung nur Bohrmaschinen, und die Cincinnati Milling Machine Co., welche seit Jahrzehnten nur Universalfräsmaschinen[1] herstellt. Die Jones and Lamson Machine Co. in Springfield baut überhaupt nur Drehbänke von einer und derselben Konstruktion und Größe[2]), die Prentice Bros in Worcester, die etwa 200 Arbeiter beschäftigen, stellen jährlich 600 Drehbänke und etwa 2000 Radial-Bohrmaschinen in nur wenigen Formen her, die Twist Drill Co., Cleveland-O, liefert mit 250 Leuten nur Bohrer, und zwar täglich 17 000 Stück. Die Harrisburg Foundry Machine Works bauen nur eine Maschine, den Ideal-Motor, und die Mac Cornick Harvester Co., Chicago, liefert bei 6000 Arbeitern nur drei Typen von Erntemaschinen[3]). Ebenso haben die Mitglieder der American Washing Machine Manufacturer's Association während des Krieges beschlossen, von den 234 verschiedenen Systemen 171 in Zukunft nicht mehr herzustellen[4]), und die Fabriken für die Textilveredelungsmaschinen haben sich zur Textile-Finishing-Machines Comp. zusammengeschlossen, deren Mitglieder jedes nur eine Gattung serienweise, also die eine etwa Kalander und Mangeln, die andere Druckereimaschinen, die dritte Bleichereimaschinen usw., baut[5]).

Überblicken wir also zusammenfassend die amerikanischen industriellen Vereinheitlichungsbestrebungen, so läßt sich bei weitgehender Typisierung und Spezialisierung und damit zusammenhängender Massenfabrikation als charakteristisch das Fehlen

---

[1]) Wallichs, »Eindrücke vom amerikanischen Maschinenbau«, Werkstattstechnik 1912, S. 1.

[2]) Paul Möller, »Eine Studienreise in den Vereinigten Staaten von Amerika«, Z. d. V. D. I., 4. VII. 1903, S. 972.

[3]) V. Warnieck, »Amerikanische Werkstattstechnik in der Maschinenindustrie«, Z. d. V. D. I., 8. XI. 1902, S. 1715.

[4]) Electrical Review Chicago vom 27. IV. 1918.

[5]) »Spezialisierung und Normalisierung im In- und Ausland«, Mitteilungen des A. w. F., April 1918, Nr. 1, S. 20.

jeder zentralisierenden Organisation feststellen. Je nach Bedarf schließen sich für eine gerade aktuelle Frage eine kleinere oder größere Zahl wissenschaftlicher Fachverbände und industrieller Organisationen znsammen, um in gemeinsamer Beratung das praktische und theoretische Für und Wider einer geplanten Norm zu erörtern und diese schließlich festzulegen. Die Macht der Trusts und die wirtschaftlichen Notwendigkeiten verhelfen dieser Schöpfung dann zur allgemeinen Ánerkennung. Die Arbeiten beginnen schon bald nach der Mitte des 19. Jahrhunderts, erreichen ihren Höhepunkt um dessen Wende und dürften jetzt im Kriege wohl erneut erheblich gefördert worden sein.

### Die Entwicklung in England.

Ein ganz anderes Bild zeigt die geschichtliche Entwicklung des industriellen Vereinheitlichungsgedankens in England. Im Jahre 1841 hatte Sir Joseph Whitworth seine seitdem in der ganzen Welt verbreiteten Gewindenormalien der Öffentlichkeit übergeben und so in richtiger Erkenntnis von deren überragender wirtschaftlicher Bedeutung England gewissermaßen zur Wiege der Normalisierungsidee gemacht. Er pflegte, um die Notwendigkeit der Vereinheitlichung auch dem Nichtfachmann anschaulich zu machen, auf die Lichtkerzen als Beispiel hinzuweisen, die meist wackelnd in den Leuchtern stehen, wenn man sie nicht abschabt oder mit Papier umwickelt. Er warf die Frage auf, ob es denn nicht möglich wäre, Abhilfe in der Weise zu schaffen, daß eine normale englische Lichtkerze Nr. 1 genau in die normale englische Leuchtertülle Nr. 1 paßt[1]).

Metrisches System. Seitdem geschah 60 Jahre lang in England für den Vereinheitlichungsgedanken fast nichts. Zwar schloß sich England 1875 der internationalen Meterkonvention an, aber nachdem entsprechende Anträge, das metrische System gesetzlich einzuführen, sechsmal, und zwar 1824, 1841, 1853, 1856, 1881 und 1904, abgelehnt worden waren, blieb es bei der 1878 wenigstens gesetzlich anerkannten Zulässigkeit seiner Verwendung. So haben denn die Engländer trotz der lebhaftesten

---

[1]) »Standardization in Engineering Practice«, The Engineering Magazine 1907, S. 266. — »Standardization in British Engineering Practice«, Engineering 1906, S. 207.

Garbotz, Vereinheitlichung in der Industrie.　　3

34

Propaganda für seine Einführung[1]) noch 1903 nach Preece nicht
weniger als 154 Längenmaße und 1907 noch 200 verschiedene
Maße für den Kornhandel gehabt[2]).

Lloyds Register. Eine weitere Gattung von Normen
datiert vom 10. Februar 1854. Es sind dies die Vorschriften von
Lloyds Register of British and Foreign shipping, die für den Bau
von eisernen Schiffen die Zahl der zur Verwendung kommenden
Walzprofile festlegten und so den Walzwerken automatisch zu
einer Normalisierung verhalfen[3]).

Gewinde, Ziegeln usw. 1882 und 1895 sehen wir dann die
British Association bemüht, der in den 40 Jahren seit Whitworths Tat eingerissenen Verwilderung der Gewinde, die eine
Austauschbarkeit der Schrauben illusorisch machte, durch die
Festsetzung von Normallehren zu steuern[4]). Am 26. April 1901
werden in einer Versammlung der Institution of Civil Engineers,
des Royal Institute of British Architects und von Vertretern aus
Ziegeleikreisen die Ziegel normalisiert[5]), und um 1900 trägt sich
die Institution of Electrical Engineers mit der Idee, das Starkstrommaterial zu vereinheitlichen[6]).

Gründung des Engineering Standards Committee.
Erst um die Wende des 19. Jahrhunderts, als man den Ursachen
des Niederganges der englischen Industrie nähertrat, scheint
man sich in England dann gleichzeitig unter dem Eindruck des
glänzenden Aufschwunges der amerikanischen Industrie auf den
Gedanken des alten Withworth besonnen zu haben[7]). Die erste
greifbare Form nahmen die diesbezüglichen Bestrebungen in der

---

[1]) »Decimal Association«, Z. d. V. D. I. 1905, S. 537.

[2]) »Sollen Großbritannien und die Vereinigten Staaten von Nordamerika das metrische System zwangsweise einführen?«, Zeitschrift
der Deutschen Gesellschaft für Mechanik und Optik, 15. VI. 1918, S. 69.

[3]) Karl Kielhorn, »Englische und deutsche Normalprofile im
Handelsschiffbau«, Z. d. V. D. I., 15. VI. 1907, S. 947; Stahl und
Eisen 1907, S. 365.

[4]) »Report of screw gauges«, The Engineer 1900, S. 300.

[5]) »Standardising size of bricks«, Engineering, 19. VI. 1901, S. 518.

[6]) »Festsetzung von Normalien für Starkstrommaterial in England«, ETZ 1900, S. 167.

[7]) Colonel R. E. Crompton, »Address to the Mechanical Science
Section«, Engineering, 20. IX. 1901, S. 418. — »Standardisation«
Engineering, 28. VI. 1901, S. 832.

Gründung des National Physical Laboratory (etwa der Physikalischen Reichsanstalt) an[1]), für die eine von Lord Salisbury im Jahre 1897 empfangene wissenschaftliche Abordnung gute Vorarbeit geleistet hatte[2]). Eine Materialsammlung über die bereits vorhandenen Normen wurde gleichfalls 1901 von Mr. Skelton der Öffentlichkeit übergeben, und so war das Interesse weiterer Kreise bereits entsprechend geweckt, als Sir John Wolfe Barry im Januar 1901 der Institution of Civil Engineers auf vielfache Anregung hin den Vorschlag machte, man solle die Normalisierung der Walzprofile endgültig in die Wege leiten. Nach eingehender Erörterung wurde ein Siebener-Ausschuß für die Behandlung der Frage eingesetzt, indem die Institution of Mechanical Engineers, die Institution of Naval Architects und das Iron and Steal Institute eingeladen wurden, ihrerseits Vertreter zu entsenden[3]). Nachdem diese bereitwilligst ihre Mitarbeit zugesagt hatten und sich ihnen noch die Institution of Electrical Engineers angeschlossen hatte[4]), wurde am 26. Februar 1901, über den ursprünglichen Barryschen Vorschlag hinausgehend, der Britische Normenausschuß, das Main Engineering Standards Committee, als Zentralstelle für alle Vereinheitlichungsbestrebungen der englischen Industrie gegründet[5]).

---

[1]) »The British Engineering Standards Committee«, Engineering Magazin 1909, S. 253. »Aufgabe des National Physical Laboratory ist es, die Urmaße für Längen und Gewichte, Schrauben, Lehren und Profillehren usw. aufzubewahren und die Handelsmaße danach zu eichen. Es hat ferner die wissenschaftlichen Arbeiten für die Festlegung der Widerstands-, Strom- und Spannungseinheiten, der Internationalen Kerze (»The International Unit of light«, Circulare of the Bureau of Standards Nr. 15, 1911) vorgenommen und u. a. Versuche aufgestellt über den Einfluß der Temperatur auf die Isoliermaterialien, über die Lebensdauer und Lichtausbeute von Glühlampen, über Isoliermaterialien für Hochspannung usw

[2]) »Standardisation in Engineering Practice«, The Engineering Magazine 1907, S 266.

[3]) »The British Engineering Standards Committee«, The Engineering Magazine 1903, S. 253; Stahl und Eisen 1909, S. 377.

[4]) »British Engineering Standards Committee«, Machinery, Aug. 1912, S 950.

[5]) »The Engineering Standards Committee«, The Engineer 1902, S. 141. »Die Angaben des Verfassers über die außerordentliche Zersplitterung in den Materialvorschriften sind sehr interessant; so

Grundsätze des Eng. Stand. Com. Für seine Tätigkeit hat dieser folgende Hauptgrundsätze aufgestellt[1]):

1. Die Interessen der Hersteller und Verbraucher müssen in gleicher Weise gründlich vertreten werden. Die Normen werden nicht vom Katheder aus diktiert, sondern auf Grund eingehender Beratungen mit allen beteiligten Stellen ins Leben gerufen. Neben dem Zivilingenieur und Fabrikanten wirken bei den Beratungen die amtlichen Vertreter der großen staatlichen Einkaufsabteilungen, der großen öffentlichen Gesellschaften, z. B. Eisenbahngesellschaften, Lloyds, Bureau Veritas, British Corporation, sowie eine große Anzahl technischer und Handelsvereinigungen und selbstverständlich wissenschaftliche und technische Sachverständige mit.

2. Die Schaffung von Normen erfolgt auf Grund des freiwilligen Bestrebens, Ordnung in Angelegenheiten zu bringen, die sich in einem mehr oder weniger chaotischen Zustand befinden.

3. Von jedem Mitarbeiter wird verlangt, daß er seine Dienste unentgeltlich zur Verfügung stellt.

4. Verbreitung der Erkenntnis, daß mit zwei oder drei wichtigen Angelegenheiten der Anfang gemacht wird und daß mit der Zeit andere zu normalisierende Gebiete sich von selbst zeigen.

5. Der Normenausschuß befaßt sich nur dann mit einer Sache, wenn seine Arbeit von angesehenen Vertretern angerufen wird, nicht aber aus eigenem Antrieb.

6. Der Normenausschuß darf nicht eine akademische Körperschaft sein, sondern muß in engster Fühlungnahme mit den praktischen Bedürfnissen der Verbraucher und Hersteller arbeiten.

7. Der Normenausschuß darf sich nicht zu einer Prüfungsautorität auswachsen, sondern stellt nur Normen auf und überläßt den Käufern die Entscheidung, ob sie die Ware diesen Normen entsprechend erhalten.

---

hatte ein Walzwerk Kesselbleche nach 16, Stahlbleche nach 13, Kupferbleche nach 11, Schmiedestahl nach 15, Federstahl nach 10 usw. Vorschriften zu liefern.«

[1]) Hassenstein, »Normalisierung in England«, Mitteilungen des Nadi 1913, Heft 2, S. 33.

8. Die Normen werden — was vielleicht am wichtigsten ist —
jährlich einer Prüfung unterzogen, um die Arbeit der verschiedenen Gewerbe nicht einzuschränken und ihre Verfahren nicht erstarren zu lassen.

Organisation. Die Organisation ist folgende und geht
aus dem Schema der Seite 38 hervor[1]):

An der Spitze steht der Hauptausschuß. Er besteht aus 19
Vertretern der 5 Gründungsverbände, nämlich der Institution
of Civil Engineers, der Institution of Mechanical Engineers, des
Iron and Steel Institute, der Institution of Naval Architects und
der Institution of Electrical Engineers, wobei der Verband der
Zivilingenieure, seiner sonstigen Stellung in England entsprechend,
6 Vertreter entsendet[2]). Außerdem werden 3 Mitglieder, die keine
bestimmte Gesellschaft oder Vereinigung vertreten, auf Grund
ihrer hervorragenden beruflichen Stellung hinzugewählt. Der
Hauptausschuß, dem zur Erledigung der laufenden Arbeiten
das Sekretariat mit 2 Geschäftsführern und 2 Assistenten zur
Seite steht, arbeitet unter einem von ihm selbst gewählten Vor-
sitzenden (seit Juni 1903 Wolfe Barry). Ihm liegt ob[3]) die Organisation des ganzen Unternehmens und der Ausgaben, die Einsetzung von Abteilungsausschüssen und die Verteilung der Arbeiten auf diese sowie schließlich die Genehmigung aller Berichte
vor ihrer Veröffentlichung.

Unter dem Hauptausschuß stehen 12 von diesem eingesetzte[4])
Abteilungsausschüsse (ausschließlich der Konferenz für internationale elektrotechnische Normalisierung, deren Bildung 1911
noch zur Beratung stand), deren Obmänner gleichfalls der Hauptausschuß bestimmt. Die Abteilungsausschüsse bestehen aus Vertretern der verschiedenen staatlichen Verwaltungen, Abgesandten

---

[1]) Sämtliche folgenden Abbildungen sind, soweit nicht ausdrücklich etwas anderes vermerkt ist, mit der liebenswürdigen Erlaubnis des
Nadi dessen »Mitteilungen« und Veröffentlichungen entnommen.

[2]) Hassenstein, »Normalisierung in England und Amerika«, Mitteilungen des Nadi 1918, Heft 1, S. 8.

[3]) »Das deutsche Normalprofilbuch und englische Normalisierungs-
bestrebungen«, Stahl und Eisen 1909, S. 377. — John Wolfe Barry,
»Standardisation in British Engineering Practice«, Engineering 1906,
S. 207.

[4]) »The Standardization of Specifications for Iron and Steel«,
The Iron Age, 25. II. 1904, S. 36.

England. Organisation des technischen Normenausschusses.

## Übersicht 1.

**Sekretariat.**
1 Geschäftsführer im Ehrenamt,
1 Geschäftsführer,
1 Assistent,
1 Elektro-Ingenieur als Assistent.

**Hauptausschuss.**

6 Mitglieder des Verbandes der Zivil-Ingenieure.
2 " " " Maschinen-Ingenieure.
2 " " Eisen- und Stahlverbandes.
2 " " Verbandes der Schiffbau-Ingenieure.
2 " " Elektro-Ingenieure.

Zahlende Mitglieder: Staatsverwaltung und 110 Mitglieder.

Finanzausschuß 7 Mitglieder.

Ausschuß für Veröffentlichungen 9 Mitglieder.

Ständiger Beirat: 1 Mitglied (Jurist)

10 Technische Abteilungsausschüsse (Mitgliederzahl verschieden.)
27 Unterausschüsse.

Beschaffungsstelle für Lehren: (Unsätze bei der Physikalischen Reichsanstalt.)

## Übersicht 2.
(Abteilungsausschüsse und Unterausschüsse.)

**Hauptausschuss**

Profile u. Materialprüfungen für den Schiffbau.
— Stahlguß- und Schmiedestücke für Marinezwecke.
— Eisen für Schiffbau und Schiffskabel.

Brücken und Baukonstruktionen.

Schienen.
— Eisenbahnschienen.
— Straßenbahnschienen.

Unterstelle für rollendes Eisenbahnmaterial.
— Radreifenprofile.
— Radreifen, Achsen u. Federn.
— Stahl, Kesselbleche.

Lokomotiven.
— Lokomotivkonferenz.
— Einzelteile u. Grundelemente.
— Kupfer u. seine Legierungen.
— Eisen für Untergestelle.

Veröffentlichungen.

Elektrische Betriebsanlagen.
— Generatoren, Motoren. Transformatoren.
— Transformatoren.
— Physikalische Normen.
— Antriebs-Kraftmaschinen.

Zement.

Schrauben-Gewinde u. Grenzmaße.
— Gewalzte u. gezogene Profile für Automaten.
— Kleine Teile u. Schrauben-Keilnuten ben und Kopfschrauben.

Gußeiserne Rohre.
— Rohrflanschen.
— Rohrflanschen.

Wasser, Gas Kanalisation.
— Heizung, Ventilation u. Hausabwasser.
— Druckwasserrohre.
— Rohre für elektrische Zwecke.

Telegraphie und Telephonie.
— Elektrische Straßenbahnen.
— Ausrüstungsteile für elektrische Betriebsanlagen.

Kabel.

Finanzen.

Abbild 1.

der technischen und wirtschaftlichen Verbände und Gesellschaften, beratenden Ingenieuren sowie Abgesandten aus Konsumenten- und Produzentenkreisen, die an den zur Beratung stehenden Fragen beteiligt sind. Man hofft so, durch eine möglichst breite Basis, auf der alle Ergebnisse gewonnen werden, Fehler, die sich bei einem kleineren Ausschuß naturgemäß bei den menschlichen Schwächen leicht unter dem Deckmantel der Wissenschaftlichkeit einschleichen könnten, auszuschließen.

Arbeitsweise. Nicht der Ausschuß oder etwa seine Mitglieder können festsetzen, was in Zukunft als normal gelten soll, sondern ein Forum von allen nur überhaupt in Frage kommenden Interessenten, gleichsam ein technisches Parlament, trifft die Entscheidung, nachdem aller Rat eingeholt und alle Gegensätze ausgeglichen sind, während eine Regierung, bestehend aus Männern von höchstem wissenschaftlichen und technischen Rufe, diese vor ihrer Veröffentlichung gutheißt. Derartig gewonnene Normen stellen dann nicht mehr die Erfahrungen eines Mannes oder einiger weniger dar, sondern sie sind gewissermaßen die Verkörperung der gesamten nationalen wissenschaftlichen Erkenntnis und technischen Erfahrung und bieten also die höchste Gewähr für die richtige und zweckmäßige Wahl.

Jeder Abteilungsausschuß stellt in großen Zügen die Gesichtspunkte fest, nach denen die Normen des betreffenden Gegenstandes bearbeitet werden sollen, überläßt aber die Einzelausführung der Bestimmungen einem Arbeitsausschuß, der aus einigen seiner Mitglieder besteht. Die Zahl dieser Abteilungs- und Arbeitsausschüsse ist auf 64 gewachsen, abgesehen von den zahlreichen Ersatzausschüssen, wobei die Zahl der bei diesen tätigen Mitarbeiter auf 500 gestiegen ist. Die Beratungsunterlagen werden dabei durch Fragebogen bei den einzelnen Interessenten eingesammelt[1]) und, wenn notwendig, von Zeit zu Zeit mündliche Ver-

---

[1]) »The Engineering Standards Committee«, The Engineer 1902, S. 141. »A preliminary step has been taken by the main Committee, which has sent out a great number of circular letters, asking for informations. Here, for instance, is an extract from one of the letters: »Kindly let me have such following particulars as you are able: 1. Particulars of tramway, rails or fastenings employed in the construction of British or colonial tramways. 2. Which of the various sections given in your list, do you find most frequently employed? 3. Which sections or sizes do you think could, with advantage, be

handlungen angesetzt. Sind die Vorarbeiten entsprechend weit
vorgeschritten, so gehen sie an die Abteilungsausschüsse zur Beratung und, wenn sie von diesen genehmigt werden, an den
Hauptausschuß zur endgültigen Begutachtung und Veröffentlichung.

Entsprechend dem unter 8. genannten Grundsatz ist man
seit Beginn der Arbeiten von der Erkenntnis ausgegangen, daß
Nachprüfungen der veröffentlichten Normen von Zeit zu Zeit
notwendig sind, um eine Erstarrung des technischen Fortschrittes
zu vermeiden. Infolgedessen tritt jeder Abteilungsausschuß
wenigstens einmal im Jahre zusammen, um die herausgegebenen
Normalvorschriften und Berichte auf wünschenswerte Änderungen
hin zu prüfen.

Ergebnisse. Der Normenausschuß veröffentlicht Berichte
(reports) und Vorschriften (specifications). Insgesamt sind bis
Mai 1917 77 aus etwa folgenden Arbeitsgebieten erschienen[1]:

Walzprofile, Eisenbahn- und Straßenbahnschienen, Lokomotiven für indische Eisenbahnen, Rohrflanschen, Schraubengewinde und Grenzlehren-Systeme für die Röhrengewinde, Grenzlehren für Laufsitze, Muttern, Bolzenköpfe und Schraubenschlüssel,
gewalztes und gezogenes Stangenmaterial für Automaten, kleine
Schrauben und Kopfschrauben, Keile und Keilnuten, rollendes
Eisenbahnmaterial, Radreifenprofile, Stahlguß- und Schmiede-
stücke für Schiffswerften, Stahl für Schiffbau und Schiffskessel,
Stahl für Brücken und Brückenkonstruktionen, Flußeisen für
Schiffbau, Flußeisen für rollendes Eisenbahnmaterial, Stahl und
Eisen für Kesselrohre, Portlandzement-, Ton- und Porzellanrohre,
gußeiserne Rohre, Generatoren, Motoren und Transformatoren,
Kraftmaschinen für elektrische Zwecke, Kohlenfadenglühlampen,
Bajonettverschlüsse für Lampenfüße und Lampenfassungen,
Isolierteile für elektrische Hochspannung, Isolierstoffe, Werkstoffe
für Telegraphie, elektrische Kabel, hartgezogener Kupfer- und

retained as standards, and which discarded? All replies will be
treated as strictly confidential«. — Wolfe Barry, »Standardisation
and its relation to the trade of the country«, Transactions of the
Institution of Engineers and Shipbuilders in Scotland 1909, Bd. 52,
S. 40.

[1]) Hassenstein, »Normalisierung in England und Amerika«, Mitteilungen des Nadi 1918, Heft 1, S. 8.

Bronzedraht, Motoren und Werkstoffe für elektrische Straßenbahnen, hohle Straßenbahnmasten, Amperemeter und Voltmeter,
Stahlpanzerrohre für elektrische Leitungen, elektrische Ver-
brauchsmesser, allgemeine Abstufungen für Schrauben und Gewinde für Automobilbau, Rohrverbindungen, Kupferrohre, Er-
klärungen für Fließ- und Elastizitätsgrenze, Automobilwesen[1]),
Straßenbau[2]).

Die Titel der ersten 41 sind folgende[3]):

1. Liste der englischen Normalprofile (Juli 1903)[4]);
2. Normalbedingungen für Straßenbahnschienen und Laschen
   (Juli 1903)[5]);
3. Bericht über den Einfluß der Meßlänge und des Querschnittes
   des Probestabes auf die prozentuale Dehnung (November 1903);
4. Eigenschaften der Normalträger (November 1903);
5. Erster Bericht über Normallokomotiven für die indischen
   Eisenbahnen (November 1903);
6. Eigenschaften der englischen Normalprofile (Juli 1904);
7. Normaltabellen für Kupferleiter usw. (August 1904)[6]);
8. Normalbestimmungen für Straßenbahnrohrmasten (August
   1904);
9. Normalbedingungen und Profile von Eisenbahnschienen
   (Oktober 1904)[7]);
10. Normaltabellen für Rohrflanschen (Dezember 1904)[8]);
11. Normalbedingungen und Querschnitte für flachfüßige Eisen-
    bahnschienen (Februar 1905);

---

[1]) »Standardisation of Automobile parts«, The Engineer, 5. VII.
1912, S. 22.

[2]) »Standardisation of road material«, The Engineer, 26. VI.
1912, S. 672.

[3]) »Das deutsche Normalprofilbuch und englische Normalisierungsbestrebungen«, Stahl und Eisen 1909, S. 377.

[4]) »British Standards for materials of construction«, The Iron
Age, 25. I. 1906, S. 343. — »The properties of British Standard
Sections«, Engineering, 27. I. 1905, S. 127.

[5]) »Normalien für Straßenbahnschienen«, ETZ. 1903, S. 850.

[6]) Elektrotschnische Zeitschrift 1900, S. 177.

[7]) »British Standards for materials of construction«, The Iron Age,
25. I. 1906, S. 343.

[8]) The Engineer 1902, S. 405. — »Standardisation of pipe flanges
and flanged fittings«, Engineering, 25. IV. 1902, S. 534.

12. Normalbedingungen für Portlandzement (Februar 1904, neu bearbeitet im Juni 1907);
13. Normalbedingungen für Schiffbaustähle (Mai 1905, neu bearbeitet im Juni 1906);
14. Normalbedingungen für Marinekesselmaterial (Mai 1905, neu bearbeitet März 1907);
15. Normalbedingungen für Brückenbaustahl und Eisenkonstruktionen (Juni 1906)[1]);
16. Normalbedingungen für Materialien zur Anlage von Telegraphen (August 1905);
17. Vorläufiger Bericht über elektrische Maschinen (Juli 1904)[2]);
18. Abmessungen von Normalzerreißproben (Juni 1904, neu bearbeitet Juni 1907);
19. Versuchsbericht über Spulenerwärmung an elektrischen Maschinen (Februar 1905);
20. Vorläufiger Bericht über englische Normalschraubengewinde (März 1905);
21. Bericht über Normalrohrgewinde an Eisen- und Stahlrohren (April 1905);
22. Bericht über die Einwirkung der Temperatur auf Isolationsmaterial (Mai 1905);
23. Normalien für Oberleitungsdrähte und Abnehmerrollen usw. (August 1905);
24. Normalbedingungen für Materialien zum Bau von rollendem Eisenbahnmaterial (August 1906, neu bearbeitet Juni 1907)[3]);
25. Bericht über Bearbeitungsfehler von zylindrischen Maschinenteilen (Juli 1906);
26. Zweiter Bericht über Normallokomotiven für die indischen Eisenbahnen (Februar 1907);
27. Bericht über englische Normalsysteme von Grenzlehren (Juni 1906)[4]);

---

[1]) »The standardization of specifications for iron and steel«, The Iron Age, 25. II. 1904, S. 36.
[2]) ETZ. 1903, S. 775 u. 941. — ETZ. 1900, S. 176.
[3]) ·»The work of the British Engineering Standards Committee«, American Machinist, 6. X. 1906, S. 389.
[4]) »More excellent work by the British Standards Committee«, American Machinist, 8. IX. 1906. — »Errors and limits of workmanship«, American Machinist, 19. I. 1907, S. 12.

28. Bericht über englische Normalschraubenmuttern, -köpfe und
-schlüssel (August 1906);
29. Normalbedingungen für Schmiedestücke für den Schiffbau
(Mai 1907);
30. Normalbedingungen für Stahlgußstücke für den Schiffbau
(Juni 1907);
31. Normalbedingungen für Stahl-Isolierrohre bei elektrischen
Leitungen (August 1906);
32. Normalbedingungen für Spezial-Rundeisen zur Verarbeitung
in automatischen Maschinen (Mai 1907);
33. Normalbedingungen für Kohlenfaden-Glühlampen (November 1900);
34. Zahlentafel für Whitworth-Gewinde, Feingewinde und Rohrgewinde (Dezember 1906);
35. Normalbedingungen für Stäbe aus Kupferlegierungen zur
Verarbeitung in automatischen Maschinen (August 1907);
36. Bericht über englische Normalien für elektrische Maschinen
(August 1907);
37. Normalbedingungen für elektrische Stromzähler (Okt. 1907);
38. Bericht über die Normalsysteme für Grenzlehren von Schrau-
bengewinden (August 1907)[1]);
39. Zusammenfassender Bericht über englische Normal-Schrau-
bengewinde (Zusammenfassung der Berichte Nr. 20, 28, 38);
40. Normalbedingungen für gußeiserne Muffenverbindungen für
Niederdruckheizungen;
41. Normalbedingungen für gußeiserne Muffenverbindungen für
Rauchröhren.

Das offizielle Untersuchungsamt des Normenausschusses
stellt das obenerwähnte National Physical Laboratory dar, das
ganz allgemein zuständig ist für mechanische, metallurgische
und elektrische Versuche und für die wissenschaftliche Arbeit[2]).

Aufbringung der Mittel. Die für die Durchführung
der Normungsarbeiten erforderlichen Geldmittel wurden zunächst
von den beteiligten 5 Gesellschaften aufgebracht. In richtiger

---

[1]) »English system of gages for standard and screw threads«,
American Machinist, 28. XII. 1907, S. 923.

[2]) Hassenstein, »Normalisierung in England«, Mitteilungen des
Vadi 1918, Heft 2, S. 33.

44

Erkenntnis von der Bedeutung der Vereinheitlichungsbestrebungen für die gesamte Volkswirtschaft stellte sich die Regierung, die als Großverbraucher hiervon ja selbst erhebliche Vorteile erhoffte, den Arbeiten von Anfang an sehr wohlwollend
gegenüber[1]) und lieh der Sache in materieller und ideeller Hinsicht bereitwilligst ihre Unterstützung. Schon für das Etatsjahr 1903/04 wurde eine Summe von M. 60 000 bewilligt[2]) und
bis 1906 ein Zuschuß gewährt, der auf gleicher Höhe mit dem
von den unterstützenden Vereinigungen, Fabrikanten und anderen aufgebrachten Betrag stand. Alsdann wurde dieser wesentlich herabgesetzt und betrug bis zum Jahre 1916 ein Drittel
der jährlich von der Industrie gezeichneten Beträge, als Höchstleistung aber nur M. 10 000. Dieser letztere Betrag ist seitdem beibehalten worden. Die indische Regierung hat sich mit
einer Summe von £ 20 000 und zwei weiteren Zuschüssen in Höhe
von M. 16 000 an den Ausgaben beteiligt, und sich dabei bereit
erklärt, alle Kosten der Arbeiten und Versuche zu bestreiten,
die besonders zugunsten der indischen Regierung gemacht
werden. Auch die Regierungen von Neu-Südwales, Queens-
land, Südaustralien und Viktoria haben kürzlich Beiträge ge-
zeichnet.

Um den Regierungszuschuß zu ergänzen, wurden in den
Jahren 1903, 1907 und 1910 Aufrufe erlassen, die zur Zeichnung
von Geldbeiträgen aufforderten und in der Industrie, bei den
Gemeindevertretungen, den Straßenbahnbehörden und den Elek-
trizitätsgroßabnehmern williges Gehör fanden. Die entstandenen
Kosten haben von der Gründung des Normenausschusses bis zum
März 1916 etwa M. 1 020 000, also durchschnittlich etwa M. 68 000,
betragen.

Die ideelle Unterstützung von seiten der Regierung fand
der Normenausschuß dadurch, daß diese in die einzelnen Abteilungsausschüsse nach Bedarf höhere und höchste Beamte ab-
ordnete — so haben selbst Premierminister dem Ausschuß ange-
hört — und die festgestellten Normalien weitestgehend ihren
Aufträgen zugrunde legte.

---

[1]) »The Engineering Standards Committee«, The Engineer 1902,
S. 564 u. 592.
[2]) »The Engineering Standards Committee«, The Engineer 1906,
Bd. I, S. 36 u. 150.

Erfolge. Der Erfolg sollte denn auch nicht ausbleiben. Bei staatlichen Verwaltungen, Kommunen und Privaten, in Handel und Industrie haben sich die Normen des Engineering Standards Committee Schritt für Schritt Eingang verschafft. Der englische Lloyd hat sich den Normen für Stahl für Schiffbau und Dampfkessel, für Stahlguß und Schmiedestücke für Schiffswerften angeschlossen, dsgl. die Admiralität und das Handelsamt, die Schiffsvermessungs-Registrierungsbehörden und das Bureau Veritas. Das Eisenbahn-Abrechnungsbureau, das den Bau der Wagen bei Privatfirmen prüft, hat die für Eisenbahnmaterial in Frage kommenden Normen angenommen. Die Inspektion für Eisenbauten im Kriegsamt der London County Council und zahlreiche Kolonialverwaltungen schreiben die Ausschußnormen vor. Auch die Zementindustrie, die in England jährlich ca. 3 Mill. t im Werte von M. 60 bis 80 Mill. herstellt, begrüßte die Lieferungsvorschriften des Ausschusses als im Interesse einer billigeren Erzeugung liegend[1]). Beispielsweise werden von den beim Schiffbau verwendeten Profilen 85 bis 95%, von den Eisenbahnschienen annähernd 75 bis 95%[2]), von den Straßenbahnschienen, deren Profilzahl von 70 auf 5 reduziert wurde, etwa 90% nach den Normalien gewalzt, während allein der Wert der nach diesen jährlich hergestellten Rohre M. 100 Mill. ausmacht[3]). Auf dem Gebiet der elektrischen Erzeugnisse ist das meiste von der britischen Postverwaltung verwendete Material und wenigstens 90% aller Kabel und Drähte für Licht-, Telegraphen- und Kraftanlagen nach den britischen Normen hergestellt worden. Wie weit z. B. die Vereinheitlichung in der Elektrotechnik geht, zeigt der Bericht der Maschinennormalienkommission vom Jahre 1903; danach werden für Gleichstrom nur 4 Normalspannungen 110, 220, 440 und 500 Volt festgelegt und für Wechselstromanlagen die Periodenzahl auf 25 und 50 beschränkt[4]), und im Bericht betr. die Normalisierung von

---

[1]) »Normalisierung«, ETZ. 1909, S. 267. — Engineering 1909, Bd. 87, S. 163.

[2]) »Die industrielle Normalisierung in England«, Zeitschrift für Dampfkessel- und Maschinenbetrieb 1917, S. 248.

[3]) Wolfe Barry, »Standardisation and its relation to the trade of the country«, Transactions of the Institution of Engineers and Shipbuilders in Scotland 1909, Bd. 52, S. 40.

[4]) »Maschinennormalien«, ETZ. 1903, S. 941 u. 775.

Antriebsmaschinen für elektrische Stromerzeuger vom Jahre 1909 werden jene z. B. wie folgt vereinheitlicht:

Als normale Drucke kommen zur Ausführung:

Niederdruck . . . . . . . . . . . 100 Pfd./Zoll²
Mitteldruck . . . . . . . . . . . 150 »
Hochdruck . . . . . . . . . . . 200 »
Extrahochdruck . . . . . . . . 300 »

Als normales Vakuum:

Mittel Vakuum . . . . . . . . . 2,5 Pfd./Zoll² absolut
gutes·Vakuum . . . . . . . . . . 1,5 » »

Als normale Drehzahlen beifolgender 14 Maschinengrößen:

| Leistungen | Umdrehungen | | |
|---|---|---|---|
| KW | langsam | mittel | schnell |
| 30 | | | 625 |
| 40 | | | 600 |
| 50 | | | 575 |
| 60 | | | 575 |
| 80 | | | 525 |
| 100 | 107 | 250 | 500 |
| 150 | 107 | 250 | 428 |
| 200 | 107 | 250 | 375 |
| 250 | 107 | 250 | 375 |
| 300 | 94 | 214 | 375 |
| 400 | 94 | 214 | 375 |
| 500 | 94 | 214 | 300 |
| 750 | 83 | 188 | 250 |
| 1000 | 83 | 188 | 250 |

Indische Lokomotiven. Eine der umfangreichsten Arbeiten des Engineering Standards Committee war die Vereinheitlichung der indischen Lokomotiven im Jahre 1905. Bereits 1901 hatte in Kalkutta eine Konferenz über diese Frage stattgefunden mit dem Ergebnis, daß das Engineering Standards Committee einen Arbeitsausschuß ernannte, der sich aus Vertretern der indischen Regierung, beratenden Ingenieuren, Abgesandten der Lokomotivfabriken, der Walzwerke und britischen Lokomotivinteressenten zusammensetzte. Seine Tätigkeit erstreckte sich auf die Typisierung der Lokomotiven, die Normalisierung der Einzelteile zwecks Austauschbarkeit und die Normung der Konstruktionsmaterialien und hat ihren Niederschlag in den Berichten Nr. 5, 24, 26, 50 und 51 gefunden. Die Zahl der Lokomotivtypen wurde nach gründlicher Durcharbeitung auf 5, zwei für Normalspur und drei für Meterspur bestimmt[1]), 1907 traten noch 3 weitere hinzu. Seitdem sind mehr als 2300 Stück Normallokomotiven im Werte von mehr als 1,6 Milliarden geliefert worden, bei denen durch die Vereinheitlichung der englischen Volkswirtschaft bedeutende Ersparnisse zugeflossen sind[2]).

Vereinheitlichung und zukünftiger Wettbewerb. Diese einem Vortrage von Sir John Wolfe Barry vor der Institution of Civil Engineers am 2. V. 1917[3]) entnommenen Zahlen sind im Hinblick auf den schon bestehenden und nach dem Kriege wahrscheinlich noch verschärften Wettbewerb von größter Wichtigkeit. In richtiger Erkenntnis von der wachsenden wirtschaftlichen Bedeutung der Vereinheitlichung hat sich dann auch der englische Normenausschuß mit den Vertretern der Industrie in Verbindung gesetzt und in Übereinstimmung mit diesen über die Frage der Zukunft des ausländischen Wettbewerbs besonders in den lateinischen Ländern und in Rußland folgende Grundsätze aufgestellt[4]):

1. die britischen Normen oder wenigstens die wichtigsten davon sollen sofort ins Spanische, Französische und Russische übersetzt und die britischen Maße und Formeln durch gleichwertige metrische ersetzt werden.

2. Es sollen Ortsausschüsse, bestehend aus Ingenieuren und Geschäftsleuten, die mit dem Hauptausschuß in London enge Fühlung behalten, in ungefähr 12 wichtigen Handels-Mittelpunkten gebildet werden, wie z. B. in Argentinien, Brasilien, Kanada, China, Indien, Peru, Portugal, Rußland, Südafrika, Spanien, Uruguay und Chile.

3. Der Preis der Veröffentlichungen des Normenausschusses in der englischen oder einer anderen Sprache soll stark

---

[1]) »The standardisation of locomotives in India«, Proceedings of the Institution of Mechanical Engineers 1910, S. 1409 und The Engineer, 28. X. 1910, S. 456.

[2]) »Normalisierung«, ETZ. 1909, S. 267.

[3]) The Engineer vom 4. V. 1917.

[4]) Hassenstein, »Normalisierung in England«, Mitteilungen des Nadi 1918, Heft 2, S. 53. — »Die industr. Normalisierung in England«, Z. f. Dampfkessel u. Maschinenbetrieb 1917, S. 248.

48

herabgesetzt werden, und zwar auf 1 Schilling für das Exemplar[1]).

4. An der Spitze der Ortsausschüsse soll der britische Konsul oder ein anderer Vertreter der Regierung stehen.

Die Aufgabe der Ortsausschüsse in den ausländischen Handelsmittelpunkten soll es sein, alle Berichte und Vorschriften des Engineering Standards Committee weithin bekannt zu geben und für jedermann zugänglich zu machen, die Heimat über alle neuen Unternehmungen ohne Zeitverlust auf dem laufenden zu halten und dem Auslande die durch Annahme britischer Normen ihm erwachsenden Vorteile eindringlich vor Augen zu stellen, kurzum den englischen Außenhandel in jeder Weise zu begünstigen und zu fördern.

Einen Streitpunkt bei dieser Arbeit bildet das metrische System. Hier wird sich Englands Ausnahmestellung rächen; denn in einem großen Teil der in Frage kommenden Länder ist das metrische System eingeführt, während England ja laut Gesetz nach wie vor beide Systeme nebeneinander besitzt. Eine einheitliche Stellungnahme ist von dem Normenausschuß hier auch bisher vermieden worden.

Die Regierung hat zur Verwirklichung des Planes ihre Mithilfe in der Form zugesagt, daß das auswärtige Amt und das Handelsministerium für die Ortsausschüsse die Vertreter stellen, während das Finanzministerium für die neue Aufgabe M. 200000 bewilligt hat. Mit diesen Mitteln und M. 260000, die von der Industrie aufgebracht worden sind, ist unverzüglich die Übersetzung der Ausschußveröffentlichungen in Angriff genommen worden[2]). Der Preis wird nach dem Beispiel der Vereinigten Staaten, die ihre Abhandlungen gewöhnlich für ein Viertel Dollar und weniger verkaufen, 1 Schilling betragen.

**Bestrebungen während des Krieges.** Wie in dem oben erwähnten Falle, so hat auch anderweitig der Krieg in England anregend auf den Vereinheitlichungsgedanken gewirkt[3]).

---

[1]) »British Engineering Standards Committee«, Machinery, August 1912, S. 950.

[2]) »Die industrielle Normalisierung in England«, Zeitschrift für Dampfkessel und Maschinenbetrieb 1917, S 248.

[3]) »Englischer Einheitsschiffbau zur Abwehr der Schiffsraumnot«, Schiffbau XVIII, S 235.

Hier ist vor allem der Einheitsschiffbau zu erwähnen. Bereits im September 1917 wurden die ersten Standard-Schiffe[1]) für die englische Regierung in Fahrt gestellt. Die Bauzeit soll nur etwa 4 Monate betragen. Als Typen kommen Schiffe von 3000, 5000, 7000 und 8000 t Tragfähigkeit, die unter militärischer Leitung in Reihen hergestellt werden, zur Ausführung[2]). Hervorzuheben ist jedoch, daß diese Normalisierung und Typisierung, der ähnliche Versuche für die Maschinen- und Kesselanlage durch die North-East-Coast Institution of Engineers and Shipbuilders zur Seite stehen[3]), im Gegensatze zu den Vereinheitlichungsbestrebungen in der Automobilindustrie[4]) nicht vom Engineering Standards Committee ausgeht. Das gleiche gilt von den auf eine Anregung der Regierung zurückgehenden Bemühungen der englischen Industrie, der Vereinheitlichung durch Zusammenschluß die Wege zu ebnen und damit den Wirkungsgrad des Wirtschaftslebens zu erhöhen. Ein von Runciman 1916 aus Industriellen, Geschäftsleuten, Volkswirten und Politikern eingesetzter Ausschuß stellte nach eingehenden Studien einen Bericht zusammen, demzufolge als wirksamstes Mittel zur Herabsetzung der Selbstkosten die normalisierte und spezialisierte Massenfabrikation bezeichnet wurde. Um sie zu ermöglichen soll durch Vereinigung der Industrien unter staatlicher Mitwirkung der Bedarf zusammengefaßt und nach der Eignung der Betriebe auf diese spezialisiert verteilt werden. Hierzu hat sich z. B. in der Werkzeugmaschinenindustrie die Vereinigung der »Associated British Machine Tool Makers« mit 2 Mill. Kapital gebildet, deren Mitglieder sich in Zukunft auf ganz bestimmte Erzeugnisse beschränken und diese durch ihre gemeinsame Verkaufsvereinigung vertreiben wollen. Ähnliche Versuche liegen im

---

[1]) Schiffbau XVIII, S. 755 vom 26. IX. 1917. — Z. d. V. D. I., 13. X. 1917, S. 849.

[2]) W. Kreul, »Die Wiederherstellung der deutschen Handelsflotte«, Stahl und Eisen 1918, S. 130.

[3]) »Standardisation as applied to the machinery for cargo boats«, International Marine Engineering 1917, S. 253. — »Normalisierung von Frachtdampfer-Maschinen«, Schiffbau XVIII. S. 618. — »Normalisierung im Schiffbau«, Z. d. V. D. I., 14. IV, 1917, S. 339.

[4]) »The standardisation of Automobile parts«, The Engineer, 21. VI. 1912, S. 645 u. 22.

Lokomotiv- und Waggonbau sowie in der Elektroindustrie vor[1]).

Ein kurzer Blick nach rückwärts zeigt uns also England als die Geburtsstätte des Vereinheitlichungsgedankens. Bis um die Wende des 19. Jahrhunderts fand sich jedoch kein Nachfolger, der das Whitworthsche Werk fortgesetzt hätte, und so mußte erst der Niedergang der eigenen Industrie und das Aufblühen Amerikas die Engländer zu ökonomischerer Gestaltung ihres Wirtschaftslebens zwingen. Entsprechende Bemühungen fanden ihre Verwirklichung in der 1901 erfolgten Gründung des Engineering Standards Committee. Als straff organisierte Zentralstelle der industriellen Vereinheitlichungsbestrebungen war es zugleich ein unparteiisches Forum, vor dem die oft widerstreitenden Wünsche der Produzenten und Konsumenten ausgeglichen werden konnten[2]). Es hat umfangreiche Arbeiten in der Vereinheitlichung von Material und Einzelteilen, also in Normung und Normalisierung, geleistet. Zur Typisierung dagegen hat es nur einmal, und zwar bei der Schaffung von Einheitslokomotiven für Indien, Stellung genommen, während die Spezialisierung ganz außerhalb seiner Ziele liegt. Dementsprechend sind auch in England von einer ähnlich hochentwickelten Spezialisierung und Typisierung wie in Amerika kaum Ansätze vorhanden, und auch diese sind zum größten Teile erst auf Kriegsmaßnahmen zurückzuführen.

## Die Entwicklung in Deutschland.

Als letzter von den drei großen Industriestaaten der Erde hat Deutschland unter dem Druck der Kriegsverhältnisse den Vereinheitlichungsgedanken in sein wirtschaftliches Rüstzeug aufgenommen. Die geschichtliche Entwicklung bietet dabei etwa ein Bild, das im ersten Stadium, wenn auch in erheblich kleinerem Umfange, den amerikanischen Zuständen ähnelt und auf der zweiten Stufe die englische straffe Organisation in einer Zentralstelle übernimmt.

---

[1]) »Wirtschaftliche Fertigung im Ausland«, Mitteilungen des A. w. F., März 1919, S. 1.

[2]) John Wolfe Barry, »Standardisation and its relation to the trade of the country«, Institution of Engineers and Shipbuilders in Scotland, Bd. 52, S. 40.

Stellung des Vereins Deutscher Ingenieure. Schon
frühzeitig hat der Verein Deutscher Ingenieure als Sammelpunkt
von Deutschlands technischer Erfahrung und Intelligenz sich
bemüht, vereinheitlichend in der deutschen Industrie zu wirken[1]).
Es handelt sich hierbei allerdings in der Hauptsache nur um
gelegentliche Arbeiten, indem für den einen oder anderen Ma-
schinenteil das Bedürfnis nach Vereinheitlichung auftrat, und
so wurde jeweilig in Beratung mit den einzelnen Fachkreisen
eine Anzahl Normalien, insgesamt sind es bis jetzt 18, aufgestellt[2]). Einige von ihnen haben in der deutschen Ingenieur-
welt allgemeine Annahme gefunden, andere stellen dagegen nur
eine grundsätzliche Klarstellung dar, ohne daß es gelungen wäre,
ihnen allgemeinen Eingang zu verschaffen. Es gab eben leider
früher wie auch jetzt noch weite Kreise der Industrie, die für den
Begriff Vereinheitlichung nicht das erforderliche Verständnis
aufbrachten, das wir bereits im Jahre 1861 bei Reuleaux finden[3]).

[1]) Um die Zusammenhänge nicht zu zerreißen, wird es sich im
folgenden als zweckmäßig erweisen, Normung und Normalisierung
nicht zu trennen.

[2]) F. Neuhaus, »Der Vereinheitlichungsgedanke in der deutschen
Maschinenindustrie«, Technik und Wirtschaft, August 1914, S. 603.

[3]) Reuleaux Konstrukteur 1865, 2. Aufl. (Vorrede 1861):
. . . Es ist damit die Möglichkeit erwiesen, daß sich wirklich eine
ganze Reihe von Elementen nach festen Typen ausführen lassen, und
ich möchte mit Nachdruck darauf hinweisen, wie wertvoll es für die
Praxis sein würde, gemeinsame Regeln, seien es die hier aufgestellten,
seien es andere, anzunehmen.
Wie vorteilhaft würde es z. B. für alle Beteiligten sein, wenn in
einem großen Fabrikverbande feste Regeln für die Lager nur insoweit
eingehalten würden, daß man gewisse Stufenfolgen festsetzte, in denen
die Abmessungen und Zapfenabstände der Sohlflächen gemacht werden
sollten, indem dann nicht nur — wie es bei den Schrauben schon allgemein geworden ist — die Abnehmer Ersatzstücke aus jeder Fabrik
des Verbandes beziehen könnten, sondern indem auch die gesamte
Lageranfertigung sich bestimmten, tüchtig vorgerichteten Fabriken
ganz und gar anheimgeben ließe. Noch in höherem Grade vorteilhaft
würde dieses Verfahren in seiner Anwendung auf die Zahnräder aus-
fallen, welche nach getroffener Übereinkunft und mit Zuhilfenahme
der zwar teueren, aber vortrefflich arbeitenden Räderfräsmaschine in
einer Güte und Billigkeit angefertigt werden könnten, die alles Bis-
herige hinter sich ließe. Die Kuppelungen, Riemenscheiben, Seil-

Normalprofile. Schon 1873 entstanden die Lehren für Blech und Draht. Wohl das bedeutendste und erfolgreichste Werk sind die 1869 im Verein mit dem Verband deutscher Architekten- und Ingenieur-Vereine, dem Verein Deutscher Eisenhüttenleute und dem Verein Deutscher Schiffswerften begonnenen Arbeiten zur Normalisierung der Walzeisen[1]). Das erste gewalzte Stabeisen brachten 1817 die Rybnicker Eisenwerke in den Handel[2]). 1831 folgten die Winkeleisen und 1835 die ersten Schienen für die Nürnberg-Fürther Bahn durch das Remysche Eisenwalzwerk in Rasselstein bei Neuwied[3]). Die Fabrikation von T-Profilen wurde 1856 von der A.-G. Phönix in Eschweiler aufgenommen[4]), und etwa gleichzeitig erschienen die U-Eisen. In den 60er Jahren war bereits eine all die heutigen Profile enthaltende Fülle von

scheiben, vielleicht auch die Kurbeln, Balanciers, Bleuelstangen, Ventile, Haken usw. würden bald nachfolgen und so durch die Arbeitsverteilung eine Vereinfachung in der Fabrikation herbeigeführt werden können, welche die segensreichsten Folgen haben müßte.

Das Verfahren von heute ist ganz anders. Mit einer sonderbaren Eifersucht sucht jede Maschinenbauanstalt ein eigenes Regelsystem durchzuführen, wenn sie überhaupt ein solches zur Anwendung bringt; viel kostbare Zeit wird darauf verwandt, Maschinenelemente täglich neu zu konstruieren, die schon hundertmal konstruiert sind, denen man aber in den angewandten Formen und Abmessungen einen Vorzug vor den den gleichen Zweck verfolgenden Erzeugnissen anderer Anstalten zuschreibt, einen Vorzug, welcher doch sehr häufig nur eingebildet oder unwesentlich ist. Vereinigte man sich aber in der genannten Art, so würde man die gewonnene Zeit auf die ohnedies soviel Sorgfalt und Studium beanspruchenden nicht elementaren Teile verwenden können, also an diesen abermals Gewinn ernten. — Vielleicht wäre statt des eingehends erwähnten Verbandes auch das entgegenstehende Verfahren: eine schnell entschlossene Begründung von »Fabriken für Maschinenelemente« der passende Weg zu dem zweifellos vieler Anstrengung würdigen Ziele.

[1]) C. G. Mehrtens, »Vorlesungen über Ingenieur-Wissenschaften, II. Teil Eisenbrückenbau«, Bd. I, S. 81. »Deutsche Ingenieure sind im 8. Jahrzehnt des vorigen Jahrhunderts zuerst auf den Gedanken gekommen, einheitliche sog. Normalprofile für Walzeisen zu schaffen.«

[2]) Bach, »Die oberschlesische Kohlen- und Eisenindustrie«, 1914, S. 14.

[3]) H. Fischmann, Düsseldorf, »Die Normalprofile fürFormeisen, ihre Entwicklung und Weiterbildung«.

[4]) Mäurer, »Formen der Walzkunst«, S. 109.

Walzeisen vorhanden, deren jedes je nach seiner Herkunft von dem anderen abwich. Um in diesem unhaltbaren Zustande Wandel zu schaffen, regte Nack in der 11. Hauptversammlung des Vereins Deutscher Ingenieure ein gemeinsames Vorgehen an, um einheitliche Walzkaliber nach metrischem Maß aufzustellen und die gangbaren Walzeisensorten übersichtlich zu ordnen[1]).

Trotz der Vorarbeiten des oberschlesischen Bezirksvereins kam jedoch dieser erste Vorschlag noch nicht recht zur Durchführung. Erst 8 Jahre später, als der Technische Verein für Eisenhüttenwesen, damals noch ein Zweigverein des Vereines Deutscher Ingenieure, sich seit seiner Generalversammlung am 17. Dezember 1876 eifrig »mit Maßnahmen zur Erweiterung des Eisenverbrauchs« beschäftigte, stellte sich das unabweisbare Bedürfnis heraus, dem Verbraucher von Eisen dessen Anwendung durch übersichtliche Tafeln der Maße und Gewichte der gebräuchlichsten Formeisen zu erleichtern[2]).

Der Aachener Bezirksverein setzte zu diesem Zweck einen Ausschuß ein, welcher auf Grund seiner Arbeiten zur Aufstellung geordneter Reihen von Profilen kam. Auf der 19. Hauptversammlung des Vereins Deutscher Ingenieure 1878 in München hielt Intze hierüber einen Vortrag[3]), der nach eingehender Verhandlung zur Einsetzung einer 10gliedrigen Kommission aus Abgesandten des Vereins Deutscher Ingenieure, des Technischen Vereins für Eisen-Hüttenwesen und des Verbandes Deutscher Architekten- und Ingenieurvereine führte, die sich durch Zuwahl aus Interessentenkreisen eine möglichst breite Grundlage für ihre Beschlüsse sichern sollte. Nach vierjähriger anstrengender Arbeit konnte dann der 23. Hauptversammlung in Magdeburg das erste deutsche Normalprofilbuch vorgelegt werden, in das auf Wunsch der Kaiserlichen Admiralität gleichzeitig Schiffbauprofile aufgenommen worden waren, zu deren eingehenderer Durcharbeitung 1902 der Verein deutscher Schiffswerften der Kommission beitrat.

---

[1]) Z. d. V. d. I. 1869, S. 735.

[2]) Friedrich Heinzerling, »Denkschrift zum 27jährigen Bestehen der Kommission zur Aufstellung von Normalprofilen für Walzeisen zu Bau- und Schiffbauzwecken von 1878 bis 1905.«

[3]) Wochenschrift des Vereins Deutscher Ingenieure 1878, S. 353.

Eine von den Professoren Heinzerling und Intze verfaßte Schrift: »Deutsche Normalprofile für Walzeisen«, Berlin 1880[1]), wurde in 2400 Abdrucken an die maßgebenden Behörden, Körperschaften und Personen versandt. 1881 bereits schrieb der Preußische Minister der öffentlichen Arbeiten, kurz darauf auch die Reichsmarineverwaltung die Profile zur Verwendung in ihren Betrieben vor[2]), und 1890 legte der 1877 gegründete Germanische Lloyd[3]) sie seinen Bauvorschriften zugrunde, während gleichzeitig die Walzwerke nicht nur zustimmend auf ein Rundschreiben antworteten, sondern die Fabrikation der Deutschen Normalprofile teilweise bereits aufgenommen hatten[4]).

Inzwischen hat das Normalprofilbuch zahlreiche Auflagen, die letzte 1908, erlebt und damit den Beweis für die Richtigkeit der Idee gebracht. Trotz allem mehren sich aber die Stimmen, die z. T. nicht nur die Form mancher Profile ändern[5]), sondern vor allem in der Beschränkung der Typenzahl noch weiter heruntergehen wollen. Als Beispiel für eine bessere Lösung führt Kiehlhorn[6]) England an, wo Hoch- und Schiffbau mit 129 Profilen in 205 Abmessungen gegenüber 172 Profilen mit 445 Abmessungen in Deutschland auskommen. Dabei haben z. B. 1906 die englischen Walzwerke auf je 8500 Registertonnen von Stapel gelaufenen Schiffsraumes ein Profil, die deutschen zehn walzen müssen.

Wie weit man mit der Herabsetzung der Profilzahl gehen kann, zeigt die durch die Not des Krieges geborene Kriegsliste der deutschen Normalprofilé zu Bauzwecken, die mit Rücksicht

[1]) G. C. Mehrtens, »Vorlesung über Ingenieurwissenschaften«, 2. Teil Eisenbrückenbau, 1. Bd., S. 82.

[2]) »Über neue deutsche Normalprofile für Walzeisen«, Der Eisenbau 1913, S. 44. — »Deutsche Normalprofile für Walzeisen«, Deutsche Bauzeitung 1880, S. 1.

[3]) Karl Kielhorn, »Englische und deutsche Normalprofile im Handelsschiffbau«, Z. d. V. D. I., 15. VI. 1907, S. 947.

[4]) »Deutsches Normalprofilbuch für Walzeisen für Bau- und Schiffbauzwecke«, Z. d. V. D. I., 9. IX. 1905, S. 1487.

[5]) R. Sonntag, »Vorschläge zur künftigen Gestaltung der I-Eisen«, Z. d. V. D. I., 7. XII. 1918, S. 876. — H. Fischmann, »Die Normalprofile für Formeisen, ihre Entw. u. Weiterbild.«

[6]) Karl Kielhorn, »Englische und deutsche Normalprofile im Handelsschiffbau«, Z. d. V. D. I., 15. VI. 1907, S. 947.

auf die bestehenden Lieferungsschwierigkeiten vom 10. Januar 1917 an in Kraft gesetzt worden ist[1]):

I-Eisen Nr. 8, 10, 12, 14, 16, 18, 20, 22, 24, 26, 28, 30, 32, 36, 40, 45, 50, 55.

U-Eisen Nr. 6½, 8, 10, 12, 14, 16, 18, 20, 22, 23½, 26, 30 sowie die Waggonbauprofile.

Gleichschenkelige Winkeleisen. Es werden unverändert beibehalten die Profile mit Schenkellänge von 25 bis 70 mm, ferner die mit 80, 90, 100, 120, 130, 150 und 160 mm.

Ungleichschenkelige Winkeleisen. Die ungleichschenkeligen Winkeleisen werden beschränkt auf $45 \times 30$, $60 \times 40$, $75 \times 50$, $65 \times 100$, $65 \times 130$, $80 \times 120$, $80 \times 160$, $100 \times 150$, $100 \times 200$.

Hochstegige ⊥-Eisen. Die Anfertigung wird beschränkt auf 30, 40, 50, 60, 80, 100 mm hohe Profile.

Breitflanschige ⊥-Eisen. Die Anfertigung wird beschränkt auf $80 \times 40$, $100 \times 50$, $120 \times 60$, $160 \times 80$, $180 \times 90$, $200 \times 100$.

Z-Eisen fallen fort.

Quadrat-Eisen fallen fort.

Zores-Eisen fallen fort.

Flacheisen bis 160 mm. Es werden geliefert Breiten von 20 bis 60 mm in allen gewünschten Abstufungen, darüber hinaus nur Breiten von 70, 80, 90, 100, 130 und 150 mm.

Universal-Eisen 160 bis 200 mm in Abstufungen von 10 mm, über 200 bis 500 mm in Abstufungen von 20 mm, über 500 mm in Abstufungen von 50 mm.

Ihnen gesellen sich noch die 1915 vom Verein Deutscher Eisenhüttenleute im Benehmen mit sämtlichen deutschen Walzwerken aufgestellten Wellblechnormalprofile zur Seite[2]). Wie wenig sich allerdings der Handel an die Normalprofile hält und welche traurigen Zustände auf dem Gebiete der nicht normalisierten Walzeisen herrschen, beweist die Tatsache, daß der Berliner Stabeisenhandel, der übrigens noch den rheinländischen Zoll

---

[1]) »Kriegsliste der deutschen Normalprofile für Walzeisen zu Bauzwecken«, Z. d. V. D. I., 6. I. 1917, S. 20.

[2]) »Deutsche Wellblechnormalprofile«, Stahl und Eisen 1915, S. 259. — »Deutsche Wellblechnormalprofile, aufgestellt von dem Verein Deutscher Eisenhüttenleute«, Werkstattstechnik 1915, S. 301.

verwendet, neben 65 normalen noch 198 annormale Winkeleisen, neben 19 normalen 20 annormale T-Eisen usf. führt, und daß die Zahl der allerdings noch nicht vereinheitlichten Walzeisen mit rechteckigem Querschnitt 622, der Rund- und Quadrateisen je 90 beträgt[1]).

Kraftmaschinen und -erzeuger. Der Verein Deutscher Ingenieure hat sich des weiteren normend betätigt, als er 1884 im Verein mit dem Internationalen Verbande der Dampfkessel-Überwachungsvereine die 1900 überarbeiteten Normen für Leistungsversuche an Dampfkesseln und Dampfmaschinen herausgab[2]), denen später Regeln für Leistungsversuche an Ventilatoren und Kompressoren sowie Regeln für Leistungsversuche an Gasmaschinen und Gaserzeugern folgten[3]). Nachdem 1906 auf Anregung des Herrn von Bach Normen für die Prüfung von Indikatorfedern[4]) geschaffen worden waren[5]), war somit eine einheitliche Grundlage für die Beurteilung der Hauptkraftquellen und der Kraftmaschinen gegeben. Auch die 1907 ins Leben gerufene Dampfkessel-Normen-Kommission ist ein Werk des Vereins Deutscher Ingenieure. Sie ist das Ergebnis langjähriger, bis in das Jahr 1880 zurückreichender Verhandlungen, die zwischen dem Internationalen Verband der Dampfkessel-Überwachungsvereine, dem preußischen Ministerium für Handel und Gewerbe und dem Verein Deutscher Ingenieure über die Material- und Bauvorschriften für Dampfkessel (Würzburger und Hamburger Normen[6]) geführt worden sind. Ihr Zweck ist, die Normen der polizeilichen Vorschriften über Land- und Schiffsdampfkessel dauernd dem technischen Fortschritt anzupassen[7]).

---

[1]) Adolf Santz, »Der Berliner Stabeisenhandel vom Standpunkte der Normalisierung«, Werkstattstechnik 1916, S. 185.

[2]) »Normen für Leistungsversuche an Dampfkesseln und Dampfmaschinen«, Z. d. V. D. I., 7. IV. 1900, S. 460.

[3]) »Mitteilungen der Geschäftsstelle« Mitteilungen des Normenausschusses der deutschen Industrie 1919, Heft 1, S. 34.

[4]) Z. d. V. D. I., 1. III. 1902, S. 329.

[5]) Z. d. V. D. I., 5. V. 1906, S. 709.

[6]) »Würzburger und Hamburger Normen«, Z. d. V. D. I. 1905, S. 160'2.

[7]) »Dampfkessel-Normen-Kommission«, Stahl und Eisen 1907, S. 1855. — »Deutsche Dampfkessel-Normen-Kommission«, Z. d. V. D. I., 4. IV. 1908, S. 558, und 1909, S. 320.

Rohrfabrikation. Im Jahre 1882 hatte der Verein Deutscher Ingenieure Normalien für gußeiserne Rohre angenommen[1]).
Der in den 90er Jahren ständig steigende Dampfdruck hatte
die Verwendung dieser Rohre aus Sicherheitsgründen unmöglich
gemacht, so daß in zahllosen wilden Ausführungen Ersatz geschaffen
werden mußte. An eine Auswechselbarkeit der Flanschen oder
Formstücke der verschiedenen Fabriken untereinander war dabei nicht zu denken. Am 20. April 1896 beantragte daher der
Fränkisch-Oberpfälzische Bezirksverein Deutscher Ingenieure
unter Vorlage von Vorschlägen beim Gesamtverein, Normalien
für Rohre, Formstücke und Ventile für hohen Dampfdruck aufzustellen. Ein Rundschreiben des Vorstandes an die Bezirks-
vereine ergab sehr voneinander abweichende Äußerungen. Die
38. Hauptversammlung in Kassel beschloß daher, die weitere
Bearbeitung einem Ausschuß zu übertragen, der drei Jahre
später seine Studien zum Abschluß bringen konnte. Die Annahme der »Normalien zu Rohrleitungen für Dampf von hoher
Spannung« erfolgte am 21. März 1900[2]).

In diese Normalien gehören auch die Gasrohrverbindungen.
Nachdem der Vorstand des Vereins Deutscher Ingenieure 1901
es trotz der offenkundigen Mißstände abgelehnt hatte[3]), die
Normalisierung der Gasrohrverschraubungen in die Hand zu
nehmen, wurde die Frage 1904 schließlich doch geregelt[4]).

Gewinde. Damit ist eins der ältesten, schwierigsten und
wichtigsten Kapitel der Normalisierung angeschnitten: Die

---

[1]) »Normalien für gußeiserne Rohre«, Zeitschrift des Vereins
Deutscher Ingenieure 1915, S. 210.

[2]) »Normalien zu Rohrleitungen für Dampf von hoher Spannung«,
Mitteilungen aus der Praxis des Dampfkessel- und Maschinenbetriebes
1901, S. 1. — Z. d. V. D. I., 27. X. 1900, S. 1481.

[3]) »Tätigkeit des Gasgewindeausschusses«, Z. d. V. D. I., 29. VI.
1901, S. 887.« Die Unterschiede der Gasgewindetabellen der einzelnen
Fabriken waren so groß, daß von einer ordnungsgemäßen Verbindung
der aus verschiedenen Walzwerken stammenden Rohre nicht gut gesprochen werden konnte. So differierten die Durchmesser um 2,49
bis 4,29 mm, die Gangzahlen wichen bei ⅛'' zum Teil um 3 Gang
voneinander ab. Die westfälischen Walzwerke fertigten andere Abmessungen an wie die oberschlesischen usf.«

[4]) »Antrag des Deutschen Vereins von Gas- und Wasserfachmännern, betr. Gasrohrgewinde«, Z. d. V. D. I. 1909, S. 807.

58

Gewindefrage. Erst in allerneuester Zeit hat hier eine vielleicht noch nicht alle Teile befriedigende Regelung stattgefunden. Nachdem Whitworths sieghafte Idee auch in Deutschland ihren Einzug gehalten hatte, das Wirtschaftsleben aber unter dem Einflusse des Reichsgedankens und des allein gesetzlich eingeführten metrischen Systems alle die partikularen Zollsysteme nach und nach verließ, wuchsen die insbesondere auf metrischer Grundlage aufgebauten Schraubensysteme wie die Pilze aus der Erde. Rechnet man hierzu noch, daß die Physikalisch-Technische Reichsanstalt es bisher ablehnte, Lehren mit Zollgrundlage nachzuprüfen oder zu eichen, so ist es verständlich, daß drei der ersten Lokomotivfabriken, die gleichzeitig für ein und dieselbe Verwaltung arbeiteten und von denen eine völlige Auswechselbarkeit einzelner Teile, darunter auch der Schrauben, verlangt wurde, ihre Bemühungen bezüglich dieser aufgeben mußten[1]), während eine Berliner Schraubenfabrik nicht weniger als 2831 Gewindebohrer nebst Zubehör für wirklich verlangte Schraubenarten in ihrem Werkzeuglager hatte[2]).

Der erste Anstoß, in diese unhaltbaren Zustände Ordnung zu bringen, ging 1874 vom Münchener Bezirksverein Deutscher Ingenieure aus, der den Delisleschen Gedanken eines Weltgewindes aufnahm[3]). 2000 Rundschreiben wurden an die europäische Industrie versandt, um die Frage, metrisches oder Whitworth-Gewinde, zu klären. Der Erfolg war nicht ermutigend. Nur 365 Antworten gingen ein, und 316 von diesen entschieden sich für das Zollgewinde. 1877 brachte der Karlsruher Bezirksverein die Frage vor die Hauptversammlung des Vereins Deutscher Ingenieure, die jedoch zunächst ablehnte, sich mit der Angelegenheit zu befassen. Ein Jahr später nahmen die Bemühungen um das Einheitsgewinde greifbare Gestalt an und führten zur Einsetzung eines Ausschusses, der nach langen theo-

---

[1]) F. Neuhaus, »Der Vereinheitlichungsgedanke in der deutschen Maschinenindustrie«, Technik und Wirtschaft, August 1914, S. 627.

[2]) Schlesinger, »Vereinheitlichung der Schraubengewinde«, Mitteilungen über Forschungsarbeiten, Heft 142, S. 32.

[3]) »The Standardization of Screw Threads«, Engineering 1900, S. 75. »Der Karlsruher Ingenieur Delisle hatte 1873 auf der Wiener Ausstellung das von ihm zusammengestellte Material der Öffentlichkeit übergeben.«

retischen sowie praktischen Erörterungen 1888 die Annahme eines metrischen Gewindesystems empfahl. 1898 wurde dieses dann abgelöst durch das vom Verein Deutscher Ingenieure auf dem Internationalen Kongreß in Zürich gebilligte »System International«. Wer geglaubt hatte, daß damit in die Schraubenfrage endgültig Klarheit kommen sollte, sah sich in den folgenden Jahren bitter enttäuscht; denn der zunächst einzige Erfolg des neuen Systems war der, daß noch ein weiteres zu den bereits bestehenden hinzugekommen war. Ein interessantes Licht auf die bestehenden Verhältnisse wirft die Angabe von Neuhaus, daß die Schraubenmutterweiten der Preußisch-Hessischen Staatsbahn verschieden sind von denen der Sächsischen Staatsbahn, beide wieder von denen der Marine; auch die der Militärbahnen weisen andere Abmessungen auf, so z. B. beträgt die Schraubenmutterweite für $1\frac{1}{8}''$ Gewinde bei der Preußischen Staatsbahn 50 mm, bei der Militärbahn 80 mm und bei der Marine 40 mm; die handelsüblichen Schrauben aber haben wiederum abweichende Schlüsselweiten[1]).

In ein neues Stadium ist die Schraubenfrage kurz vor Kriegsausbruch getreten. Am 17. Januar 1912 tagten Vertreter des Vereins Deutscher Ingenieure, Deutscher Maschinenbauanstalten, Deutscher Werkzeugmaschinenfabriken und Deutscher Seeschiffswerften im Hause des Vereins Deutscher Ingenieure in Berlin, um über die Frage des Einheitsgewindes erneut zu beraten. Da die Ansichten der versammelten Ingenieure über Vorzüge und Mängel der drei in Deutschland am meisten verbreiteten Systeme: »Whitworth«, »Löwenherz« und »System International« stark auseinandergingen und da betont wurde, daß eine Vereinheitlichung ohne Mitarbeit des Auslandes, insbesondere von England und Amerika, unzweckmäßig sei, so übernahm es Professor Schlesinger, eine Denkschrift auszuarbeiten, in der berichtet wurde[2])

    a) über die im Auslande gebräuchlichen Gewindesysteme, ihre Vorzüge und Mängel,

---

[1]) F. Neuhaus, »Der Vereinheitlichungsgedanke in der Deutschen Maschinenindustrie«, Technik und Wirtschaft, August 1914, S. 603.

[2]) G. Schlesinger, »Die Vereinheitlichung der Schraubengewinde«, Z d. V. D. I 1913, S. 1840 und Mitteilungen über Forschungsarbeiten, Heft 142.

b) über die Verbreitung der Gewindesysteme in Deutschland
und über die Stellungnahme der deutschen Hersteller
und Verbraucher der Schrauben,

c) über die Ansicht der führenden Staatsinstitute des Auslandes betr. die Möglichkeit einer internationalen Verständigung.

Das Ergebnis der umfangreichen Umfrage, welche Schlesinger an die deutsche Industrie hinsichtlich der benutzten und
zweckmäßigen Gewindearten richtete, war, daß etwa 70% der
Fabriken das Whitworth-Gewinde und je 11% das S.-I.-Gewinde
und das Löwenherzgewinde benutzten, während 40% die Annahme des S.-J.-Gewindes als Grundlage für die Vereinheitlichung befürworteten. Mit Rücksicht auf das Auslandsgeschäft
einigte man sich schließlich, nachdem sich die Physikalisch-
Technische· Reichsanstalt nunmehr bereit erklärte, auch Zollsysteme zu prüfen, darauf, einen Ausschuß einzusetzen, der das
Whitworth-, Löwenherz- und S.-J.-Gewinde als gleichberechtigt
nebeneinander normalisieren, alle übrigen aber ausscheiden
sollte[1]). Der Ausbruch des Krieges setzte den Arbeiten zunächst
ein Ziel.

Eisenbahnwesen. An zweiter Stelle wäre der Staat zu
nennen, der sich gleichfalls technisch-vereinheitlichend betätigt
hat. Die Normen der Marine, des Heeres und der Post, die Vorschriften für die Aufstellung und den Betrieb von Dampfmaschinen und Dampfkesseln, vor allem die zielbewußten Arbeiten,
die von Deutschlands größter technischer Behörde, der Eisenbahn, geleistet worden sind, gehören hierher. Bekanntlich bestanden bis zu Anfang der 70er Jahre die Preußischen Staatsbahnen aus verschiedenen unter sich nicht zusammenhängenden
Bahnkomplexen, die innerhalb der durch die technischen Vereinbarungen des Vereins Deutscher Eisenbahnverwaltungen
gezogenen Grenzen ihre eigenen Konstruktionen für Lokomotiv-,
Personen- und Güterwagen hatten. Die oben erwähnten, 1846
von Rhades angeregten Vereinbarungen, deren Kern eine einheitliche Spur, gleichartige auswechselbare Kupplungseinrich-
tungen und Bremsapparate, gleichartige Beheizung und einheit-

---

[1]) »Die Vereinheitlichung der Schraubengewinde«, Z. d. V. D. I.
1914, S. 720.

liche Zugsignalisierung sind[1]), waren allerdings ein ganz erheb-
licher Schritt vorwärts in der Vereinheitlichung, denn erst durch
sie ist überhaupt ein Durchgangsverkehr der einzelnen Verwaltungen sowie ein Zusammenlaufen des rollenden Materials
derselben ermöglicht worden. Einen Begriff von dem Umfang
der Beschränkungen, dem sich damit die angeschlossenen Bahnen
bei ihrem Bau und Betrieb unterwarfen, gibt das nachfolgende
Inhaltsverzeichnis der »Technischen Vereinbarungen über den
Bau und die Betriebseinrichtungen der Haupt- und Nebenbahnen
(T. V.)« nach den Beschlüssen der Vereinsversammlung vom
3./5. September 1908 zu Amsterdam:

A. Bau und Unterhaltung der Bahn.

  a) Allgemeine Bestimmungen.

    § 1. Planentwurf,
    § 2. Spurweite,
    § 3. Bahnbettung,
    § 4. Länge der Schienen,
    § 5. Form der Schienen,
    § 6. Tragfähigkeit der Schienen,
    § 7. Lage der Schienen,
    § 8. Höhenlage der Schienenbefestigungsmittel,
    § 9. Schienenstoß,
    § 10. Stoßverbindung,
    § 11. schwebender oder fester Stoß,
    § 12. Schienenunterlagen,
    § 13. Wandern der Schienen,
    § 14. Brücken und Durchlässe,
    § 15. Tragfähigkeit der Brücken,
    § 16. Tunnel,
    § 17. Wegübergänge,
    § 18. Spurrinne,
    § 19. Schranken,
    § 20. Zugschranken,
    § 21. Warnungstafeln,
    § 22. Schutz vor Berührung der Stromzuführung,
    § 23. Einfriedigungen,

[1]) Lampl, »Die Einheitlichkeit in der Wahl des elektrischen Bahnsystems«, Elektrische Kraftbetriebe und Bahnen 1910, S. 683.

66

Danach gab es gewissermaßen noch Normalien der Ostbahn, der Niederschlesisch-Märkischen, Oberschlesischen, Hannoverschen, Main-Weser, Westfälischen, Bergisch-Märkischen, Nassauischen und Saarbrücker-Bahn. Die durch diese Zersplitterung für den Verkehr, die Industrie und damit für die ganze Wirtschaft entstehenden Nachteile waren es, die dann schließlich am 14. Oktober 1871 den damaligen Minister der öffentlichen Arbeiten veranlaßten, eine Kommission aus Eisenbahntechnikern und Industriellen nach Berlin zu berufen, die unter dem Vorsitze des Geh. Oberbaurats Schwedler einheitliche Abmessungen zunächst für die Güterwagen festlegen sollte. Nach heftigem Kampfe und eingehenden Erörterungen wurden folgende Normalien beschlossen[1]):

---

[1]) Stambke, »Die geschichtliche Entwicklung der Normen für die Betriebsmittel der Preußischen Staatsbahnen in den Jahren 1871 bis 1895«, Glasers Annalen für Gewerbe und Bauwesen, 1. III. 1895, S. 86.

1. Eine einheitliche Wagenachse mit 130 mm Nabenstärke,
2. ein einheitliches Radreifenprofil für Wagen,
3. ein einheitlicher Durchmesser der Wagenräder (850 mm),
4. ein einheitliches Profil für den Tragfederstahl (90 × 13 mm),
5. die Abmessungen der Achshalter,
6. die verschiedenen Längen der Untergestelle der Güterwagen von 5 m, 6 m und 7,2 m äußere Länge mit dazugehörigen Radständen,
7. die Konstruktion der ganz aus Profileisen herzustellenden Untergestelle der Güterwagen von 200 Ztr. Tragfähigkeit,
8. eine Anzahl von Profileisen dazu,
9. ein einheitlicher Puffer,
10. eine einheitliche äußere Kastenbreite der Güterwagen von 2600 mm,
11. die Stärke der kiefernen Bretter für die hauptsächlichsten zur Verwendung kommenden Kastenteile.

Auf einheitliche fertige Wagenkonstruktionen konnte man sich noch nicht einigen, es war aber doch ein Anfang gemacht.

Der zweite Schritt führte erheblich weiter. 1875 beauftragte anläßlich großer Bahnbauten der Minister Dr. Achenbach die Eisenbahndirektion Berlin damit, Vorarbeiten zu Normalentwürfen für Lokomotiven, Personen- und Güterwagen vorzulegen. Wie 1871 mußten alle die Sonderwünsche der einzelnen Kommissionsmitglieder erst fallen gelassen und völlig neue Konstruktionen geschaffen werden. Nach achttägiger Beratung wurden die Grundzüge für nachstehende Betriebsmittel soweit festgestellt, daß deren endgültiger Entwurf durch die Eisenbahndirektion Berlin dem Herrn Minister zur Genehmigung vorgelegt werden konnte:

1. $^2/_3$ gekuppelte Personenzuglokomotiven mit Tender und Innensteuerung,
2. $^2/_3$ gekuppelte Personenzuglokomotiven mit Außensteuerung,
3. $^3/_3$ gekuppelte Güterzuglokomotiven mit Tender und Innensteuerung,
4. $^3/_3$ gekuppelte Güterzuglokomotiven mit Außensteuerung,
5. dreiachsiger Tender mit 10,5 cbm Wasser,

68

6. zweiachsiger Personenwagen I. und II. Klasse mit Mittelgang, mit und ohne Abort,
7. zweiachsiger Personenwagen I. und II. Klasse mit abgeschlossenem Seitengang und mit Abort,
8. dreiachsiger Personenwagen I. und II. Klasse, Kupeesystem, mit und ohne Abort,
9. zweiachsiger Personenwagen[1]) I. und II. Klass , Kupeesystem, mit und ohne Abort,
10. zweiachsiger Personenwagen III. Klasse mit Mittelgang,
    mit und ohne Abort,
11. zweiachisger Personenwagen IV. Klasse mit Mittelgang,
12. zweiachisger Güterwagen zu 200 Ztr. Ladegewicht, mit
    und ohne Bremse,
13. zweiachsiger offener Güterwagen zu 200 Ztr. Ladegewicht,
    mit und ohne Bremse,
14. weitere wichtige Einzelheiten, als Achslager, Achshalter,
    Tragfeder und eine Schraubentabelle. In der letzteren
    ist der Gewindeteil der Schrauben und Muttern genau
    nach der Whitworthschen Skala mit englischen Durch-
    messern und englischen Ganghöhen angegeben; der
    Schaft der Schrauben, d. h. der gewindelose Teil zwischen
    Kopf und Mutter, ist behufs Schonung des Gewindes
    ein wenig größer gewählt und auf Millimeter abgerundet.
    Hier liegt der Übergang zum Metermaß.

Bis zum Jahre 1881 war dann Ruhe. Die Erbauung von
Nebenbahnen gab zu weiteren Betriebsnormalien Veranlassung[2]).
Entworfen wurden:

1. $^2/_2$ gekuppelte Tenderlokomotiven mit 20 t Dienstgewicht,
2. $^3/_3$ gekuppelte Tenderlokomotiven von 29,5 t Dienstgewicht,
3. zweiachsige Personenwagen II. und III. Klasse mit 4 m
   Radstand,
4. zweiachsige Personenwagen II. und III. Klasse mit 5 m
   Radstand,

---

[1]) Die Verwendung achträdriger Personenwagen mit Drehgestellen
war als unsicher damals für Schnellzüge verboten.
[2]) Hammer, »Die Entwicklung des Lokomotivparks bei den
Preußisch-Hessischen Staatseisenbahnen«, Glasers Annalen für Gewerbe und Bauwesen 1911, S. 201.

5. zweiachsige Personenwagen II. Klasse mit 4 m Radstand,

6. zweiachsige Personenwagen III. Klasse mit 5 m Radstand,

7. zweiachsige Personenwagen IV. Klasse mit 4 m Radstand,

8. zweiachsige Personenwagen IV. Klasse mit 5 m Radstand,

9. zweiachsige kombinierte Post- und Gepäckwagen mit 4 m Radstand,

10. zweiachsige kombinierte Post- und Gepäckwagen mit 4,5 m Radstand,

11. besondere Güterwagen wurden für die Nebenbahnen nicht für erforderlich erachtet.

Die in den 80er Jahren erfolgte Verstaatlichung der Preußischen Privatbahnen brachte der Staatsbahn einen neuerdings gewaltigen Zuwachs an nicht normalisiertem Rollmaterial. Die zahllosen phantastischen Namen der Lokomotiven zwangen zu der jetzt noch bestehenden einheitlichen Bezeichnungsweise der Maschinen. Dabei wurden gleichzeitig die 4 Anstrichfarben olivgrün für die I. und II., dunkelbraun für die III. und grau für die IV. Klasse, in Anlehnung an die Fahrkartenfarbe, sowie rot für die Güterwagen eingeführt.

Noch zweimal wurden vor der Jahrhundertwende die Normalien ausgedehnt. 1883/1884 entstanden die sog. erweiterten Normalien:

1. $^2/_3$ gekuppelte Personenzuglokomotiven mit Bisselachse für Gebirgsbahnen,

2. $^2/_2$ gekuppelte Rangier-Tenderlokomotiven mit 7 t Raddruck für Hauptbahnen,

3. $^3/_3$ gekuppelte Güterzug-Tenderlokomotiven mit 7 t Raddruck für Zechenanschlüsse und den Berliner Ringbahnverkehr,

4. $^2/_3$ gekuppelte Personenzug-Tenderlokomotiven für kurze Hauptbahnen und den Berliner Vorortverkehr,

5. $^2/_3$ gekuppelte Personenzug-Lokomotiven mit Tender für gemischte Züge (sog. Schermaschinen),

6. 10 verschiedene Gattungen von 2- und 3 achsigen Personenwagen I. und II., II. und III., III. und IV. Klasse
nach dem Kupeesystem, was wieder mehr in den Vordergrund trat,
7. zwei- und dreiachsige Gepäckwagen für Personenzüge,
8. zweiachsige Güterzug-Gepäckwagen,
9. doppelbodige Viehwagen für Kleinvieh,
10. bedeckter Güterwagen für Großvieh,
11. offener Hochbordwagen für Großvieh,
12. bedeckter Güterwagen mit Endperron, aushilfsweise zum
Personenverkehr zu gebrauchen,
13. Kohlenwagen zu 10 t Ladegewicht, 5 m lang, mit hölzernem Kasten,
14. Kohlenwagen zu 10 t Ladegewicht, 5 m lang, mit eisernem Kasten,
15. eiserne Kohlentrichterwagen zu 10 t Ladegewicht,
16. Kokswagen für 10 t Ladegewicht, 7,2 m lang,
17. Kalkdeckelwagen zu 10 t Ladegewicht,
18. vierachsige Plattformwagen zu 20 t Ladegewicht, 12 m
lang mit 2 Drehgestellen,
19. zweiachsige Plattformwagen zu 10 t Ladegewicht (Schienen
wagen) 10 m lang, mit Lenkachsen,
20. Langholzwagen mit Steifkupplungen.

Und zu Anfang der 90er Jahre trat mit den hohen Anforderungen, die von allen Seiten an die Geschwindigkeit gestellt wurden, eine Reihe schwerer Maschinen hinzu, so daß bereits 1895 folgende stattliche Reihe von Normalien für die Betriebsmittel der Preußischen Staatsbahn neben denen für Oberbau vorhanden war:

A. Lokomotiven.

1. $^2/_3$ gekuppelte Personenzuglokomotiven mit Tender und
1750 mm großen Treibrädern (älteste Normale),
2. $^2/_3$ gekuppelte Personenzuglokomotiven mit beweglicher
Vorderachse (sog. Ruhr-Sietz-Lokomotive),
3. $^2/_4$ gekuppelte Personenzuglokomotiven mit vorderem Drehgestell (Zwilling, neu),
4. $^2/_3$ gekuppelte Schnellzuglokomotiven mit 1980 mm großen
Treibrädern (älteste Normale),

5. $^2/_4$ gekuppelte Schnellzuglokomotiven mit vorderem Drehgestell (Verbund, neue, sog. Hannoversche Konstruktion),

6. $^3/_3$ gekuppelte Güterzuglokomotiven mit Tender und 1350 mm großen Treibrädern (älteste Normale, Zwilling),

7. dieselbe als Verbundlokomotive (neue),

8. $^2/_3$ gekuppelte Güterzuglokomotive mit Tender und 1600 mm großen Treibrädern für gemischte Züge,

9. $^3/_4$ gekuppelte Güterzuglokomotiven mit Tender, 1350 mm großen Treibrädern und vorderer vor den Zylindern gelegener Laufachse (Adamachse): Verbundsystem, neue.

10. $^4/_4$ gekuppelte Güterzuglokomotiven mit Tender und 1270 mm großen Treibrädern, Verbundsystem, neue,

11. $^4/_5$ gekuppelte Güterzuglokomotiven mit Tender, 1270 mm großen Treibrädern und vorderer vor dem Zylinder gelegener Laufachse (Adamachse), Verbundsystem, neue,

12. $2 \times {}^2/_2$ gekuppelte Güterzuglokomotive mit Tender, 1370 mm großen Triebrädern und Verbundsystem, mit 4 außenliegenden Zylindern (System Rimrott) neue,

13. $^2/_2$ gekuppelte Nebenbahn-Lokomotive mit Tender, 1350 mm großen Triebrädern und 7 t größtem Raddruck, neue,

14. $^2/_2$ gekuppelte Tender-Lokomotive für Vollbahnen mit 1080 mm großen Triebrädern und 7 t größtem Raddruck,

15. $^2/_2$ gekuppelte Nebenbahn-Tenderlokomotive mit 1080 mm großen Triebrädern und 5 t größtem Raddruck (alte Normale),

16. $^3/_3$ gekuppelte Nebenbahn-Tenderlokomotive mit 1080 mm großen Triebrädern und 5 t größtem Raddruck (alte Normale),

17. $^3/_4$ gekuppelte Güterzug-Tenderlokomotive für Hauptbahnen mit hinterer Laufachse (Adamachse), 1350 mm großen Triebrädern und 7 t größtem Raddruck, neue,

18. $^2/_3$ gekuppelte Nebenbahn-Tenderlokomotiven mit hinterer Laufachse, 1350 mm großen Triebrädern für Züge mit Geschwindigkeit von 40 km (neue),

19. $^2/_3$ gekuppelte Personenzug-Tenderlokomotiven für kurze Hauptbahnen mit 7 t größtem Raddruck (sog. Elberfelder),

20. $^2/_4$ gekuppelte Personenzug-Tenderlokomotive mit 1600 mm großen Triebrädern mit vorderer und hinterer Adamlaufachse, neue (sog. Berliner Vorortlokomotive),

21. dreiachsiger Tender mit 10,5, 12 und 15 cbm Wasser,

22. vierachsiger Tender mit 3 Drehgestellen und 18 cbm Wasser für Schnellzug.

### B. Personenwagen.

1. 2achsiger Durchgangswagen I. und II. Klasse mit Mittelgang,
2. 3achsiger Durchgangswagen I. und II. Klasse mit Mittelgang und Abort,
3. 3achsiger Durchgangswagen II. und III. Klasse mit Mittelgang,
4. 2achsiger Durchgangswagen II. und III. Klasse mit Seitengang und Abort,
5. 2achsiger Durchgangswagen III. Klasse mit Mittelgang,
6. 3achsiger Durchgangswagen III. Klasse mit Mittelgang und Abort,
7. 2achsiger Durchgangswagen III. und IV. Klasse,
8. 2achsiger Durchgangswagen IV. Klasse,
9. 2achsiger Kupeewagen I. und II. Klasse,
10. 3achsiger Kupeewagen I. und II. Klasse mit einem Abort,
11. 3achsiger Kupeewagen I. und II. Klasse,
12. 3achsiger Durchgangswagen I. und II. Klasse mit 3 Aborten,
13. 3achsiger Durchgangswagen I. und II. Klasse anderer Bauart,
14. 3achsiger Kupeewagen II. und III. Klasse,
15. 2achsiger Kupeewagen III. Klasse,
16. 3achsiger Kupeewagen III. Klasse mit Abort,
17. 2achsiger Kupeewagen III. Klasse mit 2 Aborten,
18. 3achsiger Kupeewagen III. Klasse,
19. 3achsiger Kupeewagen III. Klasse mit 2 Aborten,
20. 3achsiger Kupeewagen II. Klasse ⎱ mit innerem, nicht abge-
21. 3achsiger Kupeewagen III. Klasse ⎰ schlossenem Seitengang für den Berliner Vorortverkehr.
22. die eigenartigen für den allgemeinen Verkehr nicht bestimmten Personenwagen II. und III. Klasse der Berliner Stadtbahn sind in den Normalien nicht aufgenommen,
23. die 8rädrigen Durchgangswagen mit abgeschlossenem Seitengang sowie die sonstigen für die sog. D- (vulgo Harmonika-) Züge bestimmten Personenwagen sind in den Normalien nicht aufgenommen.

Die Personenwagen der Hauptbahnen haben Dampfheizung, Gasbeleuchtung und Luftdruckbremse, diejenigen der Nebenbahnen meist noch Ofenheizung, Gasbeleuchtung und Heberleinbremse.

### b. Gepäckwagen.

1. 2achsiger Personenzug-Gepäckwagen  ⎫  mit erhöhtem Abteil für den
2. 3achsiger Personenzug-Gepäckwagen  ⎬  Zugführer, Packmeister
3. 2achsiger Güterzug-Gepäckwagen     ⎭  und Wagenwärter.

### D. Güterwagen.

1. 2achsiger bedeckter Güterwagen für 10 und 12,5 t Ladegewicht (alte Normale),

2. 2achsiger bedeckter Güterwagen für 10 und 12,5 t Ladegewicht, auch als Personenwagen III. und IV. Klasse verwendbar,

3. 2achsiger offener Güterwagen für 10 und 12,5 t Ladegewicht (alte Normale),

4. 2stöckiger bedeckter Viehwagen für Kleinvieh (alte Normale),

5. doppelbodiger Viehwagen für Kleinvieh,

6. bedeckter Güterwagen für Großvieh,

7. Hochbordwagen, offener Viehwagen für Großvieh,

8. Kohlenwagen mit hölzernem Kasten für 10 und 12,5 t (alte Normale),

9. Kohlenwagen mit eisernem Kasten für 10 und 12,5 t (alte Normale),

10. eiserne Kohlentrichterwagen für 10 t Ladegewicht (für Saarbrücken alte Normale),

11. Kokswagen für 10 und 12,5 t Ladegewicht (alte Normale),

12. Kalkdeckelwagen für 10 und 12,5 t Ladegewicht (alte Normale),

13. 4achsiger Plattformwagen mit 2 Drehgestellen für 20 und 25 t Ladegewicht (alte Normale),

14. 2achsiger Plattformwagen mit Lenkachse für 10 und 12 t Ladegewicht (alte Normale),

15. Langholzwagen mit Drehschemeln für 10 t Ladegewicht (alte Normale),

16. Kohlenwagen mit eisernem Kasten für 15 t Ladegewicht (neue Normale),

17. Kokswagen mit Laderaum für 15 t Koks (neue Normale),

18. offener Güterwagen für 15 t Ladegewicht (neue Normale),

19. Kalkdeckelwagen für 15 t Ladegewicht (neue Normale),

20. 2achsiger Plattformwagen für 15 t Ladegewicht (neue Normale),

21. 4 achsiger Plattformwagen für 30 t Ladegewicht (neue Normale),
22. 4 achsiger Kohlenwagen für 30 t Ladegewicht (wird in Zukunft nicht mehr beschafft werden),
23. bedeckter Güterwagen für 15 t Ladegewicht (neue Normale).

Von den damals vorhandenen 10 715 Lokomotiven war um die Jahrhundertwende bereits die Mehrzahl nach den Normalien hergestellt[1]). Inzwischen hat sich deren Zahl auf mehr als das Doppelte erhöht. Dementsprechend ist auch der Wagenpark gestiegen. Bei diesen Zahlen dürfte es einleuchtend sein, welche Bedeutung der Vereinheitlichung der deutschen Eisenbahnen, wie sie der Reichsverfassungsentwurf des Staatssekretärs Preuß vorsieht, beizumessen ist. Hoffen. wir im wirtschaftlichen und nationalen Interesse, daß der deutsche Einheitsgedanke über den Partikularismus den Sieg davonträgt[2]).

Neuerdings sind auch Bestrebungen zur Normalisierung der Betriebsmittel der elektrischen Bahnen im Gange, die im Oktober 1918 zur Gründung eines Ausschusses durch den Verein Deutscher Straßenbahn- und Kleinbahn-Verwaltungen geführt haben[3]).

Elektrotechnik. Vorbildliches ist auf dem Gebiete der Vereinheitlichung von der Elektrotechnik geleistet worden. Als eine der jüngsten Industrien, frei von Vorurteilen und überkommener Überlieferung, konnte sie sich, nachdem die technischen Probleme im großen und ganzen gelöst waren, völlig auf den Gedanken der Wirtschaftlichkeit einstellen[4]). Der Verband Deutscher Elektrotechniker war die Zentralstelle, bei der alle Vereinheitlichungsbestrebungen zusammenliefen. Dabei ist allerdings weniger Normalisierung von Einzelheiten, abgesehen natürlich von den fabrikatorischen Maßnahmen innerhalb der einzelnen Betriebe, als vielmehr Normung in dem eingangs erläuterten Sinne betrieben worden.

---

[1]) Hammer, »Die Entwicklung des Lokomotivparkes bei den Preußisch-Hessischen Staatseisenbahnen«, Glasers Annalen für Gewerbe und Bauwesen 1911, S. 201.
[2]) W. Cauer, »Zur Vereinheitlichung der deutschen Eisenbahnen«, Zeitschrift des Vereins Deutscher Eisenbahnverwaltungen 1919, Nr. 14.
[3]) Z. d. V. D. I., 4. I. 1919, S. 22.
[4]) Heinrich Spyri, »Normalisierungen in der Elektrotechnik«, Elektrotechnik und Maschinenbau 1917, S. 561.

Die erste Veranlassung, der Vereinheitlichung näherzutreten, war das Durcheinander der voneinander abweichenden Größen der elektrischen Grundeinheiten. Nachdem hierüber 1881 eine internationale Verständigung erzielt worden war[1]), richtete der Elektrotechnische Verein am 27. II. 1886 an den Fürsten Bismarck eine Eingabe dahingehend, die reichsgesetzliche Regelung der elektrischen Maßeinheiten in die Wege zu leiten[2]) und einer neu zu gründenden Reichsanstalt die Herstellung und Aufbewahrung dieser legalen ·Normalmaße sowie die amtliche Prüfung der Verkehrsmaße an Hand dieser zu übertragen[3]). Eine Stiftung von W. v. Siemens brachte den Stein ins Rollen und veranlaßte den Bau der Physikalisch-Technischen Reichsanstalt, die in der Zukunft so recht die Grundlage für alle weiteren Normungsbestrebungen abgegeben hat.

Im Jahre 1893 führte das Bedürfnis, Sicherheitsvorschriften, insbesondere gegen Lebens- und Feuersgefahr, für die elektrischen Anlagen auszuarbeiten, den Elektrotechnischen Verein zusammen mit dem Verband der Privat-Feuerversicherungsgesellschaften und dem Verband Deutscher Elektrotechniker[3]). An diesen letzteren ging dann die Führung in den Vereinheitlichungsbestrebungen der Elektrotechnik über. Was der Verband hier geleistet hat, geht aus dem Inhaltsverzeichnis seiner übrigens auch von staatlichen Behörden anerkannten[4]) »Normalien, Vorschriften und Leitsätze« hervor, das die folgenden 42 Positionen enthält:

1. Vorschriften für die Errichtung und den Betrieb elektrischer Starkstromanlagen nebst Ausführungsregeln (einschließlich Zusatzbestimmungen für Bergwerke unter Tage),
2. Leitsätze für Schutzerdungen,
3. Leitsätze für die Ausführung von Schlagwetter-Schutzvorrichtungen an elektrischen Maschinen, Transformatoren und Apparaten,

---

[1]) »Bericht über einen Vorschlag des Unterausschusses für einheitliche Bezeichnung«, ETZ 1902, S. 509.

[2]) »Bestimmungen zur Ausführung des Gesetzes betr. die elektrischen Maßeinheiten«, Z. d. V. D. I., 6. VII. 1901, S. 967 und ETZ 1901, S. 435.

[3]) Naglo, »Die ersten 25 Jahre Elektrotechnischen Vereins«, Berlin 1904, S. 65 u. 71.

[4]) »Staatliche Anerkennung der Verbandsvorschriften«, ETZ 1900, S. 445 und 1915, S. 432.

4. Sicherheitsvorschriften für elektrische Straßenbahnen und straßenbahnähnliche Kleinbahnen,

5. Vorschriften zum Schutze der Gas- und Wasserröhren gegen schädliche Einwirkungen der Ströme elektrischer Gleichstrombahnen, die die Schienen als Leiter benutzen,

6. Normalien für häufig gebrauchte Warnungstafeln,

7. empfehlenswerte Maßnahmen bei Bränden,

8. Anleitung zur ersten Hilfeleistung bei Unfällen im elektrischen Betriebe,

9. Merkblatt für Verhaltungsmaßregeln gegenüber elektrischen Freileitungen,

10. Normalien für Freileitungen,

11. allgemeine Vorschriften für die Ausführung elektrischer Starkstromanlagen bei Kreuzungen und Näherungen von Bahnanlagen,

12. allgemeine Vorschriften für die Ausführung und den Betrieb neuer elektrischer Starkstromanlagen (ausschließlich der elektrischen Bahnen bei Kreuzungen und Näherungen von Telegraphen- und Fernsprechleitungen),

13. Kupfernormalien,

14. Normalien für isolierte Leitungen in Starkstromanlagen,

15. Normalien für isolierte Leitungen in Fernmeldeanlagen (Schwachstromleitungen),

16. Normalien über die Abstufung von Stromstärken bei Apparaten,

17. Normalien über Anschlußbolzen und ebene Schraubenkontakte für Stromstärken von 10 bis 1500 A.,

18. Leitsätze für die Konstruktion und Prüfung elektrischer Starkstrom-Handapparate für Niederspannungsanlagen (ausschließlich Koch- und Heizapparate),

19. Normalien für Koch- und Heizapparate in Niederspannungsanlagen,

20. Vorschriften für die Konstruktion und Prüfung von Installationsmaterial,

21. Vorschriften für die Konstruktion und Prüfung von Schaltapparaten für Spannungen bis einschließlich 750 V,

22. Richtlinien für die Konstruktion und Prüfung von Wechselstrom-Hochspannungsapparaten von einschließlich 1500 Volt Nennspannung aufwärts,

23. Normalien für die Prüfung von Eisenblech,

24. Normalien für Bewertung und Prüfung von elektrischen Maschinen und Transformatoren[1]),
25. Normalien für die Bezeichnung von Klemmen bei Maschinen, Anlassern, Regulatoren und Transformatoren,
26. Normale Bedingungen für den Anschluß von Motoren an öffentliche Elektrizitätswerke,
27. Photometrische Einheiten,
28. Vorschriften für die Messung der mittleren horizontalen Lichtstärke von Glühlampen,
29. Normalien für Bogenlampen[2]),
30. Vorschriften für die Photometrierung von Bogenlampen,
31. Vorschriften für die Messung der Lichtstärke von röhrenförmig ausgebildeten Lichtquellen,
32. Normalien für die Beurteilung der Beleuchtung,
33. einheitliche Bezeichnung von Bogenlampen,
34. Leitsätze für die Errichtung elektrischer Fernmeldeanlagen, (Schwachstromanlagen)[3]),
35. Leitsätze für den Anschluß von Schwachstromanlagen an Niederspannungs-Starkstromnetze durch Transformatoren oder Kondensatoren (mit Ausschluß der öffentlichen Telegraphen- und Fernsprechanlagen),
36. Prüfvorschriften für die gekürzte Untersuchung elektrischer Isolierstoffe,
37. Leitsätze über den Schutz der Gebäude gegen den Blitz,
38. Definition der elektrischen Eigenschaften gestreckter Leiter,
39. Leitsätze für die Herstellung und Einrichtung von Gebäuden bezüglich Versorgung mit Elektrizität,
40. Normalien für die Verwendung von Elektrizität auf Schiffen,
41. Leitsätze betr. die einheitliche Errichtung von Fortbildungskursen für Starkstrommonteure und Wärter elektrischer Anlagen,

---

[1]) Georg Stern, »Normalisierung von Transformatoren«, ETZ. 1917, S. 277. — Ernst Adler, »Anpassung und Normalisierung bei elektromotorischen Antrieben«, ETZ. 1918, Heft 39/40, S. 381/394.

[2]) »Verband Deutscher Elektrotechniker, Kommission für Lichtmessung«, ETZ. 1906, S. 479. — »Vereinheitlichung der Kohlenelektroden«, ETZ. 1916, S. 432. — »Lichtnormalienkommission«, ETZ. 1909, S. 458.

[3]) »Vorgeschlagene Normalien für Fernsprechanlagen«, ETZ. 1910, S. 305.

## 42. Anhang.

A. Leitsätze für die Bedingungen, denen Elektrizitätszähler und Meßwandler bei der Beglaubigung genügen müssen.

B. Beschäftigung von Studierenden in Elektrizitätswerken.

C. Beschlüsse des Ausschusses für Einheiten und Formelgrößen (A E F).

Es würde zu weit führen, die geschichtliche Entwicklung aller Normen darzustellen, doch sollen die Hauptabschnitte kurz skizziert werden. Bereits im Jahre 1895 war die erste Fassung der Errichtungsvorschriften für Niederspannungsanlagen beschlossen worden. Fast jedes Jahr wurde ihr Kreis erweitert oder dem technischen Fortschritt neu angepaßt, bis sie schließlich 1914 in der jetzt gültigen Fassung für die Errichtung und den Betrieb elektrischer Starkstromanlagen vorgeschrieben wurden[1]. Sie enthalten u. a. normale Grundzeichen für die schematischen Darstellungen auf elektrotechnischen Zeichnungen und haben damit eine Frage ihrer Lösung entgegengeführt, die auch sonst in den Normalisierungsbestrebungen der Industrie eine große Rolle spielt. 1900 wurden Vorschriften für elektrische Straßenbahnen und straßenbahnähnliche Kleinbahnen aufgestellt, die 1906 ihre endgültige Fassung erhielten[2]. Die Jahre 1907 und 1911 sowie 1913 kennzeichnen die drei Etappen der Normalien für Freileitungen[3]. 1901 erfolgte die erstmalige Annahme der Normalien für isolierte Leitungen[4], die gleichfalls nahezu jedes Jahr bis 1914 verbessert wurden. 1902, 1903, 1904, 1908 und 1914 einigte man sich auf die Vorschriften für die Konstruktion und Prüfung von Installationsmaterial[5], die eine

[1] ETZ. 1896, S. 22; 1898, S. 489 u. 501; 1899, S. 571; 1900, S. 665; 1901, S. 972; 1902, S. 508; 1903, S. 141; 1904, S. 686; 1905, S. 719; 1907, S. 882; 1909, S. 479; 1903, S. 154; 1907, S. 908; 1909, S. 481; 1914, S. 478, 510, 720.

[2] ETZ. 1900, S. 663; 1901, S. 796; 1904, S. 684; 1906, S. 798.

[3] ETZ. 1907, S. 825; 1911, S. 450; 1913, S. 1096. — W. v. Moellendorf, »Normalien für Freileitungen«, ETZ. 1912, S. 662.

[4] ETZ. 1900, S. 835; 1901, S. 800; 1902, S. 762; 1903, S. 887; 1904, S. 687; 1906, S. 664; 1907, S. 823; 1909, S. 787; 1910, S. 279, 382, 519 u. 740; 1912, S. 545; 1913, S. 1041; 1914, S. 367 u. 604.

[5] Hundhausen, »Verbandsnormalien und Kaliberlehre für Lampenfüße und Fassungen mit Edisongewindekontakt«, ETZ. 1900, S. 922. — ETZ. 1902, S. 762; 1903, S. 683; 1904, S. 687; 1908, S. 872, 1914, S. 515, 540.

weitgehende Normalisierung von Einzelteilen, wie Steckvor-
richtungen, Sicherungen, Fassungen[1]), Lampenfüßen sowie Fas-
sungsringen usw. zur Folge hatten, und so den Konsumenten
in die Lage versetzten, Teile oder Apparate, welche miteinander
Verwendung finden sollten, überall dort zu kaufen, wo es ihm
bequem war. Wohl die wichtigsten Normalien des Verbandes
sind die für die Bewertung und Prüfung von elektrischen Maschinen und Transformatoren[2]), die einem dringenden Bedürfnis
entsprechend in den Jahren 1901 bis 1913 aufgestellt wurden.
Es muß allerdings betont werden, daß so weitgehende Beschränkungen, wie sie England und Amerika in den Größen,
Tourenzahlen usw. besitzen, in Deutschland leider nicht bestehen[3]).

Für die Innehaltung der Normalien und die Prüfung der
Fabrikate gibt es eine ganze Reihe von elektrischen Prüfämtern,
an ihrer Spitze die Physikalisch-Technische Reichsanstalt in
Charlottenburg. Es sind dies u. a. Ilmenau, Hamburg, München,
Merseburg, Chemnitz, Frankfurt a. M. und Bremen[4]). Alle
stehen mit dem Verbande Deutscher Elektrotechniker in Verbindung und halten sich bei ihren Verfahren genau an dessen
Vorschriften. Daß hierdurch die Normalisierung ganz wesentlich
gefördert und die Güte der Fabrikate hochgehalten wird, bedarf
keiner besonderen Erklärung. So wurden beispielsweise von
den 1914 eingelieferten Zählern nur 5% zurückgewiesen.

---

[1]) Paul Perls, »Die Normalgewinde des Verbandes Deutscher
Elektrotechniker und ihre Anwendung in der Praxis«, ETZ 1908,
S. 1173. — ETZ. 1896, S. 457 u. 685; 1897, S. 474; 1898, S. 307 u. 347;
1898, S. 534; 1899, S. 563; 1907, S. 1119. — Paul Perls, »Massenfabrikation des Edisongewindes«, Werkstatttechnik 1909, S. 12.

[2]) Déttmar, »Über die Notwendigkeit der Aufstellung von Normen
für die Bestimmung und Angabe von Leistung, Erwärmung und Wir-
kungsgrad elektrischer Maschinen«, Z. d. V. D. I., 13. XII. 1902,
S. 1914. — ETZ. 1900, S. 727. — Z. d. V. D. I., 24. VIII. 1901, S. 1211.
— ETZ. 1901, S. 198; 1902, S. 764; 1903, S. 684; 1907, S. 826; 1909,
S. 788; 1913, S. 1038. — Normalien für elektrische Maschinen und
Transformatoren«, Z. d. V. D. I., 13. XII. 1902, S. 1914.

[3]) Spyri, »Normalisierung in der Elektrotechnik«, Elektrotechnik
und Maschinenbau 1917, S. 61.

[4]) Edelmann, »Das Prüfungswesen der Elektrotechnik im Deutschen Reich im Jahre 1914«, ETZ. 1915, S. 372.

Benennungen und Formelgrößen. Bereits bei den
Errichtungsvorschriften des Verbandes Deutscher Elektrotechniker ist auf dessen einheitliche schematische Zeichen für die
elektrischen Maschinen und Apparate hingewiesen worden[1]).
In der gleichen Richtung erstrecken sich die Versuche, einheitliche Benennungen technischer Fachausdrücke[2]) sowie einheitliche Formelgrößen festzulegen. Es braucht hier nur daran
erinnert zu werden, was alles unter den Begriff Stahl läuft, oder
welche Verwirrung bezüglich der Ausdrücke Flußeisen, Flußstahl, Stahlguß und Gußstahl besteht, oder welche Mißverständnisse durch die verschiedene Bezeichnung für gleiche Maschinen-
teile auftreten können. Die ersten Versuche reichen bis in das
Jahr 1902 zurück[3]) und gingen vom Verband Deutscher Elektrotechniker aus. Nach und nach schlossen sich den Bestrebungen
an[4]): Die Deutsche Bunsengesellschaft, die Deutsche Physikalische Gesellschaft, der Elektrotechnische Verein Berlin, der
Elektrotechnische Verein Wien, der Österreichische Ingenieur
und Architekten-Verein in Wien, der Verband Deutscher Archi-
tekten- und Ingenieur-Vereine, der Verband Deutscher Zentral-
heizungsindustrieller, der Verein Deutscher Ingenieure[5]), der
Verein Deutscher Maschineningenieure, der Schweizer Elektro-
techniker-Verein in Zürich, der Deutsche Verein von Gas- und
Wasserfachmännern in Berlin, die Berliner Mathematische Gesellschaft, die Deutsche Beleuchtungstechnische Gesellschaft
und die Deutsche Chemische Gesellschaft. Ihre Vertreter schlossen
sich zum Ausschuß für Einheiten und Formelgrößen AEF
zusammen, der bereits eine große Zahl technisch-wissenschaft-
licher Einheiten definiert und Formelzeichen für diese festgelegt
hat[5]), die auch die staatliche Anerkennung erhalten haben[6]).

---

[1]) J. Baumann, »Einheitliche graphische Bezeichnungen in der
Schwachstromtechnik«, ETZ. 1904, S. 445.

[2]) »Einheitliche Bezeichnung von Lokomotiven«, Z. d. V. D. I.
1908, S. 1256.

[3]) »Bericht über einen Vorschlag des Unterausschusses für einheitliche Bezeichnung«, ETZ. 1902, S. 509.

[4]) »Einheitliche Formelzeichen«, ETZ. 1904, S. 264. — Z. d. V.
D. I. 1908, S. 1460.

[5]) Normalien, Vorschriften und Leitsätze des Verbandes Deutscher Elektrotechniker, S. 411.

[6]) »Einführung der Einheits- und Formelbezeichnungdes AEF bei
der Kgl. Preußischen Bauverwaltung«, ETZ 1916, S. 17.

Weniger erfolgreich waren die Bemühungen, einheitliche Bezeichnungen für die Materialien der Industrie einzuführen[1]). Der Deutsche Verband für die Materialprüfungen der Technik war hierzu u. a. an den Verein Deutscher Ingenieure zwecks Gründung eines Ausschusses herangetreten[2]), während gleichzeitig die Frage international in Angriff genommen wurde[3]). Praktische Ergebnisse zeitigten jedoch beide Versuche nicht, vielmehr schloß sich der oben genannte Verband 1905 einfach den vom preußischen Ministerium der öffentlichen Arbeiten ausgehenden einheitlichen Bezeichnungen für Eisen und Stahl an[4]).

Ebenso mager sind trotz der bestehenden Notwendigkeit die Ergebnisse der Bemühungen, einheitliche Benennungen von Maschinen und Maschinenteilen zu schaffen[5]). Neben der vom Verein Deutscher Eisenbahnverwaltungen vorgeschlagenen einheitlichen Bezeichnungsweise für Lokomotiven hat lediglich für Kraftfahrzeuge die Inspektion des Kraftfahrwesens in Berlin, die Inspektion des Militärkraftfahrwesens in München und der Vereinheitlichungsausschuß des Vereins Deutscher Motorfahrzeug-Industrieller mit Genehmigung des Kriegsministeriums 1917 eine amtliche Einheitsbezeichnungsliste aufgestellt[6]).

Materialprüfung. Der oben erwähnte Fehlschlag in der einheitlichen Bezeichnungsweise von Eisen und Stahl dürfte seine tiefere Ursache wohl darin haben, daß es eben zunächst zurzeit der ersten Schritte noch an den Vorbedingungen für die Namensgebung gefehlt hat, nämlich den einheitlichen Grund-

---

[1]) Joh. Mehrtens, »Einheitliche Fachwörter für die Bezeichnung von Gießereierzeugnissen«, Der Betrieb, Februar 1919, S. 125.

[2]) »Einheitliche Bezeichnungen für Eisen und Stahl«, Z. d. V. D. I. 1902, S. 240.

[3]) »Einheitliche Benennung von Eisen und Stahl«, Stahl und Eisen 1907, S. 775.

[4]) »Einheitliche Bezeichnung für Eisen und Stahl«, Z. d. V. D. I. 1905, S. 231.

[5]) »Einheitliche Bezeichnungen im Turbinenbau«, Zeitschrift für das gesamte Turbinenwesen 1906, S. 396. — Eugen Simon, »Beziehungen und Bezeichnungen bei Schneidstählen. Ein Beitrag zur Normalisierung«, Werkstattstechnik 1917, S. 289. — Werkzeugmaschine 1917, S. 485.

[6]) »Einheitliche Bezeichnung von Kraftfahrzeugteilen«, Z. d. V. D. I., 14. VII. 1917, S. 600. — Dinglers Polytechnisches Journal 1917, S. 327.

lagen für die Beurteilung von technischen Materialien überhaupt. Die Bemühungen, hier ein System von Normen zu schaffen, reichen bis in das Jahr 1886 zurück, wo die sog. »Normalbedingungen für die Lieferung von Eisenkonstruktionen für Brücken und Hochbau« durch den Verband Deutscher Architekten- und Ingenieur-Vereine ihre erste Fassung erhielten[1]). Parallel hierzu liefen die Vorarbeiten Bauschingers und Tetmayers, die 1895 in Zürich zur Gründung des Internationalen Verbandes für die Materialprüfungen der Technik führten. Von diesem zweigte sich durch die Bemühungen hervorragender deutscher Fachmänner wie von Bach, von Leibbrand und Martens der »Deutsche Verband für die Materialprüfungen der Technik« ab[2]), der sich die Vereinbarung einheitlicher Prüfungsverfahren zur Ermittlung der technisch-wichtigen Eigenschaften der Baustoffe zur Aufgabe machte. Unter seinen Arbeiten wären etwa zu nennen die 1904 im Verein mit dem Verband Deutscher Architekten und Ingenieur-Vereine, dem Verein Deutscher Ingenieure, und dem Verein Deutscher Eisenhüttenleute zur allgemeinen Annahme empfohlenen sog. Normalbedingungen für die Lieferung von Eisenkonstruktionen für Brücken und Hochbau, die Vorschriften für die Lieferung von Gußeisen vom Jahre 1908[3]) u. s. f. Hierzu treten noch die deutschen Normen über einheitliche Lieferung und Prüfung von Portlandzement und von Eisenportlandzement 1910[4]), die einheitlichen Methoden für die Prüfung von Holz 1906[5]), die deutschen Normen für einheitliche Lieferung und Prüfung von Mauerziegeln[6]) u. a. m.

---

[1]) Sie enthielten damals allerdings nur Vorschriften über die Lieferung von Schweißeisen. Z. d. V. D. I. 1911, S. 530.

[2]) G. C. Mehrtens, »Vorlesungen über Ingenieurwissenschaften«, II. Teil Eisenbrückenbau, I. Bd., S. 92.

[3]) »Internationaler Verband für die Materialprüfungen der Technik«, Stahl und Eisen 1910, S. 214. — »Vorschriften für die Lieferung von Gußeisen«, Z. d. V. D. I., 11. II. 1905, S. 404.

[4]) »Deutsche Normen über die einheitliche Lieferung und Prüfung von Portlandzement und von Eisenportlandzement«, Z. d. V. D. I. 1910, S. 1447.

[5]) »Aufstellung einheitlicher Methoden für die Prüfung von Holz«, Mitteilungen aus dem Kgl. Materialprüfungsamt zu Groß-Lichterfelde-West 1907, S. 2.

[6]) A. Bernoully, »Deutsche Normen für einheitliche Lieferung und Prüfung von Mauerziegeln«, Tonindustrie-Zeitung 1918, S. 357.

Sonstige Bestrebungen. Es würde zu weit führen,
nun an dieser Stelle all die Vereinheitlichungsbestrebungen, die
von den verschiedensten sonstigen Stellen ausgingen, bis ins
einzelne chronologisch zu verfolgen.

Eine kurze Zusammenstellung möge genügen; im übrigen
muß auf die zitierte Literatur verwiesen werden.

1910 unterbreitet der Verein Deutscher Brücken- und Eisen-
baufabriken den Behörden einen Vorschlag über einheitliche
Nietstärken und Nietbezeichnungen für den deutschen Brücken-
und Eisenhochbau, der allseitig Annahme findet[1]). 1909 beschäftigt sich die Hauptversammlung des Vereins Deutscher
Straßenbahn- und Kleinbahnverwaltungen mit der Normalisierung
der Schienenprofile und schlägt u. a. die Herabsetzung der ein-
teiligen Rillenschienen auf 4 Normalprofile vor[2]). Nach einer
Mitteilung im »Glückauf« hat der Verein für die bergbaulichen
Interessen im Oberbergamtsbezirk Dortmund zu Essen durch
eine Kommission 7 Normalprofile für Grubenschienen aufstellen
lassen[3]). Im Werkzeug- und Werkzeugmaschinenbau sei an
die Bestrebungen des Vereins Deutscher Werkzeugmaschinenfabriken und des Vereins Deutscher Ingenieure, den einheitlichen
deutschen Bohrkegel zur Befestigung von Werkzeugen einzuführen[4]), an die Bemühungen, zugunsten der Austauschbarkeit zu
einem einheitlichen Passungssystem zu kommen[5]), und an. die
Normalmaße und -Packungen für Eisenwaren und Werkzeuge
der Berliner Handelskammer erinnert. Im Bauwesen hatte 1900
der Verband Deutscher Architekten- und Ingenieur-Vereine
Normalzeichnungen für Abflußröhren herausgegeben[6]), und neuer-

[1]) »Einheitliche Nietstärken und Nietbezeichnungen für den
deutschen Brücken- und Eisenhochbau«, Stahl und Eisen 1910, S. 1521,
und Z. d. V. D. I. 1910, S. 1403. — Dinglers Polytechnisches Journal
1910, S. 487.

[2]) »Vereinheitlichung der Schienenprofile für Straßenbahn- und
nebenbahnähnliche Kleinbahnen«, Stahl und Eisen 1909, S. 1794.

[3]) »Normalien für Grubenschienen«, Stahl und Eisen 1911, S. 904.

[4]) Z. d. V. D. I. 1908, S. 430; 1907, S. 1603 u. 1364; 1900, S. 1224;
1910, S. 2157. — Werkstatttechnik 1910, S. 904 u. 531. — Th. Damm,
»Vereinheitlichung der Werkzeugbefestigungen«, Z. d. V. D. I., 27. X.
1917, S. 873.

[5]) Georg Schlesinger, »Die Passungen im Maschinenbau«,
Forschungsarbeiten auf dem Gebiete des Ingenieurwesens, Heft 193/194.

[6]) Z. d. V. D I. 1900, S. 1410 und 1909, S 278.

6*

dings tritt man der Normalisierung der Kanalisationsartikel von seiten des Vereins Deutscher Gießereifachleute näher. Die Chemiker hatten den Normalisierungsgedanken bereits 1899 einmal aufgenommen[1]), ohne ihn allerdings in den folgenden Jahren bis 1918 weiter zu verfolgen. Etwas Ähnliches sieht man bei der Feinmechanik, wo die Deutsche Gesellschaft für Mechanik und Optik bereits vor 30 Jahren sich mit der Vereinheitlichung der mechanischen Gewinde und 10 Jahre später mit der der Messingrohre befaßt hat[2]). Die Fahrrad-[3]) und Automobilindustrie hat bei ihrer Jugend sich der Vereinheitlichung neuerdings seit 1908 ganz besonders angenommen[4]). In der privaten Waffentechnik sind die Kaliber der Schrotgewehre sowie die Maße der Schrothülsen und der Kugelkaliber zum Teil bereits seit 12 Jahren normalisiert[5]). Der Deutsche Azetylen-Verein hat 1901 Normen für Azetylenapparate geschaffen[6]). Die außerordentlich große Zahl von Formen und Abmessungen feuerfester Steine für den Stahlwerksbetrieb soll durch Normalisierung herabgesetzt werden[7]).

Für die Kennzeichnung von Rohrleitungen in industriellen Betrieben als Hilfsmittel zur schnelleren Orientierung in Gefahr

---

[1]) F. Raabe, »Normalien für Geräte des Chemikers«, Zeitschrift für angewandte Chemie 1899, S. 1032. — »Anregung zur ev. Begründung einer Fachgruppe für chemisches Apparatewesen«, Verein Deutscher Chemiker 1918, S. 480. — P. Wölfel, »Der Normenausschuß der deutschen Industrie und seine Beziehungen zur Chemie«, Zeitschrift für angewandte Chemie, 16. IV. 1918.

[2]) »Der Normenausschuß der deutschen Feinmechanik«, Zeitschrift der Deutschen Gesellschaft für Mechanik und Optik, 15. VII. 1918, S. 76.

[3]) »Ausschuß für wirtschaftliche Fertigung«, Z. d. V. D. I., 19. X. 1918, S. 735.

[4]) »Schaffung von Normalien für Automobilkonstruktionsteile«, Der Motorwagen 1911, S. 569. »Die Dringlichkeit leuchtet ein, wenn man sich lediglich vergegenwärtigt, daß allein 200 verschiedene Mäntelsorten am Lager gehalten werden müssen, um der Nachfrage zu entsprechen.«

[5]) P. Wölfel, »Der Normenausschuß der deutschen Industrie und seine Bedeutung für die private Waffentechnik«, Schuß und Waffe, 15. IV. 1918, S. 160.

[6]) Z. d. V. D. I., 21. VI. 1902, S. 941 u. 934.

[7]) Stahl und Eisen 1913, S. 2053.

wurden 1911 Einheitsfarben festgelegt[1]), und als Kriegserzeugnis des Vereinheitlichungsgedankens sehen wir jetzt sogar die Normalisierung der Schraubengewinde und der Befestigungszapfen für Ersatzarme durchgeführt, um es dem Kriegsbeschädigten zu ermöglichen, überall passende Ansatzstücke für seinen Beruf zu erhalten, gleichgültig woher innerhalb Deutschlands der Armersatz stammt[2]). Ein recht anschauliches Bild von dem Umfange der in Deutschland bereits bis etwa 1917 geleisteten Vereinheitlichungsarbeit gibt nachfolgende Übersicht[3]):

| Allgemeines. Verein Deutscher Ingenieure. | 1. Normen zu Rohrleitungen für Dampf von hoher Spannung 1912.<br>2. Regeln für Leistungsversuche an Ventilatoren und Kompressoren.<br>3. Regeln für Leistungsversuche an Gasmaschinen und Gaserzeugern.<br>4. Normen für Leistungsversuche an Dampfkesseln und Dampfmaschinen. |
| Ausstellungswesen. Ständige Ausstellungskommission für die deutsche Industrie. | 1. Ausstellungsbestimmungen. Zollbehandlung. Feuerschutz. Staatliche Vergünstigungen.<br>2. Preisgerichtsordnung für gewerbliche Ausstellungen.<br>3. Mustergruppen für Fachausstellungen.<br>4. Jahrbuch für das 12. Geschäftsjahr 1918. |
| Azetylen und Karbid. Deutscher Azetylenverein. | Normen des deutschen Azetylenvereins über den Karbidhandel. |

---

[1]) »Einheitsfarben zur Kennzeichnung von Rohrleitungen in industriellen Betrieben«, Z. d. V. D. I. 1913, S. 462. — Stahl und Eisen 1911, S. 1949. — Z. d. V. D. I. 1911, S. 2019.

[2]) »Die Normalisierung der Schraubengewinde und der Befestigungszapfen der Ersatzstücke«, Z. d. V. D. I. 1916, S. 477. — »Prüfstelle für Ersatzglieder«, Stahl und Eisen 1916, S. 615.

[3]) »Mitteilungen des Normenausschusses der deutschen Industrie« 1919, Heft 1, S. 34.

86

Baugewerbe. Württem-
bergische Baugewerks-
berufsgenossenschaft.
Magdeburgische Bauge-
werksberufsgenossen-
schaft.
Verband Deutscher Archi-
tekten- und Ingenieur-
vereine.

Bergbau. Verein für die
bergbaulichen Interessen
im Oberamtsbezirk Dort-
mund.
Zementindustrie. Verein
Deutscher Portland-Ze-
ment-Fabrikanten.
Verein Deutscher Eisen-
portlandzementwerke.

Eisen- und Stahlindustrie.
Süddeutsche Eisen- und
Stahl-Berufsgenossen-
schaft.

Vereinigung deutscher Edel-
stahlwerke, Düsseldorf 74.

Unfallverhütungsvorschriften.

Unfallverhütungsvorschriften.

1. Deutsche Normalabflußröhren.
2. Vorläufige Leitsätze für die Vorbereitung, Ausführung und Prüfung von Eisenbetonbauten.
Glückauf, Berg- und Hüttenmän-
nische Zeitschrift: Normalien für
Grubenschienen.

Deutsche Normen für einheitliche
Lieferung und Prüfung von Portlandzement.
Deutsche Normen für einheitliche
Lieferung und Prüfung von Eisen-
prtlandzement.
1. Gefahrtarif der süddeutschen
Eisen- und Stahl-Berufsgenossen-
schaft.
2. Unfallverhütungsvorschriften der
Deutschen Eisen- und Stahl-Be-
rufsgenossenschaft für die Montage von Eisenkonstruktionen.
3. Abgeänderte Unfallverhütungsvorschriften für die Süddeutsche
Eisen- und Stahl-Berufsgenossen-
schaft.
4. Abgeänderte Unfallverhütungsvorschriften für den Dampf-
dreschmaschinenbetrieb und die
damit verbundenen Nebenbetrie-
be, welche der Süddeutschen
Eisen- und Stahl-Berufsgenossen-
schaft angehören.
Einheitsabmessungen von Schnell-
stahl.

| | |
|---|---|
| Eisenwarenhandel. Verband deutscher Eisenwarenhändler (E. V.). | 1. Normalmaße und Packungen für Eisenwaren und Werkzeuge.<br>2. Normen für ovale Ofenrohrstutzen.<br>3. Verminderung der Sorten von Eisenwaren, Werkzeugen, Haus- und Küchengeräten. |
| Elektrotechnik. Verband Deutscher Elektrotechniker E. V. | Normalien, Vorschriften und Leitsätze des Verbandes Deutscher Elektrotechniker. |
| Feinmechanik. Berufsgenossenschaft der Feinmechanik und Elektrotechnik. | Allgemeine Unfallverhütungsvorschriften für die Betriebe der Berufsgenossenschaft, der Feinmechanik und Elektrotechnik. |
| Graphisches Gewerbe. Verein Berliner Buchdruckereibesitzer. Verein Deutscher Schriftgießereien. | Technische Normen für das graphische Gewerbe.<br>1. Anweisung zur Beachtung bei Aufgabe von Schriften.<br>2. Häufigkeit der Buchstaben zur erforderlichen Anzahl der Typen.<br>3. Darstellung der Maßverhältnisse von Anschluß, Durchschluß und Quadraten.<br>4. Der typographische Maßstab.<br>5. Versallinien-Schema.<br>6. Normalgießzettel für deutsche Schrift.<br>7. Die deutsche Normalschriftlinie. |
| Verband Deutscher Steindruckereibesitzer, Abt. Fachverband. | Gebräuche betr. die geschäftliche Behandlung der Skizzen, Entwürfe, Originale, Lithographien und Originalsteine. |
| Hüttenindustrie. Verein Deutscher Eisenhüttenleute. | 1. Vorschriften für Lieferung von Stahl und Eisen.<br>2. Einheitsfarben zur Kennzeichnung von Rohrleitungen in industriellen Betrieben.<br>3. Deutsche Einheitspfannenbleche. |

88

Hütten- und Walzwerke.
Hütten- und Walzwerks-
Berufsgenossenschaft.

Holzindustrie. Verein
Deutscher Holzstoffabri-
kanten.
Norddeutsche Holzbe-
rufsgenossenschaft Ber-
lin.

Hotelwesen. Internationa-
ler Hotelbesitzer-Verein.

Kalkindustrie. Verein
Deutscher Kalkwerke.

Kautschukindustrie. Zen-
tralverein Deutscher
Kautschukwarenfabri-
ken.

Keramik. Verband Baye-
rischer Hafnermeister.

Kleineisenindustrie. Bayer.
Fabrikantenverein.

Kunstgewerbe. Verband
Deutscher Kunstgewer-
bevereine.

Lederindustrie. Lederindu-
strie-Berufsgenossen-
schaft.

4. Einheitsabmessungen von Schnell-
stahl.

5. Normen für Versuche an Gaserzeugern.

Unfallverhütungsvorschriften der
Deutschen Eisen- und Stahl-Be-
rufsgenossenschaften für die Mon
tage von Eisenkonstruktionen.

Verkaufsbedingungen des Vereins
Deutscher Holzstoffabrikanten.

Normalien Nr. 1 bis 260 über
Schutzvorrichtungen an Holzbe-
arbeitungsmaschinen.

Hotelführer des Internationalen Ho
telbesitzervereins Köln (1914).

Leitsätze für einheitliche Prüfung
von Kalk.

Normen für allgemeine Verkaufsbedingungen der Kautschukindustrie vom 15. Mai 1917 zur
Einführung für alle Geschäfte
nach dem Kriege.

Preistarife des Verbandes Bayer.
Hafnermeister.

Normalmaße und Packungen für
Eisenwaren und Werkzeuge.

Eisenacher Ordnung für die Berechnung der kunstgewerblichen
Entwürfe.

1. Anleitung zur Führung der Lohn-
listen.

2. Satzung der Lederindustrie-Be-
rufsgenossenschaft.

3. Gefahrentarif der Lederindustrie-
Berufsgenossenschaft.

4. Unfallverhütungsvorschriften der
Lederindustrie-Berufsgenossen-
schaft.

5. Anleitung zur ersten Hilfeleistung bei Unglücksfällen.
6. Die Milzbrandgefahr.
7. Schutzvorrichtungen an Roß-
haarzupfmaschinen.
8. Pressen und Pressenschutz.
9. Malmedysche Schutzvorrichtungen an Ausstanzmaschinen
mit Schiebetisch für lose Stan-
zereien.

Maschinenbau. Verein
Deutscher Maschinen-
bauanstalten.

Die Einführung des metrischen Ge-
windes in Deutschland und die
Stellung des Vereins Deutscher
Maschinenbauanstalten.

Vereinigung Deutscher
Schnellpressenfabriken.

1. Lieferungsbedingungen.
2. Terminologie der Druckmaschi-
nen.

Mechanik und Optik. Deut-
sche Gesellschaft für Me-
chanik und Optik.

1. Löwenherzgewinde.
2. Rohrgewinde.
3. Übliche Präzisionsrohre.
4. Lehrvertrag.
5. Lehrzeugnis.

Nahrungsmittelindustrie.
Fleischereiberufsgenos-
senschaft.

1. Fleischwölfe mit Einlaufschutz.
2. Merkblatt für Fleischwölfe.

Verband Deutscher Scho-
koladefabrikanten.

Bestimmungen des Verbandes Deutscher Schokoladefabrikanten über
den Verkehr mit Kakao, Schoko-
lade und Schokolademarken.

Verein der deutschen Zuk-
kerindustrie.

1. Bedingungen für den Handel
mit Rohzucker.
2. Satzung des Zuckerschiedsge-
richts in Magdeburg.
3. Vorschrift für die Probenahme
von Rohzucker durch vereidigte
Probezieher.
4. Deutsche Normen für den Handel mit Zuckerrübensamen.

| | |
|---|---|
| | 5. Vorschriften für einheitliche Probenahme und Untersuchung der Zuckerrüben. |
| | 6. Anweisung für einheitliche Betriebsuntersuchungen in Rohzuckerfabriken. |
| Pappenindustrie. Verband deutscher Dachpappenfabrikanten. | 1. Bedingungen für die Ausführung von Eindeckungsarbeiten mit Dachpappe und Holzzement. |
| | 2. Protokoll über die Verhandlungen der Kommission des Verbandes deutscher Dachpappenfabrikanten zur Festsetzung von Normen für Roh- und Dachpappen. |
| Verein Sächs. Pappenfabrikanten. | Lieferungsbedingungen des Vereines deutscher Pappenfabrikanten und des Vereines sächsischer Pappenfabrikanten für Hand- und Maschinenpappen. |
| Papierindustrie. Papiermacherberufsgenossenschaft. | 1. Anleitung zur ersten Hilfeleistung bei Unglücksfällen |
| | 2. Gefahrtarif. |
| | 3. Schutzeinrichtungen an Strohschneidemaschinen. |
| | 4. Malmeydische Schutzvorrichtungen an Ausstanzmaschinen mit Schiebetisch für lose Stanzereien. |
| | 5. Schutzeinrichtung an Kreissägen. |
| | 6. Schutzeinrichtung für Querschneidemaschinen. |
| | 7. Schutzeinrichtung am Einlauf des Bischof-Rollers. |
| | 8. Satzung der Papiermacher-Berufsgenossenschaft. |
| | 9. Abgeänderte Unfall-Verhütungsvorschriften. |
| Schamotteindustrie. Vereinigung Mitteldeutscher Schamottefabriken. | Schamotte-Gasretorten. |

| | |
|---|---|
| Stärkeindustrie. Verein der Stärkeinteressenten in Deutschland. | 1. Geschäftsbedingungen und Gebräuche im Handel mit trockener Kartoffelstärke und Kartoffelmehl deutscher Herkunft.<br>2. Geschäftsbedingungen. |
| Textilindustrie. Verein süddeutscher Baumwollindustrieller. | 1. Deutscher Baumwollkontrakt.<br>2. Bedingungen des Vereins Südd. Baumwollindustrieller für den Handel mit rohen Baumwollgeweben. |
| Tonindustrie. Deutscher Verein für Ton-, Zement- und Kalkindustrie. | Mindestdruckfestigkeit von Mauerziegeln. |
| Transportwesen. Internationaler Transportversicherungsverband. | Jahrbuch 1915. |
| Versicherungswesen. Verband öffentlicher Lebensversicherungsanstalten in Deutschland. | Versicherungsbedingungen. |
| Walzwerkindustrie. Schwarzblech-Vereinigung. | Überpreisliste für Feinbleche. |
| Werkzeuge. Deutscher Feilenbund. | Feilennormen. |

Normen-Auslegestelle d. V. D. I. Im Kriege hat der Normalisierungsgedanke unter dem Einflusse des gewaltigen Bedarfes der Heeresverwaltung eine ungeahnte Förderung erfahren. Träger solcher Bestrebungen waren u. a. der Verein der Werkzeugmaschinenfabriken, der Verein der Holzbearbeitungsmaschinenfabriken, der Verband der Dampfkraftmaschinenfabriken, der Verband der Aufzugfabriken[1] und der Verband der Kuvertmaschinenfabriken[2]. Für die Umstellung auf die

---

[1] Edwin Schultze, »Über Normalisierung im Bau von Aufzügen und Fördermitteln«, Werkstattstechnik, Jahrg. VII, S. 233.

[2] »Ausschuß für wirtschaftl. Fertigung«, Z. d. V. D. I., 19. X. 1918, S. 735.

Friedenswirtschaft aber ist die Vereinheitlichung, wie aus der zahlreichen Literatur ersichtlich ist, zum Schlagwort aller geplanten technischwirtschaftlichen Maßnahmen geworden.

Bereits zu Beginn des Jahres 1917 hatte sich die Versammlung des Vorstandsrates des Vereins Deutscher Ingenieure, auf den alten Gedanken von Dr.-Ing. Schrödter[1]) aus dem Jahre 1909 zurückkommend, mit der Frage der Gründung einer Zentralstelle für die Normalisierung von Maschinenteilen beschäftigt. In Anbetracht der hohen Anspannung der Industrie hatte man aber geglaubt, diese werde unter den augenblicklichen Verhältnissen weder Zeit noch Neigung haben, sich mit der Sache zu beschäftigen, und stellte den Plan für geeignetere Zeiten zurück. Statt dessen wurde ein Vorschlag der Herren Direktor Hirschberg und Obering. Fischmann[2]) angenommen, wonach die Firmen, die bereits eigene Normalien haben[3]), in einen Austausch derselben eintreten sollten, ein Gedanke, für den der Verein Deutscher Ingenieure in der bereits 1916 in seiner Bücherei eingerichteten Auslagestelle für Normalien gute Vorarbeit geleistet hatte. Wie die nachfolgende Übersicht zeigt, ist diese Auslagestelle schon nach kurzer Zeit, 1. VII. 1917, von einer ganzen Reihe von Firmen beschickt gewesen[4]).

Allgemeine Elektrizitätsgesellschaft, Berlin,

Automobiltechnische Gesellschaft. Flugtechnische Gesellschaft, Berlin,

Bergmann-Elektrizitätswerke A.-G., Berlin,

A. Borsig, Berlin-Tegel,

Escher-Wyß & Co., Zürich,

Gasmotorenfabrik Deutz, Köln-Deutz,

Hannoversche Maschinenbau-A.-G., Hannover-Linden,

Kgl. Fabrikationsbureau, Spandau,

---

[1]) Z. d. V. D. I. 1909, S. 440.

[2]) »Normalisierung in der mechanischen Industrie«, Z. d. V. D. I., 3. III. 1917, S. 207.

[3]) E. Huhn, »Normalien und Normalienbücher im Maschinenbau«, Technik und Wirtschaft 1916, S. 305. »Bereits 1893 hatte die Firma Ludw. Löwe & Co. A.-G., veranlaßt durch die Reise ihres Obering. Pajeken nach Amerika, die ersten Arbeiten für die Normalisierung begonnen.« — »Die Normalisierung der Kreiselpumpen bei A. Borsig«, Z. d. V. D. I. 1910, S. 2205.

[4]) »Auslagestelle für Normalien«, Z. d. V. D. I. 1916, S. 560.

Fried. Krupp A.-G., Germaniawerft, Kiel Gaarden,
Leipziger Werkzeugmaschinenfabrik vorm. W. von Pittler
  A.-G., Wahren i. S.,
Ludw. Löwe & Co., A.-G., Berlin,
Maschinenfabrik Thyßen & Co, A.-G., Mülheim-Ruhr,
Naxos-Union, Schmirgel-Dampfwerk, Frankfurt a. M.,
J. E. Reinecker A.-G., Chemnitz,
Maschinenfabrik Schieß A.-G., Düsseldorf,
Siemens-Schuckertwerke, G. m. b. H., Siemensstadt b. Berlin,
Wanderer-Werke vorm. Winkelhofer & Jaenicke A.-G.,
  Schönau, b. Chemnitz,
Karl Zeiß, Jena.

Der Normalienausschuß. Die Zurückstellung des Vereinheitlichungsgedankens sollte nur von kurzer Dauer sein.
Das Hindenburgprogramm mit seinem ungeheuren Bedarf stellte
das Kgl. Fabrikationsbureau in Spandau vor die Aufgabe, die
Grundlagen für die Massenherstellung von Heeresgerät zu schaffen.
Dabei ergab sich naturgemäß als Vorbedingung für die Massenherstellung die Notwendigkeit, eine Reihe von Teilen zu vereinheitlichen. Das Fabrikationsbureau beschloß auch seinerseits,
hier nicht einseitig vorzugehen, sondern das engste Zusammenarbeiten mit der Privatindustrie zu wahren[1]). So kam der Stein
ins Rollen. Der Verein Deutscher Ingenieure, seiner herkömm-
lichen Förderung des Vereinheitlichungsgedankens entsprechend,
übernahm die Führung in der einsetzenden Bewegung. Am
18. V. 1917 trat auf seine Einladung im Kgl. Fabrikationsbureau
in Spandau ein großer Kreis von Fachgenossen zusammen[2]),
um über Maßnahmen zur Förderung der Vereinheitlichung
im deutschen Maschinenbau zu beraten. Vertreten waren die
Heeresverwaltung, das Reichsmarineamt, das Reichspostamt,
das Eisenbahnzentralamt, die Kaiserl. Normal-Eichungskommis-
sion, die Physikalisch-Technische Reichsanstalt und führende
Firmen der Hauptgattungen des Maschinenbaues, der Elektroindustrie und des Schiffsbaues. Es wurde ein Normalienausschuß gegründet, in dem die technischen Behörden und die Haupt-

[1]) »Vereinheitlichungen von Maschinenteilen«, Z. d. V. D. I.,
23. II. 1918, S. 95.
[2]) »Vereinheitlichung im Maschinenbau«, Z. d. V. D. I., 9. VI.
1907, S. 504.

richtungen der deutschen Maschinenindustrie vertreten waren. Die geschäftliche Leitung des Ausschusses wurde dem Verein Deutscher Ingenieure übertragen, während das Kgl. Fabrikationsbureau in dankenswerter Weise die Bearbeitung der technischen Unterlagen übernahm.

Für die Tätigkeit wurden folgende Gesichtspunkte festgelegt[1]):

1. enge Zusammenarbeit mit den Behörden, mit der Wissenschaft, den Erzeugern und Abnehmern,
2. straffe Organisation, jedoch ohne behördliche Befugnisse, dabei möglichste Beweglichkeit, um sich den jeweiligen Bedürfnissen der Praxis anzupassen,
3. häufige Durchsicht der Normalien, um ein Erstarren der Technik zu verhindern,
4. Ablehnung jeden Zwanges bezüglich der Einführung von Normalien in die Industrie.

Für die einzelnen technischen Aufgaben wurden Ausschüsse gebildet, die unverzüglich die ersten Arbeiten in Angriff nahmen. Es handelte sich um folgende Gebiete für die bereits Vorarbeiten vorlagen:

Obmann:

1. normale konische und zylindrische Stifte . Herr Toussaint
2. normale Bohrungen . . . . . . . . . . » Damm
3. normale Keile . . . . . . . . . . . . » Beck
4. Zeichnungsnormalien . . . . . . . . . » Heilandt
5. Normaltemperaturen . . . . . . . . . » Dr. Plato
6. Normalien für den Handelsschiffbau bearbeitet im Ausschuß der Werften und Reedereien.

Die von den Ausschüssen angenommenen Normalien sollten den Namen »Verein Deutscher Ingenieure-Normen« tragen, in der Zeitschrift des Vereins mit Angabe der Behörden und Firmen, die sich zur Annahme bereit erklärt hatten, veröffentlicht und an diese zum Selbstkostenpreise abgegeben werden.

Der Normen-Ausschuß der deutschen Industrie. Die nun folgenden weiteren Besprechungen und Sitzungen am 16. VI. und 28. VII. sowie 20. X. 1917 zeigten jedoch, daß die

---

[1]) Gramß, »Bericht über den Stand der Normalisierungsbestrebungen im deutschen Maschinenbau«, Mitteilungen des Augsburger Bezirksvereins Deutscher Ingenieure, 25. IV. 1918, S. 1.

Basis, auf die man das Unternehmen gestellt hatte, zu klein vorgesehen war. Es traten auf der einen Seite eine große Zahl von Arbeiten privater Stellen zutage, die alle ohne Fühlung miteinander an die Vereinheitlichung herangegangen waren und so leicht unter der Wirkung des überall sich gesondert durchringenden Normungsgedankens eine Energievergeudung herbeiführen mußten[1]), während auf der anderen Seite die Wünsche und Anregungen, die täglich an den Ausschuß in immer größerer Zahl herantraten, oft erheblich über das Gebiet des allgemeinen Maschinenbaues hinausgingen[2]). Der Verein Deutscher Ingenieure glaubte daher, die erweiterten Aufgaben nicht mehr auf seine Augen allein stellen zu können. Es wurden Erwägungen eingeleitet, welche Form und Gestalt man dem Normalienausschuß zweckmäßig zu geben hätte, damit er diese Aufgaben erfüllen könne. Offenbar unter dem Eindrucke der Organisation des Engineering Standards Commitee wurde vorgeschlagen, eine Zentralstelle für die Vereinheitlichungsbestrebungen der gesamten deutschen Industrie zu schaffen, in der alle Interessentengruppen vertreten sein sollten. Seine Gründung erfolgte als »Normenausschuß der deutschen Industrie« — Nadi — am 22. XII. 1917 unter einhelliger Zustimmung aller Fachkreise in Berlin.

Organisation des Nadi. Die Träger des Normenausschusses der deutschen Industrie sind die technischen Behörden und die führenden Technischen Vereine. Sie bilden den Hauptausschuß, der sich wie folgt zusammensetzt[3]).

Je ein Vertreter

A) der Behörden und öffentlichen Anstalten:

Reichsmarineamt,

Reichspostamt,

Reichswirtschaftsamt,

Preuß. Ministerium der öffentlichen Arbeiten (Eisenbahnzentralamt):

Bayer. Verkehrsministerium,

---

[1]) W. Hellmich, »Der Normenausschuß der deutschen Industrie«, Mitteilungen des Nadi 1918, Heft 1, S. 1.

[2]) W. Hellmich, »Die Vereinheitlichung von Maschinenteilen«, Z. d. V. D. I., 23. II. 1918, S. 95.

[3]) »Zusammensetzung des Normenausschusses der deutschen Industrie«, Mitteilungen des Nadi 1918, Heft 1, S. 5.

Sächs. Finanzministerium,

Württemberg. Ministerium der auswärtigen Angelegenheiten, Verkehrsabteilung,

Bad. Ministerium der Finanzen (Generaldirektion der Bad. Staatseisenbahnen),

Preuß. Ministerium für Handel und Gewerbe,

Württemberg. Ministerium des Innern: Zentralstelle für Gewerbe und Handel,

Preuß. Kriegsministerium,

Bayer. Kriegsministerium,

Sächs. Kriegsministerium,

Württemberg. Kriegsministerium,

Sächs. Ministerium des Kultus und öffentlichen Unterrichts,

Normaleichungskommission,

Patentamt,

Physikalisch-Technische Reichsanstalt,

Technische Hochschulen,

Versuchs- und Materialprüfungsämter,

Technische Mittelschulen (vertreten durch den deutschen Gewerbeschulverband).

B) Verbände:

Verband Deutscher Architekten- und Ingenieur-Vereine, Berlin,

Verein für die bergbaulichen Interessen im Oberamtsbezirk Dortmund, Dortmund,

Verband deutscher Chemiker, Leipzig,

Verband deutscher Dampfkessel- und Apparatebau-Anstalten, Berlin,

Großwasserraum-Kesselverband, Berlin,

Deutscher Eisenbau-Verband, Berlin,

Verein Deutscher Straßen- und Kleinbahnverwaltungen, Berlin,

Verband der norddeutschen Lokomotivfabriken, Berlin,

Verband deutscher Waggonfabriken, Charlottenburg,

Verein deutscher Eisengießereien, Düsseldorf,

Verein deutscher Eisenhüttenleute, Düsseldorf,

Verband deutscher Elektrotechniker, Berlin,

Verein deutscher Gas- und Wasserfachleute, Karlsruhe,

Verein zur Beförderung des Gewerbefleißes, Charlotten-
burg,
Verein deutscher Ingenieure, Berlin,
Verein deutscher Maschinen-Ingenieure, Berlin,
Verein deutscher Revisions-Ingenieure, Berlin-Friedenau,
Deutsche Kugellager-Konvention, Darmstadt,
Verein der Fabrikanten landwirtschaftlicher Maschinen und
Geräte, Charlottenburg,
Deutsche Versuchsanstalt für Luftfahrt E. V., Berlin,
Verein Deutscher Maschinenbauanstalten, Charlottenburg,
Deutscher Verband für die Materialprüfungen der Technik,
Berlin-Lichterfelde,
Deutsche Gesellschaft für Mechanik und Optik, Berlin-
Halensee,
Gesellschaft Deutscher Metallhütten- und Bergleute, Berlin,
Verein Deutscher Motorfahrzeug-Industrieller, Berlin,
Papier-Industrie, Berlin,
Verband keramischer Gewerbe in Deutschland, Bonn,
Schiffbautechnische Gesellschaft, Berlin,
Handelsschiff-Normalien-Ausschuß, Bremen,
Stahlwerksverband, Düsseldorf,
Verein Deutscher Werkzeugmaschinenfabriken, Berlin,
Deutscher Präzisions-Werkzeug-Verband, Charlottenburg,
Zentralstelle für Volkswohlfahrt, Berlin.

Seine Aufgabe ist, die Vereinheitlichungsarbeit in den großen
Zügen zu leiten, zu fördern und zu überwachen. In ihm sind alle
Interessentengruppen, die von der Vereinheitlichungsarbeit
betroffen werden, vertreten; er bietet somit die Gewähr, daß die
Arbeiten des Normenausschusses stets das Wohl der Gesamtheit,
aber auch die Bedürfnisse und Eigenarten der einzelnen Erzeuger-
und Verbraucherkreise berücksichtigen. Durch ihn ist die unbedingt erforderliche enge Fühlung aller an der Vereinheitlichung
beteiligten Kreise hergestellt, so daß die Gefahr des Nebeneinander-
arbeitens, die gerade auf diesem Gebiete besonders schädlich
ist, künftig vermieden wird. Gleichzeitig aber ist mit dieser
Körperschaft die Einführung der Normen in die Praxis sicher-
gestellt[1]).

---

[1]) W. Hellmich, »Der Normenausschuß der deutschen Industrie«,
Mitteilungen des Nadi 1918, Heft 1, S. 1.

Seine repräsentative Spitze hat der Normenausschuß der
Deutschen Industrie in dem Vorstand. Er setzt sich zusammen
aus den Herren:

Vorsitzender: Neuhaus, Generaldirektor der Firma A. Borsig,
Berlin-Tegel,
Krell, Marine-Oberbaurat, Reichs-Marine-Amt, Berlin,
Dihlmann, Baurat, Siemens-Schuckert-Werke G. m. b. H.,
Siemensstadt bei Berlin,
Fränkel, Geh. Baurat, Eisenbahnzentralamt, Berlin,
Gehler, Prof. Dr.-Ing., Kriegsamt, Technischer Stab, Berlin,
Jordan, Baurat, Allgemeine Elektrizitätsgesellschaft, Berlin,
Romberg, Geh. Reg.-Rat, Prof., Kriegsministerium, Berlin,
Schlesinger, Prof. Dr.-Ing., Techn. Hochschule, Berlin,
Vögler, Generaldirektor der Dortmunder Union, A.-G. für
Bergbau und Hüttenbetrieb, Dortmund.

Die fachliche Einzelarbeit zur Aufstellung der Normen-
entwürfe vollzieht sich in den Arbeitsausschüssen, zu denen die
beteiligten Kreise (Erzeuger, Verbraucher und Wissenschaft)
je nach der vorliegenden Aufgabe herangezogen werden[1]).

Es bestehen Arbeitsausschüsse für[2]):

| | O b m a n n |
|---|---|
| Benennungen . . . . . | Dr.-Ing. Koenemann, |
| Bedienungselemente . . | Obering. Reyher, |
| Geschäftspapiere. . . . | A. Weinmann[3]), |
| Gewinde . . . . . . . | Hauptmann Beckh, |
| Hebezeuge . . . . . . | Geh. Reg.-Rat Prof. Kammerer, |
| Keile . . . . . . . . | Hauptmann Beckh, |
| Kugellager . . . . . . | Prof. Gohlke, |
| Lagerbuchsen . . . . . | Direktor Huhn, |
| Leichtbau. . . . . . . | Ing. Liebold, |
| gezogene und gewalzte Metalle . . . . . . | Betr.-Ing. Leiter, |

---

[1]) W. Hellmich, »Der Normenausschuß der deutschen Industrie«,
Mitteilungen des Nadi 1918, Heft 1, S. 1.

[2]) »Zusammensetzung des Normenausschusses der deutschen
Industrie«, Mitteilungen des Nadi 1918, Heft 1, S. 5 und Heft 4, S. 61.

[3]) A. Heilandt, »Die Vereinheitlichung der Geschäftspapier-
formate nach praktischen Gesichtspunkten«, Mitteilungen des Nadi
1918, Heft 8, S. 111.

Obmann

| | |
|---|---|
| Niete | Obering. Salingré, |
| Normaldurchmesser | Ing. Damm, |
| Normaltemperatur | Geh. Reg.-Rat Dr. Plato, |
| Normalzahlenreihe | Ing. Goller, |
| Normenforschung | Obering. Wölfel, |
| Normensystematik | Ing. Bahr, |
| Passungen | Prof. Dr.-Ing. Pfleiderer, |
| Paßstifte | Prof. Toussaint, |
| Rohrleitungen | Obering. Krause, |
| Transmissionen | Geh. Reg.-Rat Prof. Kammerer, |
| Walzprofile | Dr.-Ing. Fischmann, |
| Werkstoffe | Prof. Dr.-Ing. Enßlin, |
| Werkzeuge[1] | Prokurist Reindl, |
| Sinnfälligkeit der Bewegungen bei Werkzeugmaschinen[2] | Prof. Rambuschek, |
| Zahnräder | Prof. Toussaint, |
| Zeichnungen | Dr.-Ing. Heilandt. |

Die von diesen Arbeitsausschüssen aufgestellten Entwürfe werden der öffentlichen Kritik unterbreitet, deren Einwände in den Ausschüssen nochmals eingehend geprüft werden. Das hiernach entstehende Ergebnis wird dem Beirat, einem Kreise von hervorragenden Fachleuten, bestehend aus[3]):

Astfalk, Ing., Direktor — L. A. Bildinger, Maschinen- und Bronzewarenfabrik A.-G., Augsburg.

C. von Bach, Staatsrat, Prof. Dr.-Ing. — Technische Hochschule, Stuttgart.

Bader, Direktor — Berlin-Anhaltische Maschinenbau-A.-G., Dessau.

[1] V. Katscher, »Über die Möglichkeit der Normalisierung von Ziehwerkzeugen«, Werkstattstechnik 1918, Nr. 8, S. 85. — »Normalisierung von Stempeln und Schnitten«, Werkstattstechnik 1918, Nr. 10, S. 117.

[2] Ermisch, »Die Sinnfälligkeit der Bewegungen«, Werkstatttechnik 1918, S. 29.

[3] Zusammensetzung des Normenausschusses der deutschen Industrie«, Mitteilungen des Nadi 1918, Heft 1, S. 5.

7*

| | |
|---|---|
| Baltzer, Direktor | Deutsche Waffen- und Munitionsfabriken, Kugel- und Kugellagerwerke, Wittenau, Berlin-Borsigwalde. |
| Bauer, Dr. phil., Direktor | Vulkan-Werke Hamburg und Stettin A.-G., Hamburg. |
| Bauersfeld, Dr.-Ing. | Optische Werke Karl Zeiß, Jena. |
| Bendemann, Prof. Dr.-Ing., Direktor | Deutsche Versuchsanstalt für Luftfahrt E. V., Berlin S. W. 61, Belle-Allianceplatz 2. |
| Berg, Direktor | Werkzeugmaschinenfabrik Gildemeister & Co. A.-G., Bielefeld. |
| Bernhard, Reg.-Baumstr. und Privatdozent | Berlin N. W. 23, Flotowstraße 12. |
| Bleichert, Max, Kommerzienrat | Adolf Bleichert & Co., Leipzig-Gohlis. |
| Bosch, Dr.-Ing. | Robert Bosch A.-G., Stuttgart. |
| Brabée, Prof. Dr. techn. | Technische Hochschule, Charlottenburg. |
| Cattaneo, Obering. | A. Borsig, Berlin-Tegel. |
| Dahl, Generaldirektor | Gewerkschaft Deutscher Kaiser, Hamborn-Bruckhausen. |
| Dettmar, Dr.-Ing., Generalsekretär | Verband Deutscher Elektrotechniker E. V., Berlin S. W. 11. |
| Doeppner, Direktor, | Berliner Maschinenbau-A.-G. vorm. L. Schwartzkopff, Wildau, Kr. Teltow. |
| Döhne, Dr.-Ing., Direktor | Sächsische Maschinenfabrik vorm. Rich. Hartmann A.-G., Chemnitz, |
| Dolivo-Dobrowolsky, Dr.-Ing. | Allgemeine Elektrizitätsgesellschaft, Berlin. |
| Döring, Direktor | Steffens & Nölle A.-G., Berlin W. 9. |
| Esser, Obering. | Kalker Maschinenfabrik A.-G. vorm. Breuer, Schuhmacher & Co. Köln-Kalk. |
| Esser, Hüttendirektor | Rheinische Stahlwerke, Duisburg-Meiderich. |
| Fischmann, Obering. | Allgemeine Elektrizitätsgesellschaft, Maschinenfabrik, Berlin N. 31. |

| | |
|---|---|
| Flohr, Kommerzienrat | Carl Flohr, Maschinenfabrik, Berlin N. 4. |
| von Forster, Direktor | Heddernheimer Kupferwerke, Frankfurt a. M. |
| Gahlen, Obering. | Hydraulik G. m. b. H., Duisburg. |
| Haier, Baurat, Betriebsdirektor | R. Wolf A.-G., Magdeburg-Buckau. |
| von Haudorff, Direktor | Patronenfabrik Polte, Magdeburg-Judenburg. |
| Hartwig, Dr.-Ing., Direktor | Fried. Krupp A.-G., Grusonwerk, Essen. |
| Heerwagen, Dr. | Gebr. Sulzer A.-G., Ludwigshafen. |
| Heidtkamp, Direktor | Deutsche Waffen- und Munitionsfabriken, Berlin NW. 7. |
| Heinel, Prof. Dr.-Ing. | Technische Hochschule, Breslau. |
| Hertel, Direktor | A. G. Lauchhammer, Hüttenbau, Düsseldorf-Rheindorf. |
| Heyn, Geh. Reg.-Rat, Prof. | Technische Hochschule, Charlottenburg. |
| Hirschberg, Direktor | Allgemeine Elektrizitäts-Gesellsch., Fabriken, Brunnenstr. Berlin W. 31. |
| Jung, Direktor | Samsonwerk G. m. b. H., Berlin S. W. 68. |
| Jungheim, Direktor | Siemens & Halske A.-G., Siemensstadt bei Berlin. |
| Kauermann, Generaldirektor | Maschinenfabrik Schieß A.-G., Düsseldorf. |
| Kaufmann, Obering. | Heinrich Lanz, Mannheim. |
| Klein, Kommerzienrat | Klein, Schanzlin & Becker A.-G., Frankenthal, Pfalz. |
| Knoop, Direktor | Nationale Automobil-Gesellschaft A.-G., Berlin-Oberschöneweide. |
| Köster, Generaldirektor | Frankfurter Maschinenbau A.-G. vormals Pokorny & Wittekind, Frankfurt a. M. |
| Krohn, Geh. Reg.-Rat, Prof., Dr.-Ing. | Technische Hochschule, Danzig. |
| Langen, Direktor | Gasmotorenfabrik Deutz A.-G., Cöln-Deutz. |

| | |
|---|---|
| Lasche, Direktor | Allgemeine Elektrizitätsgesellschaft, Turbinenfabrik, Berlin NW. 87. |
| Lippart, Baurat, Dr.-Ing., Direktor | Maschinenfabrik Augsburg-Nürnberg A.-G., Nürnberg 24. |
| Ludwig, Direktor | Siemens-Schuckert-Werke G. m. b. H., Siemensstadt bei Berlin. |
| Metzeltin, Baurat, Direktor | Hannoversche Maschinenbau A.-G. vorm. Georg Egestorff, Hannover-Linden. |
| Meyer, D., Baurat, Direktor | Verein Deutscher Ingenieure, Berlin NW. 7. |
| Meyer, P., Prof. | Technische Hochschule, Delft (Holland). |
| Meyer, Paul, Baurat, Dr. | Dr. Paul Meyer A.-G., Berlin N. 39. |
| Müller, A., Geh. Reg.-Rat, Prof. | Technische Hochschule, Charlottenburg. |
| Onken, Direktor | Julius Pintsch A.-G., Berlin O. 27. |
| Raschig, Direktor | Siemens-Schuckert-Werke G. m. b. H., Siemensstadt bei Berlin. |
| Rein, Direktor | Droop & Rein, Bielefeld. |
| Reitz, Dr.-Ing., Geh. Oberbaurat | Reichsmarine-Amt, Berlin W. 10. |
| Richter, Obering., Prokurist | Siemens & Halske A.-G., Wernerwerk, Siemensstadt bei Berlin. |
| Riebe, Direktor | Riebe-Kugellager- und Werkzeugfabrik G. m. b. H., Berlin. |
| Riebensahm, Dr.-Ing., Direktor | Fahrzeugfabrik Eisenach, Eisenach. |
| Rosenthal, Kommerzienrat, Generaldirektor | Porzellanfabrik Ph. Rosenthal & Co. A.-G., Selb i. B. |
| Rudeloff, Geh. Reg.-Rat, Prof. | Materialprüfungsamt, Berlin-Lichterfelde. |
| Ruppert, Direktor | Chemnitz, Andrestraße 44. |
| Schimming, Direktor | Berliner Städtische Gaswerke, Berlin C. 2. |
| Schipper, Direktor | Gesellschaft Linde, Wiesbaden. |
| Schneider, Direktor | Aktiengesellschaft Lauchhammer, Werk Lauchhammer und Oberhammer, Lauchhammer, Prov. Sa. |

| | |
|---|---|
| Schröder, Obering. | Huldschinskywerke, Gleiwitz. |
| Schwinning, Prof., Dr. | Artillerie-Prüfungskommission, Berlin W. 15. |
| Stribeck, Prof., Dr. | Fried. Krupp A.-G., Gußstahlwerk, Essen. |
| Tirre, Obering. | Haniel & Lueg, Maschinenfabrik, Düsseldorf-Grafenberg. |
| Traub, Obering. und Prokurist | A. Borsig, Berlin-Tegel. |
| Veith, Dipl.-Ing. | Fabrikationsbureau, Spandau. |
| Vollmer, Reg.-Baumstr. | Versuchsabteilung der Inspektion der Kraftfahrtruppen, Berlin W. 57. |
| Weber, Direktor | Allgemeine Elektrizitätsgesellschaft, Kabelwerk Oberspree, Berlin-Oberschöneweide. |
| Wedemeyer, Dr.-Ing., Direktor | Gutehoffnungshütte, A. V. für Bergbau und Hüttenbetrieb, Sterkrade (Rhld.). |
| Weidert, Dr., Direktor | Optische Anstalt C. P. Goerz A.-G., Berlin-Friedenau. |
| Wust, Geh. Reg.-Rat, Prof. | Technische Hochschule, Aachen. |
| Zörner, Bergrat, Generaldirektor | Maschinenbauanstalt Humboldt, Cöln-Kalk. |

vorgelegt, die in ihrer Person die Gewähr bieten, daß unabhängig von Einzelinteressen sachliche Arbeit geleistet wird. Erst wenn der Entwurf die Prüfung dieses sachverständigen Forums durchlaufen hat, gilt die betreffende Norm als endgültig angenommen.

Schließlich hat sich der Normenausschuß nach dem englischen Vorbilde eine Geschäftsstelle unter der Leitung der Herren Gewerbeassessor Hellmich vom Verein Deutscher Ingenieure und Ingenieur A. Maier von der Allgemeinen Elektrizitäts-Gesellschaft Normalien-Abteilung angegliedert, die die umfangreichen laufenden Arbeiten erledigt.

Geldmittel sind dem Normenausschuß der Deutschen Industrie bisher reichlich, etwa in Höhe von M. 1000000 von seiten des Staates und der Industrie zugeflossen[1]), so daß die finanzielle Seite des Unternehmens gesichert sein dürfte.

Spezialisierung und Typisierung. Bei den Arbeiten der vorstehenden Ausschüsse des Normenausschusses der deutschen Industrie hat sich je länger desto mehr ergeben, daß die Normalisierung in untrennbarem Zusammenhang mit der Typisierung und Spezialisierung steht. Insbesondere hat die Schaffung von Sondernormen für einzelne Industriezweige gezeigt, daß gerade Typisierung und Spezialisierung so recht die Mittel sein werden, um für die Zeit nach Friedensschluß die so notwendige Erhöhung des Wirkungsgrades unserer Volkswirtschaft zu ermöglichen. Allerdings verhält sich die Industrie derartigen Bestrebungen gegenüber erheblich weniger zugänglich wie bei der Normalisierung, da jene Maßnahmen viel tiefer in das wirtschaftliche Gefüge eindringen. Ein übereiliges Vorgehen ohne Rücksicht auf die wirtschaftlichen Vorbedingungen war hier geeignet, unabsehbaren Schaden zu stiften, und diese Möglichkeit lag um so mehr vor, als heute unter dem Schlagworte »Vereinheitlichung zur Erhöhung der Wirtschaftlichkeit« weite Kreise über das Ziel hinauszuschießen beginnen. Um dieser unerwünschten Beschleunigung noch nicht völlig geklärter Fragen entgegenzutreten, schien es notwendig zu sein, eine Stelle zu schaffen, die in objektiv-wissenschaftlicher Untersuchung Vor- und Nachteile der Typisierung und Spezialisierung gegeneinander abwägt und aus dem Widerstreit der Meinungen das berechtigte Bedürfnis herausschält[2]).

Ansätze zur Spezialisierung und Typisierung waren bereits vor dem Kriege festzustellen. Am weitesten war die Entwicklung in dieser Hinsicht wohl in der elektrotechnischen Industrie gediehen[3]). An zweiter Stelle wären zu nennen, der Fahrrad-

---

[1]) Frankfurter Zeitung, 9. IV. 1919. »Die Regierung hat für das Etatsjahr 1919 die Summe von M. 100000 zur Verfügung gestellt.«

[2]) »Ausschuß für wirtschaftliche Fertigung«, Z. d. V. D. I., 19. X. 1918, S. 735.

[3]) Dr. Paul Meyer, »Die Spezialisierung in der Deutschen Elektrotechnischen Industrie«, Mitteilungen des A. w. F., April 1918, Nr. 1, S. 10. — E. Ziehl, »Spezialisierung, Typisierung und Normalisierung im Elektromaschinenbau«, Mitteilungen des A. w. F., April 1918, Nr. 1, S. 13.

und Automobilbau sowie die Kugellagerfabrikation. Im Kriege
haben sich in der gleichen Richtung der Verein der Werkzeugmaschinenfabriken[1]), der Verein der Holzbearbeitungsmaschinenfabriken, der Verband der Dampfkraftmaschinenfabriken,
der Verband der Aufzugfabriken und der Verband der Kuvertmaschinenfabriken betätigt.

Auch der Normenausschuß der deutschen Industrie hatte sich
der Erkenntnis von der Bedeutung der Spezialisierung und Typisierung nicht verschlossen und bereits Ende 1917 einen Arbeitsausschuß für Herstellungsfragen unter Schulz-Mehrin als Obmann
eingesetzt[2]).

Der Ausschuß für wirtschaftliche Fertigung. Gleichzeitig nahmen sich die Behörden, insbesondere das Reichswirtschaftsamt und das Kriegsamt, des Gedankens an und suchten
die Industrie zu veranlassen, sich eingehender mit diesen Maßnahmen zu befassen. Am 23. II. 1918 wurde vom Reichswirtschaftsamt eine Versammlung von Vertretern verschiedener Behörden, von führenden Persönlichkeiten der Industrie und von
Vertretern verschiedener Industrieorganisationen einberufen, deren
Ergebnis ein Antrag an den Verein Deutscher Ingenieure war,
neben dem die mehr technischen Fragen bearbeitenden[3]) Normenausschuß einen Ausschuß zu begründen, der die wirtschaftlichen
Fragen der Spezialisierung und Typisierung bearbeiten sollte[4]).
Damit trat an Stelle des Ausschusses für Herstellungsfragen
der »Ausschuß für wirtschaftliche Fertigung« — A. w. F. —, dem
die nachfolgenden Aufgaben gestellt sind[5]):

1. Untersuchung der Grundlagen wirtschaftlicher Fertigung
   insbesondere der Wirkungsweise und Anwendbarkeit der
   Spezialisierung und Typisierung.

---

[1]) »Ausschuß für wirtschaftliche Fertigung«, Z. d. V. D. I., 19. X.
1918, S. 735.

[2]) »Ausschuß für wirtschaftliche Fertigung«, Mitteilungen des
Normenausschusses der deutschen Industrie 1918, Heft 4, S. 71.

[3]) »Vereinheitlichung von Maschinenteilen«, Z. d. V. D. I., 22. II·
1918, S. 96.

[4]) »Vom deutschen Maschinenbau«, Frankfurter Zeitung, 17. III.
1918.

[5]) »Der Ausschuß für wirtschaftliche Fertigung«, Mitt. des Nadi
1918, Heft 4, S. 71.

2. Aufklärung möglichst weiter Kreise, sowohl der Hersteller
   wie der Verbraucher von Erzeugnissen der Industrie, über
   die Ergebnisse der Untersuchungen des Ausschusses. Beratung
   bei der Vergebung großer Aufträge besonders von Behörden,
   bei Gemeinden und anderen öffentlichen Stellen im Sinne
   zweckmäßiger Spezialisierung und Typisierung.
3. Sammlung aller bei der praktischen Anwendung der Spezialisierung und Typisierung gemachten Erfahrungen und
   einheitliche, planmäßige Zusammenfassung aller Bestrebungen und Arbeiten auf diesem Gebiete.
4. Austausch der Erfahrungen zwischen den verschiedenen
   mit der Spezialisierung und Typisierung befaßten Stellen.
   Vermittlung von Zusammenarbeit und gegenseitiger Unterstützung.

Zur Durchführung dieser Aufgaben ist eine ähnliche Organisation in Hauptausschuß und Arbeits- oder Sonderausschüsse
für die einzelnen Industriezweige wie beim Normenausschuß der
Deutschen Industrie vorgesehen. Die praktische Durchführung
der Spezialisierung und Typisierung aber auf Grund der Ergebnisse
von Beratungen der Sonderausschüsse ist Aufgabe der Industrie
selbst und deren wirtschaftlicher Verbände.

Mit erfreulicher Deutlichkeit sprach sich gegenüber Befürch-
tungen, daß die Tätigkeit des Ausschusses das Wirtschaftsleben
schädlich beeinflussen könnte, der Vertreter des Reichswirtschafts-
amtes bei der Gründungsversammlung dahin aus, daß jede
zwangsweise Vervollkommnung des Wirtschaftslebens etwa durch
behördliche Maßnahmen durchaus fernliege; lediglich die technisch-
wirtschaftlichen Vorbedingungen und Zusammenhänge der Spe-
zialisierungs- und Typisierungsfragen sollten durch den Ausschuß
geklärt werden[1]).

Ausschüsse für Betriebsorganisation. Neben die
mit der Normung, Typisierung und Spezialisierung angestrebte
Vereinfachung der Industriewirtschaft tritt als weiteres Mittel
zur Rationalisierung der Volkswirtschaft die Erhöhung des Wirkungsgrades der Einzelunternehmung. Hier sollen ergänzend
die vom Verein Deutscher Ingenieure ins Leben gerufenen Ausschüsse für Betriebsorganisation wirken, deren Arbeitsgebiet

---

[1]) »Die Begründung des Ausschusses für wirtschaftliche Fertigung«, Mitteilungen des A. w. F., April 1918, S. 1.

alle die Fragen der Herstellung, wie Durchbildung von Werkzeugen und Vorrichtungen, Gesichtspunkte bei der Ausführung
von Maschinen- und Handarbeit, Wahl und Prüfung der Rohstoffe sowie der inneren Betriebsorganisation, wie Auftrags-
gewinnung und -bearbeitung, Rohstoffbeschaffung und -lagerung,
Lohnbildung und -Verbuchung, Unkostenverteilung und Selbstkostenberechnung, umfassen sollten.

Zusammenfassend kann man die geschichtliche Entwicklung des Vereinheitlichungsgedankens in der deutschen Industrie
kurz folgendermaßen charakterisieren: bis zum Weltkriege taucht,
abgesehen von dem seit der Jahrhundertwende bei einigen wenigen Unternehmungen sich innerbetrieblich durchsetzenden
Vereinheitlichungsgedanken, bald hier, bald da das Bedürfnis,
zu normen, auf. Es wird jeweils von dem einen oder anderen
wissenschaftlichen Verbande oder einer technischen Körperschaft
im Verein mit den Interessentenkreisen befriedigt. Als Mittelpunkt all dieser Versuche bildet sich im Laufe der Zeit der Verein
Deutscher Ingenieure heraus, neben dem die Elektrotechnik
ihre Sonderwege geht. Die Kriegsverhältnisse lassen den Vereinheitlichungsgedanken in weiteren Kreisen Wurzel fassen[1]),
bis dieser schließlich 1917 sich zu dem Normenausschuß der
Deutschen Industrie und dem Ausschuß für wirtschaftliche Fertigung nebst den Ausschüssen für Betriebsorganisation als Ergänzung auswächst. Damit ist für die
Vereinheitlichungsfragen eine Zentralstelle geschaffen, wie sie
weder Amerika noch England in seinem alle wirtschaftlichen
Fragen ausschaltenden Engineering Standards Committee besitzt. Es darf also wohl begründete Hoffnung bestehen, so den
zeitlichen Vorsprung unserer beiden Hauptwirtschaftskonkur-
renten in der Vereinheitlichung wieder wettzumachen.

## Die Entwicklung in anderen Staaten.

Bevor zum Schluß der geschichtlichen Betrachtungen auf
die internationalen technischen Vereinheitlichungsversuche eingegangen werden soll, wird es zweckmäßig sein, an dieser Stelle einen
kurzen Blick auf die nationalen Bemühungen anderer Staaten zu

---

[1]) Nach einer Mitteilung der Frankfurter Zeitung hatte z. B.
Dr.-Ing. Koehler in Darmstadt als erster für das S.-S. 1918 eine Vorlesung über die Deutschen Industrienormen angekündigt.

werfen. Bei der Schwierigkeit, das einschlägige Material zu erhalten, können die folgenden Betrachtungen keinerlei Anspruch auf irgendwelche Vollständigkeit machen. Sie wollen lediglich zur Charakterisierung der Verhältnisse dienen.

**Bulgarien und die Türkei.** Wenn wir die Kriegskonstellation als Einteilungsprinzip zugrunde legen, so können wir Bulgarien und die Türkei infolge des nahezu vollständigen Fehlens jeder größeren Industrie von vornherein ausscheiden, obwohl vielleicht bei der letzteren, wenn auch mehr als Ausfluß deutscher Organisationsfähigkeit, bereits die ersten praktischen Ergebnisse des Vereinheitlichungsgedankens. festzustellen sind. Hier ist in erster Linie an die Anatolische- und die Bagdad-Bahn zu denken, bei denen bereits die gleichen Normalien, und zwar in ausgedehnterer Anwendung wie auf den deutschen Bahnen, zu finden sind; Oberbau, Wasserstationen, ganze Bahnhofsanlagen, Brücken, Durchlässe usw. sind vereinheitlicht. Ob die gleichen Fortschritte bereits bei dem Rollmaterial erzielt worden sind, entzieht sich der Kenntnis des Verfassers.

**Österreich.** Österreich ist naturgemäß etwas weiter. Schon frühzeitig ist die Staatsbahn zur Normung übergegangen[1]). Für Walzeisen und Draht bestehen seit längerer Zeit Einheitsformen[2]). Auch in der Elektrotechnik hat der Normalisierungsgedanke Fortschritte gemacht[3]). Am 16. III. 1918 hielt dann Prof. Hlouscheck auf Veranlassung des österreichischen Verbandes des Vereins Deutscher Ingenieure und am 20. IV. auf Einladung des österreichischen Ingenieur- und Architekten-Vereins in Wien je einen Vortrag über die Normalisierung. Diese beiden Versammlungen haben zu dem Ergebnis geführt, daß die beiden

---

[1]) K. u. k. Eisenbahnministerium, »Sammlung der im Jahre 1903 auf dem Gebiete des Eisenbahnwesens herausgegebenen Normalien und Konstitutivurkunden sowie der in diesem Jahre erteilten verlängerten Vorkonzessionen«, Wien 1904 und 1908.

[2]) F. Heinzerling, »Denkschrift zum 27jährigen Bestehen der Kommission zur Aufstellung von Normalprofilen für Walzeisen zu Bau- und Schiffbauzwecken von 1878—1905«, Aachen 1905, S. 7. — C. G. Mehrtens, »Vorlesungen über Ingenieurwissenschaften«, 2. Teil Eisenbrückenbau, Bd. I, S. 81.

[3]) Spyri, »Normalisierung in der Elektrotechnik«, Elektrotechnik und Maschinenbau 1917, S. 606.

Ingenieur-Vereine und das k. und k. Kriegsministerium an
den Minister für öffentliche Arbeiten mit dem Ersuchen heran
getreten sind, die Gründung eines österreichischen Normenausschusses zu veranlassen.

Der Minister hat diesem Vorschlag entsprochen und nach
eingehenden Beratungen mit Persönlichkeiten der Industrie
nachstehend angeführte Herren zur Bildung eines österreichischen
Normenausschusses eingeladen[1]):

Direktor Balz der Lokomotivfabriken in Wr.-Neustadt,
Direktor Bretschneider der Fiatwerke, Wien,
Direktor Ritter von Doderer der Poldi-Hütte, Komatan,
S. Exz. Geh. Rat Dr. Exner,
Generaldirektor Günther,
Professor Hlouscheck,
Generaldirektor Dr. Kolben,
Oberstleutnant von Marothy,
Direktor Pohl der Firma Schöller in Ternitz,
Generaldirektor Paucker,
Direktor Schiller der Siemens-Schuckertwerke,
Generaldirektor Schuster.

Über die Gründungsversammlung sowie die Erfolge ist bisher
Näheres nicht bekannt.

Frankreich. Frankreich als die vierte Großmacht der Erde
scheint sich mit der Vereinheitlichung noch recht wenig befaßt
zu haben. Die Französische Revolution schuf das metrische System
und gab damit Frankreich ein Anrecht, sich seitdem als den tra-
ditionellen Förderer bei der Ausbildung des Maßsystems zu betrachten. So hat denn auch die französische Kammer am 3. IV.
1914 debattelos einen Gesetzentwurf angenommen, der alle
Maßeinheiten in 2 große Klassen schied. Die eine von beiden umfaßt die Haupteinheiten, wie Kilogramm, Meter, Sekunde usw.,
die zweite die Nebeneinheiten wie:

| | |
|---|---|
| Geometrische Einheiten: | Winkel, Fläche, Rauminhalt, |
| Maßeinheit: | Dichte, |
| Mechanische Einheiten: | Kraft, Energie, Leistung |
| | Druck, |

---

[1]) Hlouscheck, »Normalisierung im Maschinenbau«, Technische
Blätter 1918, Heft 3 und 4, S. 162.

| Wärmeeinheiten: | Thermometrie, Kalorimetrie, |
|---|---|
| Elektrische Einheiten: | Spannungsunterschiede, Elektrizitätsmenge, |
| Lichteinheiten: | Photometrie, Lichtstrom, Beleuchtung. |

Diese sollen je nach den Fortschritten und Bedürfnissen der Technik auf dem Verordnungswege, jene als ruhende Pole durch Gesetz festgelegt werden[1]).

Abgesehen von den wohl in jedem Industriestaate wiederkehrenden Bemühungen um die Gewindevereinheitlichung[2]) ist nur die Draht- und Bandeisenindustrie[3]) sowie die Eisenbahn noch zur Normung gezwungen gewesen[4]). Der Krieg scheint auch hier das wirtschaftliche Gewissen geschärft und die Franzosen mit dem Gedanken eines Normenausschusses, der scheinbar am 10. VI. 1918 zusammengetreten ist, vertraut gemacht zu haben[5]).

Sonstige Staaten. Normend haben sich, wenn auch in bescheidenerem Umfange, ferner, und zwar hauptsächlich auf dem Gebiete der Elektrotechnik, Italien[6]), dieses auch im Schiffs-

---

[1]) Karl Kölsch, »Gesetzliche Regelung der Maßeinheiten in Frankreich«, ETZ. 1914, S. 912.

[2]) »The standardization of screw threads«, Engineering 1900, S. 75. »Die französischen Bestrebungen zur Gewindevereinheitlichung gehen bis in die 90er Jahre zurück. Die Société d'Encouragement in Paris setzte auf Veranlassung von Sauvage 1891 einen Ausschuß für das Studium der Gewindefrage ein. 1893 brachte dieser seine Arbeiten zu Ende und unterbreitete der Industrie einen Gewindevorschlag, der erst nach nochmaliger Durcharbeitung durch Sauvage 1894 allgemeine Annahme unter dem Namen französischer Einheitsgewinde (S. F.) fand.«

[3]) Dr. F. Heinzerling, »Denkschrift zum 27jährigen Bestehen der Kommission zur Aufstellung von Normalprofilen für Walzeisen zu Bau und Schiffbauzwecken von 1878—1905«, Aachen 1905, S. 7.

[4]) Chabal, »Dimensions à adopter pour les disques des tampons de choc des véhicules de chemin de fer à voie normale«, Revue générale des Chemins de Fer et des Tramways 1907, S. 3.

[5]) Petit journal, 15. IX. 1918.

[6]) »Italienische Vorschriften über Errichtung und Betrieb elektrischer Anlagen«, Elektrotechnik und Maschinenbau 1910, S. 806.

maschinenbau[1]), die Schweiz[2]), Schweden[3]) und die Südafrikanische Union[4]) betätigt, während z. B. in China eine großzügige Vereinheitlichung der Elektrizitätsversorgung geplant ist, die sich in folgenden Beschlüssen des dafür eingesetzten Ausschusses kundgibt[5]):

1. Für Stromerzeugung und Verteilung soll im allgemeinen das Drehstromsystem mit 50 oder 60 Perioden Anwendung finden.

2. Die Verteilung soll gewöhnlich durch Drehstrom mit geerdetem Nulleiter, bei 250 V zwischen diesem und jeder Phase, d. h. angenähert 440 V verketteter Spannung erfolgen.

3. Die Normalspannung für Beleuchtung und ähnliche Zwecke soll 250 V betragen.

4. Falls es nicht wünschenswert oder wirtschaftlich ist, ein Drehstromsystem mit viertem Leiter zu wählen, kann ein Dreileitersystem mit geerdetem Nulleiter oder ein Zweileitersystem mit einem geerdeten Leiter angewendet werden. In allen Fällen soll die Spannung gegen Erde 250 V betragen.

5. Gleichstromsysteme sollen tunlichst nicht angewendet und für Anlagen, die entweder über 50 KW-Leistung haben, oder deren Speiseleitungen über 0,8 km lang sind, nicht gestattet werden.

6. Im Nulleiter dürfen keine Sicherungen oder Schalter angebracht werden.

7. Wo Gleichstromanlagen unumgänglich sind, soll die Erzeugung und Verteilung im Dreileitersystem mit 500 V zwischen den Außenleitern und dem geerdeten Nulleiter erfolgen.

---

[1]) »Institute of Italian Naval and Mechanical Engineers«, The Engineer, 31. I. 1913, S. 113.

[2]) »Die Tätigkeit des schweizerischen Elektrotechnischen Vereins«, ETZ. 1905, S. 124. — »Normen des schweizerischen Elektrotechn. Vereins betr. Einrichtung und Beaufsichtigung von Gebäudeblitzschutzvorrichtungen«, Zürich 1917, Rascher & Co.

[3]) »Schwedische Maschinennormalien«, ETZ. 1908, S. 695.

[4]) Hlouscheck, »Normalisierung im Maschinenbau«, Techn. Blätter 1918, Heft 3 u. 4, S. 164.

[5]) »Vereinheitlichung der Elektrizitätsversorgung Chinas«, ETZ. 1914, S. 657.

8. Für Hochspannungsübertragungen sollen als Normalspannungen 2200 V, 3300 V, 6600 V und darüber Spannungen verwendet werden, wie sie den örtlichen und sonstigen Verhältnissen angepaßt erscheinen.

Ähnliche Bestrebungen zur Vervollkommnung der Industriewirtschaft, wie wir sie in Deutschland, Amerika und England in der Schaffung wissenschaftlicher Forschungsinstitute und besonders während des Krieges in den zu dem Zwecke der Spezialisierung erfolgenden Zusammenschlüssen der Fabriken zu Verbänden feststellen können, sind zurzeit in Australien, Kanada, Südafrika, Italien, Japan, Schweden Dänemark, Holland, der Schweiz und Polen im Gange[1]).

Die charakteristischen Merkmale aller nationalen Vereinheitichungsbestrebungen sind erstens ihre der industriellen Be-Bedeutung des Landes entsprechende Höhe, zweitens die führende Stellung, die in dieser Beziehung die Elektrotechnik einnimmt, und sodann die in Ländern mit eigener Industrie ständig wiederkehrenden Versuche, eine Regelung der Gewindefrage wenigstens in nationalem Sinne zu erreichen.

### Die internationalen Versuche.

Aus diesen Umständen ergeben sich mit Naturwendigkeit die Schritte, die in Richtung einer internationalen Vereinheitlichung bisher unternommen worden sind.

Elektrotechnik. Die Elektrotechnik drängte bereits Ende der 70er Jahre auf eine internationale Verständigung über ihre drei grundlegenden Maßeinheiten. Die Pariser Elektrotechniker-Kongresse der Jahre 1881/84 legten den Grundstein: das Ohm wurde als Widerstand einer Quecksilbersäule, das Ampere mangels Untersuchungen am Silbervoltmeter nur in absoluten Maßen, das Volt durch die Verkettung der 3 Größen im Ohmschen Gesetz definiert[2]). Die Arbeiten wurden 1893 in Chicago fortgesetzt, wo das Ampere seine elektrolytische Feststellung fand und für das Volt das Clarksche Normalelement zugrunde gelegt wurde.

---

[1]) »Wirtschaftliche Fertigung im Ausland«, Mitteilungen des A. w. F. 1919, Nr. 3, S. 2.

[2]) »Zur Frage der Legalisierung eines Normals der elektromotorischen Kraft«, ETZ. 1904, S. 669.

Damit waren in der Gleichung $R = E \cdot J$ alle 3 Größen festgelegt,
und es sollte sich sehr zum Nachteile der Teilnehmer, die diese
Beschlüsse ihrer nationalen Gesetzgebung zugrunde gelegt hatten,
durch eingehende Untersuchungen kurz darauf herausstellen,
daß das Normalelement nicht die Spannung von einem Volt
besaß[1]). Der internationale Elektriker-Kongreß, der vom 12.
bis 17. IX. 1904 in St. Louis tagte, sollte die Frage der internationalen elektrischen Maßeinheiten erneut klären und sich zudem
mit internationalen Normen für Maschinen beschäftigen.
Über beide Angelegenheiten ist jedoch nicht verhandelt worden,
sondern in Anbetracht der Unmöglichkeit, auf einem nur wenige
Tage währenden Kongreß von Fachgenossen, die in keiner Weise
von ihren Regierungen ermächtigt waren, derart wichtige Fragen
zu klären, wurde vielmehr die Bildung einer ständigen internationalen Kommission vorgeschlagen[2]), die imstande sein würde,
die für die Lösung der in Rede stehenden und ähnlicher Probleme
notwendige Arbeit zu leisten[3]).

Es schien nur wünschenswert, vor dem Zusammentreten
der Kommission als Ganzes die zu beratenden Fragen zunächst
im kleineren Kreise zu erörtern. Hierzu lud der Präsident der
Physikalisch-Technischen Reichsanstalt Warburg Vertreter der
in den verschiedenen Staaten mit der Überwachung von elektrischen Einheiten betrauten Institute sowie einige Gelehrte zu der
vom 23. bis 25. X. 1905 in Charlottenburg stattfindenden Konferenz
ein, in der man sich über die grundsätzlichen Fragen der Maßeinheiten einigte. Festgelegt werden sollten zahlenmäßig lediglich
das Ohm und das Ampere, während das Volt sich aus beiden
durch die Beziehung des Ohmschen Gesetzes ergeben sollte[4]). Damit war die Bahn frei, für die sich in dieser Richtung bewegenden

---

[1]) W. Jaeger und St. Lindeck, »Die Ergebnisse der Internationalen
Konferenz über elektrische Maßeinheiten zu Charlottenburg vom
23. bis 25. X. 1915«, ETZ 1906, S. 237.

[2]) »Der fünfte internationale Elektrikerkongreß in St. Louis«,
Z. d. V. D. I. 1904, S. 1790.

[3]) Le Maistre, »Die Internat. Elektrotechn. Kommission«, ETZ.
1912, S. 1051.

[4]) »Die Ergebnisse der internationalen Konferenz über elektrische
Maßeinheiten zu Charlottenburg vom 23. bis 25. X. 1905«, ETZ. 1906,
S. 237.

Beschlüsse der Londoner Konferenz im Jahre 1908[1]), zu denen sich ergänzend die internationale Festsetzung der EMK des Westonschen Normalelementes 1910 in Washington gesellte. Gleichzeitig wurde zum ersten Male über die schon 1906 von Lord Kelvin angeregte einheitliche Terminologie in der Elektrotechnik verhandelt[2]). Nun kamen die Vereinheitlichungsbestrebungen flott vorwärts. Die 1904 in St. Louis angeregte und 1908 in London unter dem Vorsitz von Balfour beschlossene Gründung der Elektrotechnischen Kommission umfaßte zunächst 15 Länder mit gleicher Stimmenzahl und gleichen Beiträgen. Im Jahre 1910 fand in Brüssel und 1911 in Köln eine offizielle Konferenz zur Vorbereitung einiger Fragen statt, denen im September 1911 in Turin eine Plenarversammlung der Kommission, welcher jetzt 22 Länder angehören, folgte[3]). Die zur Erörterung stehenden Gegenstände waren folgende: Nomenklatur, Symbole, Richtung der Rotation der Vektoren und Maschinennormalien. Eine Reihe von Bezeichnungen und Symbolen wurde angenommen. Genannt seien hier nur der Buchstabe I für den Strom (statt C in England), E für die EMK und R für den Widerstand (statt W in Deutschland).

1913 in Berlin wurden Vereinbarungen über Normalkupfer, über die einheitliche Bezeichnung der Größen bei Wasserkraftanlagen und thermischen Kraftmaschinen noch zu dem Arbeitsgebiet hinzugenommen[4]). Die Vorschläge über Normalkupfer wurden angenommen, so daß also in Zukunft die Leitfähigkeit irgendeines beliebigen Handelskupfers einfach in Prozenten dieses Normalkupfers angegeben werden kann. Ebenso fanden die weiteren Entwürfe für einheitliche Bezeichnungen und die Definitionen für Wasserkraftanlagen die Billigung der Konferenz. Bei den Maschinennormalien entspann sich anläßlich der zulässigen

[1]) Jaeger und Lindeck, »Die internationale Konferenz über elektrische Einheiten und Normale zu London 1908«, ETZ. 1909, S. 344. — Z. d. V. D. I. 1908, S. 1816.

[2]) »The Convention of the international Electro-Technical Commission and the recent international conference upon electrical units and standards«. Engineering News, 26. XI. 1908, S. 588.

[3]) »Die internationale elektrotechnische Kommission«, ETZ. 1913, S 249 (weitere Literatur siehe dort).

[4]) »Internationale elektrotechnische Kommission«, ETZ. 1913, S. 1091 (weitere Literatur siehe dort).

Temperaturerhöhung eine lebhafte Debatte, die aber ihre von
allen Seiten angenommene Lösung dadurch fand, daß man für
jede Leistungsangabe die Festsetzung der zugrunde gelegten
Lufttemperatur vorschrieb[1]).

Gewinde. Eine Frage, bei deren einheitlicher Regelung sich
allerdings nicht alle Staaten so mit voller Hingebung beteiligt
haben, ist die internationale Gewindenormalisierung. Als Whitworth im Jahre 1841 als erster auf den Gedanken kam, in die zahllosen Schraubenformen, die eine Auswechselbarkeit völlig unmöglich machten, ein vereinheitlichendes System hineinzubringen, mußte diese Idee infolge ihrer Natürlichkeit auf der ganzen
Erde ihren Einzug halten. Bei dem völligen Mangel jeder internationalen Kontrolle, dem Fehlen jeder Lehren, dem nationalen
Ehrgeiz der einzelnen Staaten, der sich oft mit einer ganz erheblichen wirtschaftlichen Kurzsichtigkeit paarte, auf der einen
Seite und den unverkennbaren Nachteilen des Zollsystems gegenüber dem in vielen Ländern gesetzlich anerkannten metrischen
System auf der anderen Seite ist es nicht verwunderlich, wenn
schließlich in den Gewindesystemen eine solche Verwilderung
und Überproduktion an Neukonstruktionen eintrat, daß die Zahl
der heut bestehenden Gewindearten auf mehr als 50 geschätzt
wird[2]). Eine Beschreibung der wichtigsten: »Armangand 1860,
Bodmer 1861, Poulot 1862, Sellers 1864, Preuß. Staatsbahn
Tury 1878, Französische Marine 1875/85, Nordbahn, Westbahn
Paris—Lyon und Mittelmeerbahn, Ostbahn, Lombardo,Italienische
Artillerie, Delisle 1873, Ducommun und Steinlen 1873, Kreutz-
berger 1876, Reulaux, Verein Deutscher Ingenieure 1888, Französische Artillerie 1891, Sauvage 1894, Delisle 1898, S.-J. 1898,
Turiner Ingenieur- und Architekten-Verein 1898« findet sich im
Engineering 1900 S. 75. Es braucht hier nicht mehr auf die Entwicklung in den einzelnen Staaten eingegangen zu werden,
dies ist bereits an früherer Stelle eingehend geschehen. Der internationale Schraubenvereinheitlichungsgedanke ist deutschen Ur-
sprungs. Wie bereits oben ausgeführt worden ist[3]), veranlaßte
der Karlsruher Ingenieur Delisle 1874 den Münchener Bez.-

[1]) »Internationale Elektrotechnische Kommission«, ETZ. 1912,
S. 1051. — Z. d. V. D. I. 1909, S. 435.
[2]) »The standardiation of screw threads«, Engineering 1900, S. 75.
[3]) Siehe S. 57 u. f.

Verein Deutscher Ingenieure, die Angelegenheit in die Hand zu
nehmen. Das in 2000 Exemplaren versandte Rundschreiben
zeitigte kein ermutigendes Ergebnis. Trotzdem brachte der Karlsruher Bezirksverein Deutscher Ingenieure die Frage 1877 erneut
vor die Hauptversammlung, die schließlich einen Ausschuß einsetzte. Nachdem für Deutschland 1888 vom Verein Deutscher Ingenieure ein metrisches Gewinde angenommen worden war, brachte
dieser die Angelegenheit vor einen internationalen Kongreß,
der 1895 in Aachen stattfand. 18 technische Verbände Englands,
Amerikas, Rußlands, Frankreichs, Österreich-Ungarns, Italiens,
Belgiens und der Schweiz hatten sich zu der Frage geäußert[1]).
Alle waren für das metrische System als Grundlage eines Weltgewindes, nur die englischen und amerikanischen Vertreter
verneinten die Notwendigkeit zu einer Änderung. Unter anderen
griff die Vereinigung der Schweizer Maschinenfabriken die Idee
mit solcher Begeisterung auf, daß der Verein Deutscher Ingenieure
ihr die Führung in der Angelegenheit abtrat. Am 2. III. 1897 berief
diese eine Versammlung nach Zürich, die für den 3. und 4. X.
1898 den Zusammentritt eines Internationalen Kongresses in
Zürich vorschlug, um ein metrisches Welteinheitsgewinde festzulegen; 12 Vertreter Deutschlands, Frankreichs, Italiens, Hol-
lands und der Schweiz waren erschienen. Die Russen, Engländer
und Amerikaner hatten abgelehnt. Ein Ausschuß wurde ernannt,
der 60 Fragebogen an die führenden Maschinenfabriken versandte
und auf Grund der eingegangenen Antworten und nach eingehender Erörterung der Gewindesysteme des Vereins Deutscher
Ingenieure 1888, der Société d'Encouragement de Paris 1894,
des Schweizer Gewinde-Normungsausschusses 1898 und des
Turiner Ingenieur- und Architekten-Vereins das französische System mit einigen kleineren Abänderungen zur Annahme empfahl.
Damit war für einen Bereich von 6 bis 80 mm das S.=J.-Gewinde
(System International) geschaffen, dessen weiterer Ausbau bezüglich der Schlüsselweiten, Mutterhöhen usw. in den folgenden
Jahren stattfand[2]). Allgemeine Annahme dürfte es bisher haupt-
sächlich in Frankreich, Italien und der Schweiz gefunden haben,

---

[1]) »The standardisation of screw threads«, Engineering 1900,
S. 75.

[2]) »Internationales Gewindesystem auf metrischer Grundlage«,
Schweizerische Bauzeitung 1900, S. 165.

während es in Deutschland nur mit 11% an der Gesamtschrauben-
erzeugung beteiligt ist[1]).

Noch weit größere Schwierigkeiten hat die Frage der internationalen Regelung der Gasrohrgewinde gemacht. Eine endgültige Beschlußfassung ist hier bisher noch nicht herbeigeführt[2]),
obwohl man bereits 1913 im Gegensatz zum S.-J.-Gewinde sich
auf Whitworth mit allen Einzelheiten geeinigt hatte, um eine
Mitarbeit der Engländer und Amerikaner zu ermöglichen.

**Metrisches Maßsystem.** Die Grundlage für alle tech-
nisch-wissenschaftliche Arbeit bildet das Maßsystem[3]). Hier ist
auch der tiefere Grund, weswegen die internationale Regelung
der Gewindefrage bisher auf so große Schwierigkeiten gestoßen ist.
Solange England und Amerika nicht zum metrischen System mit
Gesetzeszwang übergehen, ist an eine restlose Lösung internationaler industrieller Normungsfragen nicht zu denken. Es
dürfte daher trotz des nicht speziell technischen Charakters des
metrischen Maßsystems angebracht sein, an dieser Stelle einen
kurzen Blick auf die Frage zu werfen.

Es ist das große Verdienst der Französischen Revolution
gewesen, den metrischen Gedanken geboren zu haben. Trotz
seiner zwingenden Logik hat es jedoch mehr als ¾ Jahrhunderte
gedauert, bis eine internationale Vereinbarung darüber möglich
wurde. Erst am 20. V. 1875 wurde zu Paris die internationale
Meterkonvention abgeschlossen, ein Vertrag, der für die Fortbil-
dung und Verbreitung des metrischen Systems und für die Sicher-
stellung seiner Grundlagen die größte Bedeutung erlangt hat[4]).
Frankreich als Urheber des metrischen Systems war lange Zeit un-
bestritten der Hüter der Grundmaße, des Archivmeters und Archiv-
kilogramms, gewesen. Es hatte sich aber an Hand der von diesen
zu verschiedenen Zeiten abgeleiteten Nachbildungen, die nicht
miteinander übereinstimmten, ergeben, daß Frankreich den ihm

---

[1]) G. Schlesinger, »Vereinheitlichung der Schraubengewinde«, Mitteilungen über Forschungsarbeiten, Heft 142.

[2]) Schweizerische Bauzeitung 1900, S. 165. — »Gasrohrgewinde«,
Z. d. V. D. I., 3. II. 1912, S. 201. — Z. d. V. D. I. 1909, S. 807; 1914,
S. 720.

[3]) Plato, »Die Längennormalien im Maß- und Gewichts-
wesen«, Mitteilungen des Nadi 1918, Heft 2, S. 34.

[4]) Plato, »Die mitteleuropäischen Staaten und die Internationale
Meterkonvention«, Z. d. V. D. I., 22. XII. 1917, S. 997.

118

anvertrauten Schatz schlecht bewahrt hatte. Eine allgemeine
Unsicherheit in den metrischen Maßen stand daher zu befürchten.
Diesen Zuständen machte die internationale Meterkonvention
ein Ende, der heute die folgenden 26 Staaten sich angeschlossen
haben: Amerika, Rußland, Deutschland, Japan, Großbritannien
und Irland, Frankreich und Algerien, Italien, Österreich-Ungarn,
Spanien, Mexiko, Belgien, Argentinien, Rumänien, Canada,
Siam, Schweden, Portugal, Peru, Bulgarien, Schweiz, Chile,
Serbien, Dänemark, Norwegen und Uruguay. Alle Staaten bis
auf Amerika, Japan und England haben das metrische System
jetzt gesetzlich eingeführt[1]); bei diesen dreien ist es wahlweise
neben dem Zollsystem zugelassen. Ein nur skizzenhafter Überblick
über die Organisation der Konvention gibt einen Begriff davon,
mit welcher Sorgfalt man die Zuverlässigkeit dieser internationalen
Einheiten zu sichern versucht hat. An Stelle der unzulänglichen
französischen Maße traten die mit der größten Genauigkeit aus
Platin-Iridium hergestellten internationalen Urmaße (Prototype),
bei denen durch die Form die dauernde Richtigkeit noch besonders
gewährleistet wurde. Die französiche Aufsicht wurde ersetzt
durch eine ständige internationale Kontrolle, bestehend aus dem
1. internationalen Bureau für Maße und Gewichte, 2. dem internationalen Komitee für Maße und Gewichte und 3. der Generalkonferenz für Maße und Gewichte.

[1]) »Einführung des metrischen Maß- und Gewichtssystems in
Rußland«, Frankfurter Zeitung, 24. VIII. 1918. »In der gesetz-
gebenden Sektion des russischen Justizkommissariats ist, wie die
»Iswestija« mitteilt, das Dekret über die Einführung des metrischen
Maß- und Gewichtssystems eingebracht worden, das für alle Handels-
geschäfte verbindliche Geltung haben soll. Die Herstellung und Verteilung maßgebender metrischer Maße, Gewichte und des entsprechenden Zubehörs wird der Kammer für Maße und Gewichte übertragen,
die auch dafür zu sorgen hat, daß Verzeichnisse mit den Abkürzungen
der Benennungen des metrischen Systems, vergleichende Tabellen
und ähnliche Hilfsmittel in allen Handels- und industriellen Unternehmungen angebracht und angewendet werden. Alle Firmen haben
an sichtbarer Stelle vergleichende Preislisten nach dem alten und
neuen System auszustellen, als äußerste Frist für die Einführung des
Metermaßes wird der 21. VIII. 1921 festgesetzt. Vom 1. I. 1925 ist
die Anwendung der alten Maße und Gewichte verboten.« — »Einführung des metrischen Maßsystems in Rußland«, Z. d. V. D. I.,
28. IV. 1917.

Dem internationalen Bureau liegt die Aufbewahrung der internationalen Prototype, die regelmäßige Vergleichung der Landesurmaße mit diesen sowie alle sonstigen hohe Genauigkeit erfordernden Maßbeglaubigungen ob.

Das internationale, aus bedeutenden Gelehrten sich zusammensetzende Komitee stellt die vorgesetzte Behörde des Bureaus dar, die die Wahl der Bureaubeamten, die Verteilung und Kontrolle der Meßarbeiten vornimmt und schließlich der höchsten Autorität, der Generalkonferenz, kurz Bericht erstattet.

Diese aus den Regierungsvertretern bestehende diplomatische Behörde tritt auf Einladung des Komitees mindestens alle 6 Jahre zusammen, um die Maßnahmen für die Verbreitung des metrischen Sytems durchzusprechen, ev. neue Fundamentalbestimmungen gut zu heißen und in geheimer Wahl eine Hälfte des Komitees zu erneuern[1]).

Materialprüfung. Ein weites Gebiet, auf dem gleichfalls internationale Vereinheitlichungsbestrebungen erfolgreich seit längerer Zeit im Gange sind, ist das der Materialprüfung. Wie in der Gewindefrage stammt die erste Anregung aus Deutschland. Bauschinger und nach seinem Tode Tetmayer waren es, auf deren Veranlassung hin 1895 in Zürich der »Internationale Verband für die Materialprüfungen der Technik« gegründet wurde[2]). Er besteht aus einer Vereinigung von Landesverbänden, die sich die Aufgabe gestellt hatte, unter Benutzung der ev. bestehenden nationalen Vorschriften einheitliche internationale Prüfungsmethoden und Lieferbedingungen für die technischen Materialien auszuarbeiten. Diese sollten insbesondere den Verbrauchern der Länder als sichere Vergleichsgrundlage dienen, die ihren Bedarf im Auslande decken müssen. Der Verband setzt zum Studium der einzelnen Fragen Kommissionen ein, die alle 3 Jahre auf den internationalen Kongressen Bericht erstatten[3]).

---

[1]) Plato, »Die mitteleuropäischen Staaten und die internationale Meterkonvention«, Z. d. V. D. I., 22. XII. 1917, S. 997.

[2]) G. C. Mehrtens, »Vorlesungen über Ingenieurwissenschaften«, II. Teil Eisenbrückenbau, I. Bd., S. 92.

[3]) F. Jahnke, »Zwanglose Mitteilungen über die Beratung des Internationalen Kongresses für die Materialprüfung der Technik in New York im Sommer 1912«, Glasers Annalen für Gewerbe und Bauwesen 1913, Bd. I, S. 153.

Eine ganze Reihe von Fragen sind bereits bearbeitet worden, u. a. Übernahmebedingungungen für Kupfer[1]), einheitliche Benennung von Eisen und Stahl[2]), Vereinheitlichung des Prüfverfahrens von Gußeisen[3]), internationale Lieferbedingungen für Eisen und Stahl[4]), internationale Normen für Portlandzement[5]) usw.

Spurweite. Die nicht nur nationale Bedeutung des Verkehrswesens, und zwar speziell der Eisenbahn-Spurweite, ist die Ursache gewesen, diese international zu vereinheitlichen. Genaueren Anhalt, wie man hier gerade auf 1435 mm gekommen ist, bietet die Geschichte nicht. Eins ist sicher, sie stammt von England, und zwar vermutet man, daß George Stephenson in Anlehnung an die gebräuchliche Spurweite der englischen Straßenfahrzeuge auf das von ihm gewählte Maß gekommen ist. Nachdem 1846 durch Parlamentsakte die neben der Stephensonschen Spur bestehenden 6 weiteren Maße ausgeschaltet waren, schlossen sich Deutschland, Österreich, Frankreich, die Niederlande, Italien, die Schweiz und Schweden der englischen Spur aus wirtschaftlichen Gründen trotz der militärischen Bedenken der Vereinheitlichung an und legten sich neben anderem auf diese bei der internationalen Konferenz für die technische Einheit im Eisenbahnwesen im Mai 1886 vertragsmäßig fest[6]).

Sonstige Bestrebungen. Schließlich seien noch erwähnt: der Internationale Verband der Dampfkesselüberwachungsvereine, der sich seit seiner Gründung 1871 im weitesten Umfange im Dampfkesselbau normend betätigt hat[7]), der Internationale Straßen- und Kleinbahnkongreß in Brüssel mit seiner Schienen-

[1]) »Übernahmebedingungen für Kupfer«, Elektrotechnik und Maschinenbau 1912, S. 1073.

[2]) »Einheitliche Benennung von Eisen und Stahl«, Stahl und Eisen 1907, S. 775.

[3]) »Internationaler Verband für die Materialprüfungen der Technik. 5. Kongreß, Kopenhagen 1909«, Stahl und Eisen 1910, S. 214. — Elektrotechnik und Maschinenbau 1912, S. 985.

[4]) »Internationaler Verband für die Materialprüfungen der Technik«, Stahl und Eisen 1909, S. 1704.

[5]) »Verein deutscher Portlandzementfabriken«, Stahl und Eisen 1914, S. 501.

[6]) »Spurweite«, Enzyklopädie des Eisenbahnwesens, Bd. 6, S. 3061.

[7]) Z. d. V. D. I., 14. VI. 1902, S. 904. — Z. d. V. D. I. 1908, S. 940.

normalisierung[1]), die bis in die 80er Jahre zurückreichenden
internationalen Versuche, für den literarischen und wissenschaftlichen Gebrauch einheitliche Symbole einzuführen[2]), die Bemühungen um eine internationale Vereinheitlichung von Auto-
mobilteilen[3]), das Internationale Institut für Techno-Bibliographie[4]) und als geschichtliche Erinnerung der erste 1911 von
Henry Hess in Philadelphia ausgehende Vorschlag, einen internationalen Ausschuß für die Normalisierung in der Technik
einzusetzen, der allerdings zu keinem greifbaren Ergebnis geführt hat[5]).

## Die bisherigen Ergebnisse der Arbeiten des Normenausschusses der deutschen Industrie.

Wenn man sich von dem Umfange dessen, was in etwa
1¼ Jahren im Normenausschuß der deutschen Industrie geleistet worden ist, ein angenähertes Bild machen will, dürfte es
zweckmäßig sein, sich erstens darüber klar zu werden, was soll
geschaffen werden, zweitens, wie kommen die Normen zustande
und drittens, welche Ergebnisse liegen nunmehr vor.

Die geschichtliche Darstellung der deutschen Verhältnisse
hat bereits gezeigt, daß das Fundament, auf dem der Normenausschuß aufbauen konnte, recht schwach und zudem noch

[1]) »Verband deutscher Straßenbahn- und Kleinbahnverwaltungen«,
Stahl und Eisen 1911, S. 1725. — »Internationaler Straßenbahn- und
Kleinbahnkongreß«, Stahl und Eisen 1911, S. 361.

[2]) ETZ. 1902, S. 509.

[3]) »Schaffung von Normalien für Automobil-Konstruktionsteile«,
Der Motowagen 1911, S. 569. »Der Congrès international de l'Auto-
mobile in Paris beschloß 1903 u. a.: Einführung des internationalen
Schraubensystems, Lehren und Kaliber nach dem Dezimalsystem,
Automobilketten nach dem Dezimalsystem, Normalisierung der Rad-
felgen, Normalisierung der Wagengestelle usw.«

[4]) »Intern. Institut für Techno-Bibliographie, Z. d. V. D. I. 1909,
S. 439.

[5]) »Bildung einer internat. Kommission für die Schaffung von
Normen«, Z. d. V. D. I. 1911, S. 1993.

zersplittert war. Was sich an guten Bausteinen vorfand, ist vom anhaftenden Schutt befreit und zum neuen Gebäude mit verwendet worden. Sein Ausbau aber hat vor allem so stattgefunden, daß alle Vereinheitlichungsbestrebungen darin unterkommen können und müssen, eine Erweiterung zudem jederzeit möglich ist. Die im Normenausschuß verwirklichte Arbeitsgemeinschaft bietet dabei die Gewähr, daß das energievergeudende Nebeneinander aufhört und alle für die Praxis benötigten Normen sich an einer Stelle zusammenfinden.

### Ziele des Nadi.

Wenn man das außerordentlich verwickelte Wirtschaftsgetriebe Deutschlands, und hier handelt es sich in erster Linie nur um die Industrie, durch Vereinheitlichung vereinfachen und rationalisieren will, wird man die zu verfolgenden Ziele am deutlichsten erkennen, wenn man systematisch das Gesamtgebiet durchgeht. Als Einteilungsgrundsatz hierbei ist für den vorliegenden Fall das Industrieerzeugnis gewählt. Zweierlei produziert die Industrie schlechtweg: Energie und materielle Güter (z. B. Wärme, Licht, Elektrizität, mechanische Energie, auch die Energie des gespannten Dampfes usw. und Kraftwagen, Riemenscheiben, Schuhe usf.). Für beide sind Naturprodukte, Rohstoffe, das Grundelement ihres Entstehens. Bei diesen müßte also die Vereinheitlichung einsetzen, um bei der Fertig-Energie oder dem Fertig-Fabrikat ihre höchste Stufe zu erreichen. Dazwischen liegen die verschiedenen Stufen der Verarbeitung mit ihren Werkzeugen im weitesten Sinne, und sie alle beherrschend steht der Mensch über ihnen, dessen Tun und Lassen gleichfalls im Verhältnis zu den Energien und Industrieprodukten sowie zu seinesgleichen unter dem Vereinheitlichungsgedanken zu regeln ist.

Damit tut sich eine derartig unendliche Fülle von industriellen Normalisierungs- und Normungsproblemen auf, daß deren ins einzelne gehende Aufzählung bei weitem den Rahmen dieser Arbeit überschreiten würde. Nur einige Hauptpunkte seien herausgegriffen, denn es muß bezweifelt werden, ob ein einzelner überhaupt in der Lage wäre, jene restlos und richtig zu erfassen. Mit der Vereinheitlichung der industriellen Rohmaterialien und Werkstoffe[1]) (wie Guß-Eisen, Stahl, Kupfer, Legierungen[2]), Walzprodukte, Drähte, Gase, Treiböle, Brennstoffe usw.), der gleichmäßigen Festlegung von deren Eigenschaften, Lieferungs- und Prüfungsbedingungen[3]) wäre der Anfang zu machen. Es würden folgen die Werkzeuge zu deren Verarbeitung sowie die Arbeitsvorgänge selbst[4]) (Bohrer, Feilen, Schneidstähle...), dann die einfachsten allen Fertigfabrikaten höherer Ordnung, Elementgruppen[5]), gemeinsamen grundlegenden Maschinenelemente (Schrauben, Niete, Keile, Lager, Transmissionsteile, auch Normaldurchmesser u. a.). Den Schluß hätte die Vereinheitlichung der Fertigerzeugnisse der einzelnen Industriegruppen zu bilden (also Sondernormen des Lokomotiv-Auto-Hebezeug-Turbinenbaues, die Vereinheitlichung der Dampfspannungen, Überhitzungen, der elektrischen Spannungen, Periodenzahlen usw.). Die Brücke zum Menschen schlagen die einheitlichen Vermessungsgrundlagen (Normaltemperatur, Normalpassungen, Spannungs-Strom-Druckeinheit u. a.), dazu die gleiche technische Sprache in Werkstatt und Handel (Benennungen[6]), Zeichnungsnormalien), und den Abschluß bilden die lediglich die Stellung des Menschen regelnden Normen (Tarifverträge, Anstellungsverträge, Unfallverhütungsvorschriften usw.), denen sich, das ganze Gebiet umfassend, eine Normensystematik und -forschung anzuschließen hätte.

---

[1]) Dr. Enßlin, »Normung der Stahlsorten für Heergerat«, Mitteilungen des Nadi 1918, Heft 10, S. 145. — »Aufstellung einheitlicher Methoden für die Prüfung von Holz«, Mitt. aus dem Kgl. Materialprüfungsamt zu Groß-Lichterfelde-West 1907, S. 2. — F Bock »Normalisierung von Gießereiprodukten und die Normalisierungsarbeiten des Vereins deutscher Gießereifachleute«, Gießerei-Zeitung 1908, S. 113.

[2]) »Normallegierung für Eisenbahn-Achsbüchslager«, Stahl und Eisen 1916, S. 610

[3]) P. Wölfel, »Der Normenausschuß der deutschen Industrie und seine Beziehungen zur Chemie«, Zeitschrift für angewandte Chemie 1918, Bd. I, S. 77.

[4]) Haier, »Über Normalisierung und ihre Bedeutung für die Fertigung von Heergerät«, Mitteilungen des Nadi, Januar 1918, S. 10.

[5]) Z. d. V D. I., 19. X. 1918, S. 734.

[6]) P. Wölfel, »Deutsche Industrienormen«, Sozialtechnik, Januar 1918, S. 2. — »Vereinheitlichungsbestrebungen in der Nautik«, Der Betrieb, Okt 1918, Heft 1

Einen Begriff von den vielfachen Beziehungen zwischen
Vereinheitlichung und Wirtschaftsleben mag die auf Bestellung
erfolgende Anfertigung eines Elektromotors geben, bei der einmal
in großen Zügen die vorläufig zum Teil noch in der Zukunft
liegenden Berührungspunkte mit dem Normungsgedanken gezeigt werden sollen.

| | |
|---|---|
| A) Angebot. | Normalkataloge. |
| B) Bestellung. | |
| 1. Wahl der Spannung | entsprechend den Reichsnormalspannungen. |
| 2. Wahl der Leistung | nach den Normaltypen. Angabe einheitlich in kw. |
| 3. Wahl der Tourenzahl | normal, entsprechend der Größe, unter Umständen Langsam- oder Schnelläufer zur Auswahl. |
| 4. Wellendurchmesser und Riemenscheibe | normal. |
| 5. Höhe der Welle und Fundamentschraubenabstände | normal. |
| 6. Lieferbedingungen | normal. |
| 7. Lieferzeit | bei normalen Fabrikaten ab Vorrat. |
| C) Konstruktionsentwurf, unter der Annahme, daß die Zeichnungen angefertigt werden müssen. | |
| 1. Zeichenblätter | normale Formate. |
| 2. Beschriftung und Strichstärken | nach Normalien. |
| 3. Maschinenelemente wie Schrauben, Keile, Büchsen, Lager, Wellen usw. | normalisiert. |
| 4. Kupferabmessungen für die Wicklungen | normalisiert. |
| 5. Hauptabmessungen wie Wellenhöhe und Stärke, dsgl. Fundamentschraubenabstände | normalisiert. |

D) Materialbeschaffung.
1. Lieferbedingungen     normal.
2. Materialeigenschaften     normal.
E) Fabrikation.
1. Normale Maschinenelemente     ab Lager.
2. Sonstige Teile bei Typenware     Massenfabrikation auf Spezialmaschinen.
F) Kalkulation     nach bestimmten Normen, um Preisunterbietungen auszuschließen.
G) Abnahme     nach Normalprüfungsvorschriften.

Rechnet man hierzu noch die normalen Anstellungsverträge der Angestellten, die Tarifverträge mit den Arbeitern, die Normalunfallverhütungsvorschriften im Betriebe usw. so ist wohl ersichtlich, welch ungeheueres Werk im Normenausschuß geleistet werden soll.

## Die Wege zur Erreichung der Ziele.

Die oben angedeuteten Aufgaben versucht der Normenausschuß der deutschen Industrie nun in der Weise zu lösen, daß er die Ergebnisse seiner für die Erledigung der zahllosen auftauchenden Fragen eingesetzten Arbeitsausschüsse (s. S. 98) auf Normblättern von einheitlicher Form veröffentlicht und alle diese Normen mit einheitlichem Gewande in ein Normensammelwerk einordnet. Da jene beweglich sein sollen, um sich der Entwicklung anzupassen, will der Ausschuß bis auf die, welche geeicht werden müssen, wie Gewinde, Normaltemperatur usw. von einer gesetzlichen Festlegung absehen[1]. Die Einteilung in allgemeine Normen, wie sie mehrere Industriezweige benötigen, und Sondernormen, wie sie nur Spezialindustrien verwenden, oder in Stamm- und Gruppennormen für Einzelteile und Fabrikate höherer Ordnung sowie die systematische Gliederung des umfangreichen Gesamtwerkes ist Aufgabe des Ausschusses für Normensystematik, der Hand in Hand mit dem die Normensammlung und Literatur-

[1] G. Schlesinger, »Praktische Ergebnisse der Normalisierung«, Z. d. V. D. I., 14. XII. 1918, S. 889.

126

zusammenstellung besorgenden Ausschuß für Normenforschung arbeitet. Die Übersicht der S. 98 über die Arbeitsausschüsse zeigt, welche Gebiete ferner vom Normenausschuß der Deutschen Industrie in Angriff genommen worden sind. Inzwischen haben weite Kreise den Vereinheitlichungsgedanken aufgegriffen und ihrerseits Ausschüsse gebildet, so daß der Normenausschuß sich mehr und mehr auf die die ganzen Bestrebungen zusammenfassende und zwischen den Einzelstellen vermittelnde Tätigkeit einer Zentralstelle beschränken muß.

So haben die Lokomotivfabriken am 7. II. 1918 in Anlehnung an den Normenausschuß der Deutschen Industrie den »Allgemeinen-Normenausschuß« — Alna — gegründet, aus dem durch Wahl der Arbeitsausschuß Elna hervorging, mit der Aufgabe, die Arbeitsverteilung vorzunehmen und sich mit den Staatsbahnbehörden in Verbindung zu setzen. Der Ausschuß hat über den Umfang seiner Arbeiten folgendes Programm aufgestellt[1]):

a) nicht bearbeitet werden sollen Teile, welche durch die deutschen Industrie-Normen festgelegt werden; es soll vielmehr hier nur eine Prüfung stattfinden, wie weit für die Zwecke des Lokomotivbaues eine Kürzung oder eine Auswahl stattfinden kann,

b) nicht genormt werden sollen ganze Lokomotiven; doch sollen neue Staatsbahnentwürfe, sobald die Bauweise spruchreif wird, gemeinsam besprochen werden, um in großen Zügen die Anlehnung an Vorhandenes, zweckmäßige Bauweise mit Rücksicht auf Herstellung usw. zu prüfen.

Gedacht wird auch daran, auf dem besonderen Gebiete des Dampflokomotivbaues für Werkbahnen und Bauunternehmungen ganze Lokomotiven zu normen derart, daß einzelne Firmen nur einzelne Typen bauen und der Gesamtverkauf dieser Lokomotiven einem Zentralverkaufsbureau übertragen wird. Jedoch bleibt die Bearbeitung dieser Frage einer späteren Zeit vorbehalten.

c) genormt werden soll das ganze Gebiet zwischen den Gruppen a) und b). Dazu gehört auch als erste Arbeit die Festsetzung einer einheitlichen Bezeichnungsweise[2]) der Lokomotiv-

---

[1]) Doeppner, »Vereinheitlichung im Lokomotivbau«, Mitteilungen des Nadi 1918, Heft 4, S. 61.
[2]) P. Wölfel, »Deutsche Industrie-Normen«, Sozialtechnik, Januar 1918, S. 1.

teile, die gerade auf diesem Gebiete des Maschinenbaues angesichts der vorhandenen unglaublichen Mannigfaltigkeit der Ausdrücke für das gleiche Stück im Interesse der Vereinfachung des geschäftlichen Verkehrs von großer Wichtigkeit ist. Um lückenlose Arbeit zu schaffen, ist die Bearbeitung so im Gange, daß ein vollständiges Verzeichnis aller zur Dampflokomotive gehörenden Einzelteile mit den endgültig festgesetzten Bezeichnungen aufgestellt wird, das, wo zur Veranschaulichung erforderlich, auch mit Skizzen fraglicher Teile versehen ist. In Zweifelsfällen soll auch mit dem A. A. für Benennungen im Normenausschuß der deutschen Industrie Fühlung genommen werden. Dieses Verzeichnis soll vervielfältigt und allen Interessenten an Dampflokomotiven zugestellt werden. Die Vereinheitlichung der in das Gebiet c) fallenden Teile soll sich erstrecken auf Staatsbahnlokomotiven Nord- und Süd-Deutschlands, auf Militär-, Kleinbahn-, Industrie- und Baulokomotiven.

Der Arbeitsplan ist folgendermaßen festgesetzt:

1. Aufstellung der Liste der zu normenden Teile sowie Aufstellung einer einheitlichen Gruppeneinteilung,

2. Verteilung der Arbeiten auf die einzelnen Firmen, wobei wegen des Umfanges des Stoffes auf die Mitarbeit aller Firmen gerechnet wird,

3. jede Firma, welche eine Gruppe von Einzelteilen zur Bearbeitung übernommen hat, fordert von sämtlichen Firmen die zeichnerischen Unterlagen ein,

4. sie stellt diese Unterlagen in einer übersichtlichen Form zusammen,

5. darauf macht sie ihre Vorschläge zur Vereinfachung und zur Vereinheitlichung und sendet diese an sämtliche Firmen zur Rückäußerung,

6. nach Eingang dieser Rückäußerungen erfolgt die Vorlage der ganzen Unterlagen nebst den Rückäußerungen an den Elna und von diesem Begründung der Vorschläge über Vereinheitlichung durch die bearbeitende Firma,

7. nach erfolgter Durchberatung im Elna, wenn nötig, nochmalige Durcharbeitung seitens der bearbeitenden Firma,

8. hierauf endgültige Beschlußfassung im Elna und Zusendung der Beschlüsse an alle Firmen,

9. endgültige Beschlußfassung im Alna,

10. Unterbreitung an die Behörden, mit denen schon vorher Fühlung genommen ist.

An zweiter Stelle wären die Bemühungen des Vereins deutscher Gießereifachleute zu nennen, eine Vereinheitlichung der gußeisernen Kanalisationsgegenstände herbeizuführen. Die Zustände hier spotteten jeder Beschreibung; nicht nur jede Stadt hatte hierfür bisher ihre eigenen Vorschriften, sondern oft zog sogar ein Personalwechsel im Tiefbauamt einen Wechsel in den Kanalisationsformen nach sich. Es ist ein Ausschuß gebildet worden, der nach Verbreiterung seiner Basis durch Zuwahl von Vertretern aus den Verbraucherkreisen[1])

1. Schachtabdeckungen für Bürgersteige,

2. » » Revisionsschächte und Hausentwässerung,

3. Abdeckungen für leichten und Fuhrwerksverkehr,

4. schwere Schachtabdeckungen,

5. Entlüftungsabdeckungen,

6. Lampenlochabdeckungen,

7. Steigeisen,

8. Sinkkastenaufsätze

normalisieren soll.

Der Schiffbau hatte die Anregung zu einer umfassenden Normenbildung bereits im Frühjahr 1917 gegeben, zumal Anfänge hierfür schon seit längerer Zeit in den einzelnen größeren Werften und Reedereien bestanden[2]). Im Anschluß an einen von dem Oberingenieur Büsing der Werft von Joh. C. Tecklenborg in Geestemünde gehaltenen Vortrag hatte der Unterweser Bezirksverein deutscher Ingenieure in den Bezirksvereinen die Bildung von Schiffbau-Normen-Ausschüssen angeregt. Der Vorschlag kam in dieser Form zwar nicht zur Durchführung, dafür wurde er von dem Verein deutscher Schiffswerften und dem Kriegsausschuß der deutschen Reederei aufgenommen. Diese

---

[1]) F. Bock, »Vereinheitlichung von Kanalisationsgegenständen«, Mitteilungen des Nadi 1918, Heft 4, S. 63.

[2]) O. Lienau, »Gedanken über wirtschaftliche Fertigung im Schiffbau«, Mitteilungen des A. w. F., Dez. 1918, S. 2.

bildeten am 19. VI. 1917 in Hamburg[1]) einen Handelsschiff-normalien-Ausschuß, in dessen Ergänzung das Reichsmarine-amt eine Marine-Normen-Kommission allerdings nur für den Maschinenbau bereits im Dezember 1916 geschaffen hatte. 10 Vertreter der Werften, 5 Vertreter der Reedereien und 2 Vertreter des Germanischen Lloyd gehören dem ersteren als stimmberechtigte Mitglieder an. Von der Normung ganzer Schiffe, also der Typisierung, die auch vor dem Kriege bis auf den Fischdampferbau verschwindend war[2]), hat man vorerst abgesehen; dsgl. will man sich auf den Frachtdampferbau in der Hauptsache beschränken[3]). Vereinheitlicht sollen zunächst all die unendlich vielseitigen Einzelteile werden, wie[4]):

Poller, Klampen und Klüsen,
Lifter: Lifterknöpfe, -rohre und -stutzen, Schwanenhälse u. a.,
Fenster: Seitenfenster, Deckgläser, Oberlichtgläser,
Beschläge für Einrichtung: Schlosserei, Hänge, Halter u. a.,
Beschläge für Ausrüstung: Lukenverschlüsse, Steigeisen, Treppen, wasserdichte Verschlüsse,
Ladegeschirr: Ladeböcke, -haken, Lösch- und Leiträder,
Takelage: Wantenschrauben, Schäkel, Haken,
Geländerstützen, Sonnensegelstützen,
Decksverschraubungen, Bordstützen, Speigatten,
Backstische und -bänke,
Kojen, Waschtische, Mannschaftsspinde,
Allgemeine gesundheitliche und Wirtschaftseinrichtungen,
Rettungsboote mit Inventar u. a. m.

---

[1]) Sütterlin, »Ein Jahr Tätigkeit des Handelsschiff-Normenausschusses«, Mitteilungen des Nadi 1918, Heft 10, S. 143. — Grambow, »Der Handelsschiff-Normalienausschuß«, Mitteilungen des Nadi 1918, S. 81.
[2]) O. Lienau, »Neue Anwendungsgebiete der Massenfabrikation. im Handelsschiffbau«, Technik und Wirtschaft 1911, S. 373. »Professor Lienau gibt an, daß z. B. 1910 118 Seeschiffe von über 50 m Länge im Bau waren, die etwa 60 Typen darstellten. Die durchschnittliche Höchstzahl eines mehrfach gebauten Types war in den letzten Jahren 3—4 Stück.«
[3]) W. Kreul, »Die Wiederherstellung der deutschen Handelsflotte«, Stahl und Eisen 1918, S. 130.
[4]) Kühn, »Vereinheitlichung für den deutschen Handelsschiffbau«, Mitteilungen des Nadi 1918, Heft 4, S. 64.

Nach einjähriger Tätigkeit hatte der Handelsschiff-Normen-Ausschuß bereits 43 Normenblätter herausgegeben, die allerdings z. T. die gleichen Gebiete behandeln, wie sie bereits der Normenausschuß der Deutschen Industrie in Angriff genommen hatte. Ob hier bei den Einheitsdurchmessern, Einheitsgewinden, den Flanschen usw., die im Interesse der Volkswirtschaft erforderliche Übereinstimmung mit den D-J-Normen gewahrt ist, muß allerdings dahingestellt bleiben. Das einheitliche Gewand zwecks Einordnung in das deutsche Normensammelwerk wird infolge der Priorität der Bestrebungen des HNA gleichfalls kaum bereits vorliegen. Sache des Normenausschusses der deutschen Industrie wird es ev. sein, hier seine Autorität durchzusetzen, um auch diesen Partikularismus zu beseitigen.

Unter den weiteren aus der Industrie heraus entstandenen, mit dem Normenausschuß der deutschen Industrie jedoch zusammenarbeitenden Sondernormenausschüssen wären zu nennen: der Kraftwagennormalienausschuß, der Ausschuß für Normen der Feinmechanik, des Bauwesens, des landwirtschaftlichen Maschinenbaues, der Papierindustrie[1]), der Keramik und der Vorschriften für Unfallverhütung[2]).

Der letztere wurde im Anschluß an die 23. Hauptversammlung des Vereins deutscher Revisions-Ingenieure am 27. IX. 1918 in Coburg gegründet und soll aus der unzähligen Menge von Schutzvorrichtungen die zweckmäßigsten herausgreifen, um sie in Form von D-J-Normen der Allgemeinheit zugänglich zu machen. Das Material für die Arbeiten soll von den Berufsgenossenschaften und den zuständigen Industriezweigen eingeholt werden. Bearbeitet werden zunächst Transmissionen, Zahnräder, Pressen, Sprengstoffzünder, Gas-Stahlflaschenkennzeichnung usw.

In noch engerer Beziehung zum Normenausschuß der deutschen Industrie steht der am 4. V. 1918 in Berlin von Vertretern der Feinmechanik und Optik, Uhren- und Schwachstromtechnik, der Physikalisch-Technischen Reichsanstalt, der deutschen Gesellschaft für Mechanik und Optik, des Verbandes deut-

---

[1]) »Normenausschuß der deutschen Industrie«, Z. d. V. D. J., 19. X. 1918, S. 7.

[2]) P. Wölfel, »Fachausschuß für Unfallverhütungsnormen«, Mitteilungen des Nadi 1919, Heft 1, S. 52.

scher Elektrotechniker, des Deutschen Uhrmacherverbandes und der Deutschen Uhrmachergenossenschaft gegründete Ausschuß für Normen der Feinmechanik — ANF —. Unterausschüsse für[1]):

Gewinde der Feinmechanik,
Schrauben- und Mutterformen,
Zahnräder, Zahntriebe und Zahnstangen,
Bedienungselemente,
Werkzeuge,
Photographische Bedarfsartikel[2]),
Brillenoptik

sollen vereinheitlichend in der Überfülle von Erscheinungsformen gerade auf diesem Gebiete wirken und so die schon vor 20 und 30 Jahren von der Deutschen Gesellschaft für Mechanik und Optik begonnenen Arbeiten zur Vereinheitlichung der Mechaniker-Messingrohre und -gewinde fortsetzen[3]). Man denke nur an die zahllosen anormalen Gewindearten für Objektive, Stative, elektrische Instrumente, die vielartigen Kopf- und Mutterformen, die Bedienungselemente für Apparate und Instrumente, Vierkante für Laufwerksachsen, Aufzieh- und Stellschlüssel für Uhrwerke, Zahnräder und Zahnstangen für Feinmechanik und Uhrentechnik, Bewegungsmechanismen, Gebrauchswerkzeuge, Kamerateile, Blenden, Platten, Kassetten[4]), Papierformate usw.

Von größter Bedeutung angesichts des großen allseitigen Wohnungsmangels ist die Gründung des Normenausschusses für das Bauwesen am 16. V. 1918. Er hat es sich zugunsten der Baubeschleunigung und Baukostenherabsetzung zum Ziel gesetzt, neben all den Einzelteilen wie Fenster, Türen, Treppen, Decken,

---

[1]) »Ausschuß für Normen der Feinmechanik«, Mitteilungen des Nadi 1918, Heft 6, S. 86.

[2]) »Normenausschuß für die Photographische Industrie«, Die Photographische Industrie, 3. IV. 1918, Nr. 14.

[3]) »Bericht über den Stand der Arbeiten des Normenausschusses der deutschen Industrie«, Z. d. V. D. I., 26. X. 1918, S. 754.

[4]) Leifer, »Der Normenausschuß der deutschen Feinmechanik«, Zeitschrift der Deutschen Gesellschaft für Mechanik und Optik, 15. VII. 1918, S. 76.

Beschlägen, Leitungsanlagen usw. selbst ganze Häuser zu vereinheitlichen[1]). Der Normenausschuß des Deutschen Präzisionswerkzeugverbandes beabsichtigt die Vereinheitlichung der Abmessungen von Gewindebohrern, Schneideisen, Reibahlen, Senkern, Lehrbolzen, Aufsteckbolzen usw., der Deutsche Spiralbohrerverband will die Bohrer normalisieren, der Verein Deutscher Schleifmittelwerke die Schleifscheiben[2]), der Ausschuß des Bergischen Fabrikanten-Vereines die Werkzeuge, wie Äxte, Beile, Zangen, Meißel usw., und das Werkzeug- und Stahlkontor Remscheid hat bereits die Zahl der Feilen, angeregt durch das Wumba, auf etwa 30% vermindert[3]), wodurch gleichzeitig die Zahl der Stabstahlprofile wesentlich eingeschränkt wurde und unter den Walzwerken eine Spezialisierung eintreten konnte[4]).

Die Gründung des »Normenausschusses für landwirtschaftliche Maschinen und Geräte« ist auf die Veranlassung des Ausschusses für wirtschaftliche Fertigung zurückzuführen[5]). Neben der Normalisierung von Einzelteilen sollen auch einheitliche Abnahmevorschriften festgelegt sowie die Fragen der Typisierung und Spezialisierung geklärt werden. Schließlich mögen noch die Ziele des am 21. VI. 1918 zusammengetretenen »Zentralausschusses für Normung und Typisierung in der keramischen Industrie« erwähnt werden. Vertreter der einzelnen Sondergebiete, des Normenausschusses der deutschen In-

---

[1]) Gehler, »Vereinfachung im Bauwesen«, Mitteilungen des Nadi 1918, Heft 6, S. 92. — A. Bernoully, »Deutsche Normen für einheitliche Lieferung und Prüfung von Mauerziegeln«, Tonindustrie-Zeitung 1918, Nr. 77, S. 357. — »Einheitsformen zu Kleinwohnungshäusern in den Mittel- und Kleinstädten sowie in Landgemeinden«, Sächs. Normenhefte, Heft 1/2. — Paul Schmitt, »Normalbauwerke bei Städtekanalisationen«. — Gehler, »Normalisierung im Bauwesen«, Reichsverband zur Förderung sparsamer Bauweise 1919, S. 29.

[2]) Jos. Reindl, »Zur Vereinheitlichung der Werkzeugschleifscheiben«, Werkstatttechnik 1917, S. 241.

[3]) Genest, »Vereinheitlichung von Werkzeugen beim Werkzeug- und Stahlkontor Remscheid«, Mitteilungen des Nadi 1918, S. 83.

[4]) »Bericht über den Stand der Arbeiten des Normenausschusses der deutschen Industrie«, Z. d. V. D. I., 26. X. 1918, S. 754.

[5]) »Spezialisierung und Typisierung in einzelnen Industriezweigen«, Der Betrieb, Okt. 1918, Heft 1.

dustrie, des Materialprüfungsamtes, der keramischen Fach-
schulen sowie der Chemisch-Technischen Versuchsanstalten kamen
überein, einheitliche Richtlinien für die Werkstoffe[1]) aufzustellen, die Typenzahlen von Schüsseln, Töpfen, Eimern, Krügen,
Kannen, Bechern, Tassen, Flaschen, Dosen usw. erheblich einzuschränken, für Neuanfertigungen Normalien aufzustellen usf.[2]).

## Werdegang eines Normblattes.

Wie kommt nun irgendeine Norm des Normenausschusses
der deutschen Industrie zustande? Als Beispiel möge unter
Zugrundelegung des folgenden Schemas das erste fertiggestellte
Normblatt für Kegelstifte dienen[3]) (siehe Abb. 2).

Die Vorarbeiten wurden bereits unter dem »Normalienausschuß für den deutschen Maschinenbau« im Fabrikationsbureau zu Spandau durchgeführt.

Man ermittelte aus den vorhandenen Normenbüchern einer
Anzahl führender Firmen die Abmessungen der Kegelstifte, mit
deren Vereinheitlichung begonnen werden sollte.

Abbild. 3[4]) zeigt die tabellarische Darstellung dieser Arbeit,
wobei die kleinen Kreise die Durchmesser kennzeichnen, die mit
dem Fabovorschlag übereinstimmten. Die 12 in der Zusammenstellung aufgeführten Firmen benutzen, bis auf die Siemens-
Schuckert-Werke und Richard Weber, sämtlich den Kegel 1:50,
während die beiden letzteren noch außerdem 3:100 und 1:48
führen. Beide waren aber bereit, im Interesse der Vereinheitlichung hierauf zu verzichten.

Die Diagramme 4 und 5[4]) zeigen die graphische Darstellung
der Durchmesserreihe und beweisen, daß die für jede Normungs-
arbeit zu fordernde Gesetzmäßigkeit vorhanden ist. $d$ ist hierbei der Durchmesser am schwächeren Ende und $z$ bezeichnet

---

[1]) F. Singer, »Die Bedeutung der D-J-Normen für die Keramik«,
Mitteilungen des Nadi 1918, Heft 12, S. 224.

[2]) »Spezialisierung und Typisierung in der keramischen Industrie«,
Mitteilungen des A. w. F. 1919, Heft 1, S. 4.

[3]) Toussaint, »Genehmigte Normblätter: Kegelstifte«, Mitteilungen
des Nadi 1918, Heft 3 u. 4. — O. Müller, »Kegelstifte«, Mitteilungen
des Nadi 1918, Heft 3, S. 50.

[4]) Siehe Anmerkung 1, S. 37.

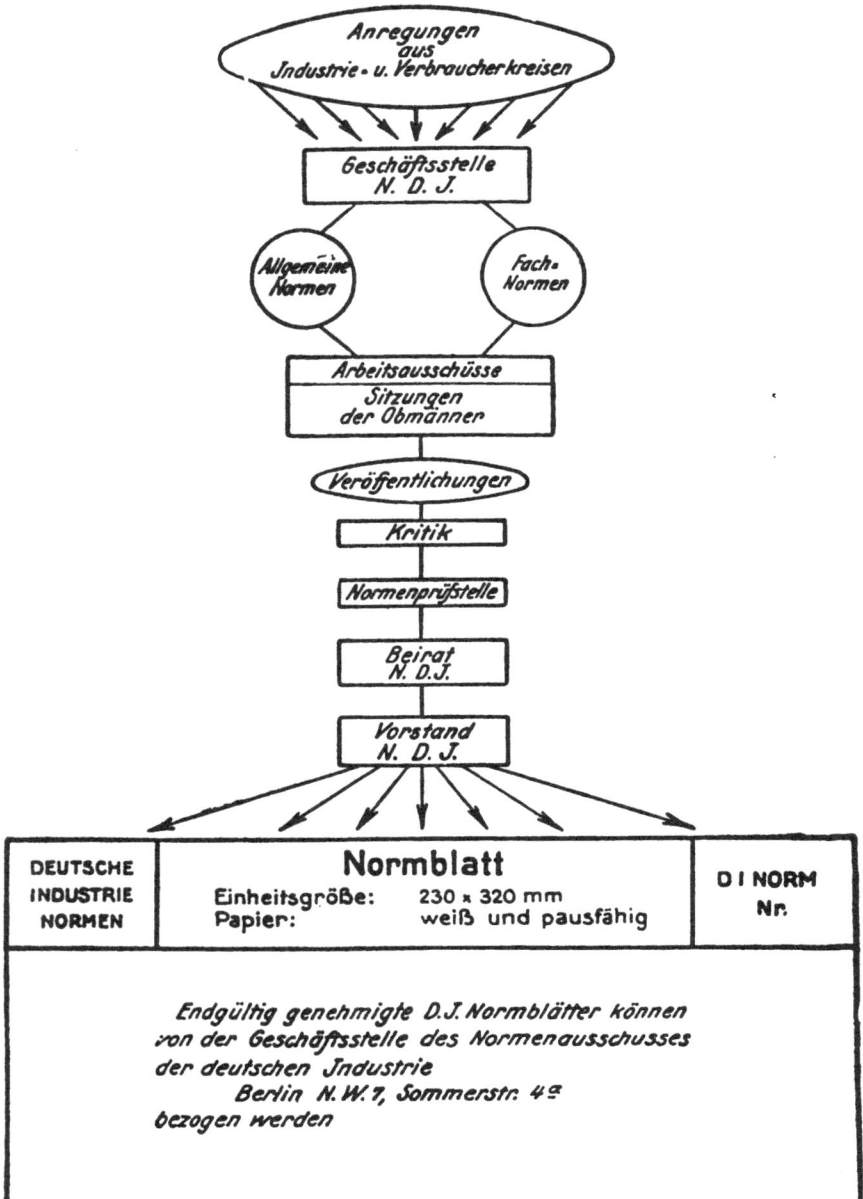

Abhild. 2.

Durchmesser der konischen Stifte

Konus 1:50

Untenstehende Firmen verwenden die mit O versehenen Durchmesser
Kleine Abweichungen sind für stärkere Stifte eingetragen.

| Fabo= Normalien $d=$ | 2,5 | 3 | 4 | 5 | 5,5 | 8 | 10 | 12,5 | 15,5 | 20 | 25 | 30 |
|---|---|---|---|---|---|---|---|---|---|---|---|---|
| L. Löwe u.Co. | o | o | o | o | o | o | o | o | o | | | |
| A.E.G. | o | o | o | o | o | o | o | o | o | | | |
| R. Wolf | o | o | o | o | o | o | o | o | o | | | |
| Gute Hoffnungshütte | o | o | o | o | o | o | o | o | o | o | o | o |
| Krupp, G.-W. | | o | o | o | o | o | o | o | o | | | |
| Hanomag | o | o | o | o | o | o | o | | | | | |
| Verkehrstechnisch. Prüfungs-Kommis. | o | o | o | o | o | o | | | | | | |
| Maschinenfabrik Augsburg-Nürnberg | o | o | | | | | o | o | o | 19,5 | 24 | 25 |
| Fr. Werner. | | o | o | o | | o | o | | | | | |
| Reinecker | | o· | o | o | | | o | | | | | |
| A. Borsig. | | | | | | o | o | 13 | 16 | o | o | o |
| Henschel u. Sohn. | o | o | o | o | | o | o | o | 15 | o | | |

o = vorhanden    Konus 1:48 R. Weber.
* 3:100 Siemens-Schuckert-Werke.

Abbild. 3.

die Nummer des Stiftes. In 6[1]) sind schließlich die normalisierten
Paßstifte zusammengestellt, wobei durch Fortlassung von Nummern einem später auftretenden Bedarf Raum gelassen werden
soll[2]).

Am 18. V. 1917 wurde eine Reihe von Vertretern der beteiligten Behörden und Industriegruppen vom Fabo nach Spandau
zu einer Sitzung eingeladen, in der ihnen unter Darlegung ihres

[1]) Siehe Anmerkung 1 S. 37.

[2]) »Bericht über den Stand der Normalisierungsbestrebungen im
deutschen Maschinenbau«, Mitteilungen des Augsburger Bezirks-
Vereins Deutscher Ingenieure, 25. IV. 1918.

Abstufung der Stift-Durchmesser.
Konus 1:50.

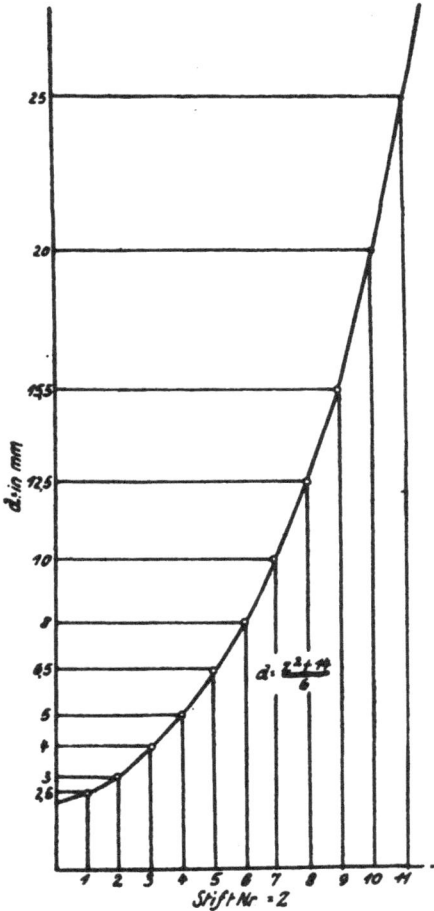

Abb. 4.

Entwicklungsganges die obigen Tabellen vorgelegt wurden. Eine eingehende Erörterung führte zur Annahme folgender Vereinbarungen:

1. in Zukunft soll nur noch der Kegel 1:50 Verwendung finden,

2. die Bezeichnung der Stifte bezieht sich auf die Abmessungen des dünneren Endes,

3. es sollen in die Normalien Vorschriften über den Werkstoff und die Bearbeitung der Stifte aufgenommen werden,

4. zur Angabe der Gewichte der Stifte ist eine zweite Tafel auszuarbeiten.

Die Erledigung der Vorschläge wurde einem Arbeitsausschuß übertragen, der sich unter Prof. Toussaint als Obmann aus folgenden Herren zusammensetzte[1]):

| Ing. Bahr | Siemens-Schuckert-Werke G. m. b. H., Berlin, |
| » Damm | Gutehoffnungshütte, Sterkrade, |

[1]) Toussaint, »Genehmigte Normblätter: Kegelstifte«, Mitteilungen des Nadi 1918, Heft 3, S. 41.

## Grenzlängen der Stifte. Konus 1:50.

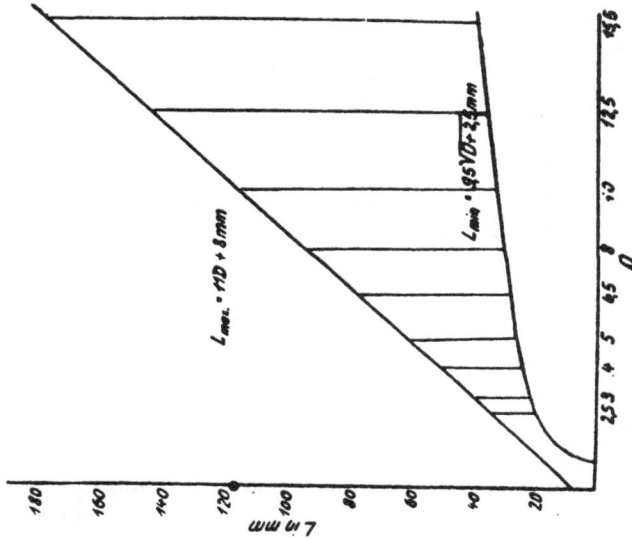

$L_{max.} = 11 D + 8\,mm$

$L_{min} = 195\sqrt{D} + 25\,mm$

Abb. 5.

## Konische Stifte. Konus 1:50.

| L | \multicolumn{12}{c}{Durchmesser = d} |
|---|---|---|---|---|---|---|---|---|---|---|---|---|
|    | 2,5 | 3 | 4 | 5 | 6,5 | 8 | 10 | 12,5 | 15,9 | 20 | 25 | 30 |
| 20 | 1 | | | | | | | | | | | |
| 22 | 2 | 9 | | | | | | | | | | |
| 24 | 3 | 10 | 18 | | | | | | | | | |
| 26 | 4 | 11 | 19 | 28 | | | | | | | | |
| 28 | 5 | 12 | 20 | 29 | 39 | | | | | | | |
| 30 | 6 | 13 | 21 | 30 | 40 | 52 | | | | | | |
| 32 | 7 | 14 | 22 | 31 | 41 | 53 | 66 | | | | | |
| 36 | 8 | 15 | 23 | 32 | 42 | 54 | 67 | | | | | |
| 40 | | 16 | 24 | 33 | 43 | 55 | 69 | 81 | | | | |
| 45 | | | 25 | 34 | 44 | 56 | 70 | 82 | 98 | | | |
| 50 | | | 26 | 35 | 45 | 57 | 71 | 83 | 99 | 118 | | |
| 55 | | | | 36 | 46 | 58 | 72 | 84 | 100 | 119 | | |
| 60 | | | | 37 | 47 | 59 | 73 | 85 | 101 | 120 | 140 | |
| 70 | | | | | 48 | 60 | 74 | 86 | 102 | 121 | 141 | 160 |
| 80 | | | | | 49 | 61 | 75 | 87 | 103 | 122 | 142 | 161 |
| 90 | | | | | | 62 | 76 | 88 | 104 | 123 | 143 | 162 |
| 100 | | | | | | 63 | 77 | 89 | 105 | 124 | 144 | 163 |
| 110 | | | | | | | 78 | 90 | 106 | 125 | 145 | 164 |
| 120 | | | | | | | | 91 | 107 | 126 | 146 | 165 |
| 130 | | | | | | | | 92 | 108 | 127 | 147 | 166 |
| 140 | | | | | | | | 93 | 109 | 128 | 148 | 167 |
| 150 | | | | | | | | 94 | 110 | 129 | 149 | 168 |
| 165 | | | | | | | | 95 | 111 | 130 | 150 | 170 |
| 180 | | | | | | | | | 112 | 131 | 151 | 171 |
| 200 | | | | | | | | | 113 | 132 | 152 | 172 |
|     | | | | | | | | | | 133 | 153 | 173 |

Abb. 6.

| | |
|---|---|
| Ing. Goller | Opt. Anstalt C. P. Goerz A.-G., Berlin, |
| » Grawert | Ludwig Loewe & Co. A.-G., Berlin, |
| » Joeres | Ernst Schieß A.-G., Düsseldorf, |
| Obering. Krause | Bamag, Berlin, |
| Marineoberbaurat Krell | Reichsmarine-Amt, Berlin, |
| Ing. Maier | A. E. G., Berlin, |
| Prok. Reindl | Schuchardt & Schütte, Berlin, |
| Obering. Richter | M. A. N., Nürnberg, |
| Reg.-Baumstr. Riemann | Richard Weber & Co., Berlin, |
| Obering. Salingré | A. Borsig, Tegel, |
| » Schmitt | Alfred H. Schütte, Cöln-Deutz, |
| » Uhlich | J. C. Reinecker A.-G., Chemnitz. |

In der ersten Sitzung des Arbeitsausschusses wurde beschlossen, nachfolgenden Fragebogen an die Industrie zu versenden:

Frage 1. Gründe für Normalisierung: Liegen grundsätzliche Einwendungen vor gegen eine Normalisierung der Paßstifte?

» 2. Kegel: Bestehen Gründe dafür, außer oder anstatt des vorgeschlagenen Verhältnisses von Durchmesserzunahme : Länge = 1:50 noch andere vorzusehen? Welche Abmessungen werden noch vorgeschlagen?

» 3. Festigkeit des Werkstoffes:
Sollen Festsetzungen getroffen werden über die Festigkeit des für die Stifte zu verwendenden Werkstoffes?

» 4. Werkstoff:
Welcher Werkstoff soll für die Stifte verwendet werden? Soll für dünnere Stifte härterer Werkstoff oder gehärtete Ausführung vorgesehen werden? Bei welchem Durchmesser ist die Grenze zu ziehen?

» 5. Untermaß der Stiftlochbohrer:
Wird Untermaß des Bohrers gegenüber dem kleineren Durchmesser des Stiftes gefordert? Welche Untermaße sollen für die verschiedenen Stiftgrößen gelten? Sollen für die Stiftbohrungen durchweg Minusbohrer Verwendung finden?

» 6. Tabelle der Kegelstifte, Abbild. 7 und 8[1]):
Sind Änderungen oder Ergänzungen vorzuschlagen?

---

[1]) Siehe Anmerkung 1 S. 37.

| Normalien für den Deutschen Maschinenbau | Konische Stifte | | | | | | | | | | | | | | | | VDJ Norm 1 |

| L | \multicolumn{18}{c}{Durchmesser = d} |
|---|---|---|---|---|---|---|---|---|---|---|---|---|---|---|---|---|---|---|
|     | 1,0 | 1,25 | 1,6 | 2,0 | 2,5 | 3 | 4 | 5 | 6,5 | 8 | 10 | 13 | 16 | 20 | 25 | 30 | 40 | 50 |
| 10  | 1×10 | 1,25×10 | | | | | | | | | | | | | | | | |
| 12  | 1×12 | 1,25×12 | 1,6×12 | | | | | | | | | | | | | | | |
| 14  | 1×14 | 1,25×14 | 1,6×14 | 2×14 | | | | | | | | | | | | | | |
| 16  | 1×16 | 1,25×16 | 1,6×16 | 2×16 | 2,5×16 | | | | | | | | | | | | | |
| 18  | 1×18 | 1,25×18 | 1,6×18 | 2×18 | 2,5×18 | 3×18 | | | | | | | | | | | | |
| 20  | | 1,25×20 | 1,6×20 | 2×20 | 2,5×20 | 3×20 | 4×20 | | | | | | | | | | | |
| 22  | | 1,25×22 | 1,6×22 | 2×22 | 2,5×22 | 3×22 | 4×22 | 5×22 | | | | | | | | | | |
| 24  | | | 1,6×24 | 2×24 | 2,5×24 | 3×24 | 4×24 | 5×24 | | | | | | | | | | |
| 26  | | | 1,6×26 | 2×26 | 2,5×26 | 3×26 | 4×26 | 5×26 | 6,5×26 | | | | | | | | | |
| 28  | | | | 2×28 | 2,5×28 | 3×28 | 4×28 | 5×28 | 6,5×28 | 8×28 | | | | | | | | |
| 30  | | | | 2×30 | 2,5×30 | 3×30 | 4×30 | 5×30 | 6,5×30 | 8×30 | | | | | | | | |
| 32  | | | | | 2,5×32 | 3×32 | 4×32 | 5×32 | 6,5×32 | 8×32 | 10×32 | | | | | | | |
| 36  | | | | | 2,5×36 | 3×36 | 4×36 | 5×36 | 6,5×36 | 8×36 | 10×36 | 13×36 | | | | | | |
| 40  | | | | | | 3×40 | 4×40 | 5×40 | 6,5×40 | 8×40 | 10×40 | 13×40 | 16×40 | | | | | |
| 45  | | | | | | | 4×45 | 5×45 | 6,5×45 | 8×45 | 10×45 | 13×45 | 16×45 | | | | | |
| 50  | | | | | | | 4×50 | 5×50 | 6,5×50 | 8×50 | 10×50 | 13×50 | 16×50 | 20×50 | | | | |
| 55  | | | | | | | | 5×55 | 6,5×55 | 8×55 | 10×55 | 13×55 | 16×55 | 20×55 | 25×55 | | | |
| 60  | | | | | | | | 5×60 | 6,5×60 | 8×60 | 10×60 | 13×60 | 16×60 | 20×60 | 25×60 | 30×60 | | |
| 70  | | | | | | | | | 6,5×70 | 8×70 | 10×70 | 13×70 | 16×70 | 20×70 | 25×70 | 30×70 | 40×70 | |
| 80  | | | | | | | | | 6,5×80 | 8×80 | 10×80 | 13×80 | 16×80 | 20×80 | 25×80 | 30×80 | 40×80 | 50×80 |
| 90  | | | | | | | | | | 8×90 | 10×90 | 13×90 | 16×90 | 20×90 | 25×90 | 30×90 | 40×90 | 50×90 |
| 100 | | | | | | | | | | 8×100 | 10×100 | 13×100 | 16×100 | 20×100 | 25×100 | 30×100 | 40×100 | 50×100 |
| 110 | | | | | | | | | | | 10×110 | 13×110 | 16×110 | 20×110 | 25×110 | 30×110 | 40×110 | 50×110 |
| 120 | | | | | | | | | | | 10×120 | 13×120 | 16×120 | 20×120 | 25×120 | 30×120 | 40×120 | 50×120 |
| 130 | | | | | | | | | | | | 13×130 | 16×130 | 20×130 | 25×130 | 30×130 | 40×130 | 50×130 |
| 140 | | | | | | | | | | | | 13×140 | 16×140 | 20×140 | 25×140 | 30×140 | 40×140 | 50×140 |
| 150 | | | | | | | | | | | | 13×150 | 16×150 | 20×150 | 25×150 | 30×150 | 40×150 | 50×150 |
| 165 | | | | | | | | | | | | | 16×165 | 20×165 | 25×165 | 30×165 | 40×165 | 50×165 |
| 180 | | | | | | | | | | | | | 16×180 | 20×180 | 25×180 | 30×180 | 40×180 | 50×180 |
| 200 | | | | | | | | | | | | | | 20×200 | 25×200 | 30×200 | 40×200 | 50×200 |
| 230 | | | | | | | | | | | | | | 20×230 | 25×230 | 30×230 | 40×230 | 50×230 |
| 260 | | | | | | | | | | | | | | | 25×260 | 30×260 | 40×260 | 50×260 |

<u>Vorteile:</u> Massenfertigung der Stifte und der zugehörigen Reibahlen.

Größere Genauigkeit

Schnellere und billigere Beschaffung.

Beschränkung der Lagervorräte

Abbild. 7.

Gewichte der Kegelstifte.

| L | Durchmesser : d | | | | | | | | | | | | | | | | | |
|---|---|---|---|---|---|---|---|---|---|---|---|---|---|---|---|---|---|---|
|   | 1.0 | 1.25 | 1.6 | 2.0 | 2.5 | 3 | 4 | 5 | 6.5 | 8 | 10 | 13 | 16 | 20 | 25 | 30 | 40 | 50 |
| 10 | 0.075 | 0.10 | | | | | | | | | | | | | | | | |
| 12 | 0.091 | 0.12 | 0.19 | | | | | | | | | | | | | | | |
| 14 | 0.11 | 0.14 | 0.22 | 0.35 | | | | | | | | | | | | | | |
| 16 | 0.13 | 0.10 | 0.25 | 0.45 | 0.68 | | | | | | | | | | | | | |
| 18 | 0.15 | 0.18 | 0.28 | 0.52 | 0.80 | 1.1 | | | | | | | | | | | | |
| 20 | | 0.20 | 0.32 | 0.59 | 0.89 | 1.25 | 2.2 | | | | | | | | | | | |
| 22 | | 0.22 | 0.35 | 0.66 | 0.99 | 1.4 | 2.4 | 3.7 | | | | | | | | | | |
| 24 | | | 0.39 | 0.73 | 1.10 | 1.55 | 2.7 | 4.0 | | | | | | | | | | |
| 26 | | | 0.42 | 0.81 | 1.23 | 1.7 | 2.9 | 4.35 | 7.15 | | | | | | | | | |
| 28 | | | | 0.89 | 1.35 | 1.86 | 3.2 | 4.7 | 7.9 | 11.8 | | | | | | | | |
| 30 | | | | 0.98 | 1.45 | 2.05 | 3.4 | 5.15 | 8.5 | 12.8 | | | | | | | | |
| 32 | | | | | 1.58 | 2.2 | 3.7 | 5.55 | 9.4 | 13.8 | 24.5 | | | | | | | |
| 36 | | | | | 2.08 | 2.55 | 4.2 | 6.3 | 10.3 | 15.4 | 23.2 | 39 | | | | | | |
| 40 | | | | | | 2.9 | 4.75 | 7.15 | 11.6 | 17 | 25.6 | 44 | 65 | | | | | |
| 45 | | | | | | | 5.4 | 8.2 | 13.5 | 19.5 | 29.5 | 50 | 74 | | | | | |
| 50 | | | | | | | 6.35 | 9.35 | 15.0 | 22 | 33.4 | 56 | 83 | 128 | | | | |
| 55 | | | | | | | | 10.5 | 16.8 | 24.5 | 37.3 | 61 | 92 | 142 | 220 | | | |
| 60 | | | | | | | | 14.7 | 18.6 | 27 | 44 | 66 | 101 | 150 | 245 | 340 | | |
| 70 | | | | | | | | | 22 | 31.75 | 48.75 | 80 | 119 | 181 | 280 | 400 | 700 | |
| 80 | | | | | | | | | 26 | 36 | 55.5 | 93 | 135 | 242 | 315 | 458 | 840 | 1130 |
| 90 | | | | | | | | | | 43 | 65 | 107 | 159 | 240 | 365 | 520 | 920 | 1430 |
| 100 | | | | | | | | | | 49 | 74 | 120 | 179 | 269 | 405 | 590 | 1030 | 1600 |
| 110 | | | | | | | | | | | 83 | 134 | 199 | 299 | 450 | 650 | 1140 | 1780 |
| 120 | | | | | | | | | | | 92 | 148 | 220 | 330 | 495 | 745 | 1300 | 1930 |
| 130 | | | | | | | | | | | | 162 | 240 | 361 | 540 | 785 | 1360 | 2110 |
| 140 | | | | | | | | | | | | 177 | 261 | 392 | 590 | 850 | 1470 | 2180 |
| 150 | | | | | | | | | | | | 195 | 282 | 433 | 640 | 945 | 1515 | 2250 |
| 165 | | | | | | | | | | | | | 314 | 478 | 700 | 1000 | 1740 | 2700 |
| 180 | | | | | | | | | | | | | 350 | 523 | 785 | 1115 | 1930 | 2960 |
| 200 | | | | | | | | | | | | | | 600 | 895 | 1235 | 2170 | 3300 |
| 230 | | | | | | | | | | | | | | 708 | 1040 | 1385 | 2510 | 3830 |
| 260 | | | | | | | | | | | | | | | 1140 | 1600 | 2850 | 4350 |

Berechnet für ein spez. Gewicht $\gamma = 7,8 \frac{kg}{dcm^3}$
zur Erleichterung der Materialbestellung.

Abbild. 8.

Frage 7. Vereinheitlichung der Stiftreibahlen:
Soll gleichzeitig eine Vereinheitlichung der Stiftlochreibahlen erfolgen?
Welche Vorschläge sind zur Durchführung dieser Erweiterung der Vereinheitlichungsaufgabe zu machen?

» 8. Andere Ausführungsart der Stifte, Abbild. 9 und 10[1]):
Soll neben dem glatten Stift auch noch der mit Abdrückmutter oder -schraube versehene Verwendung finden?
Es wird gebeten, Abänderungsvorschläge für die Ausführungsform auf die Skizzen 1 und 2 der Abbild. 9 zu machen.

---

[1]) Siehe Anmerkung 1, S. 37.

141

Ausführungsformen.

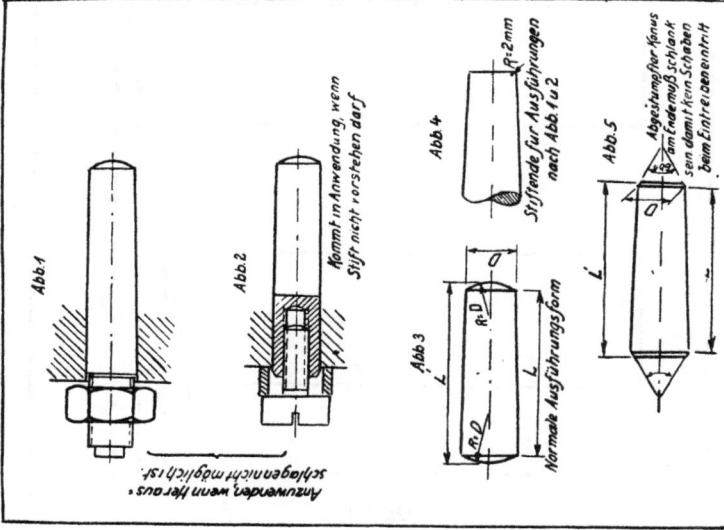

Abbild. 9

Anwendungsbeispiele.

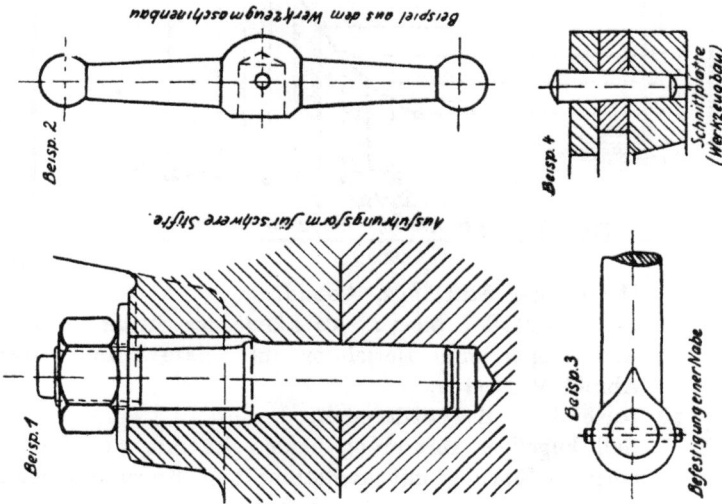

Abbild. 10.

Stiftdurchmesser nach Fabonorm.

Abbild. 11.

Frage 9. Messen der Stiftlänge, Abbild. 9:
Soll das Maß $L$ oder $L'$ als Länge des Stiftes gelten?
Äußerungen unter Beziehung auf Skizze 3 und 5 der
Abbild. 9 erbeten.

» 10. Ausbildung der Stiftenden:
Soll kugelige Abrundung beiderseits mit $r = d$ oder
eine Ausführung mit abgtstumpftem Kegel erfolgen?
Beantwortung unter Bezugnahme auf die Skizzen 3
bis 5 der Abbild. 9.

Grenzlängen nach Fabonorm.

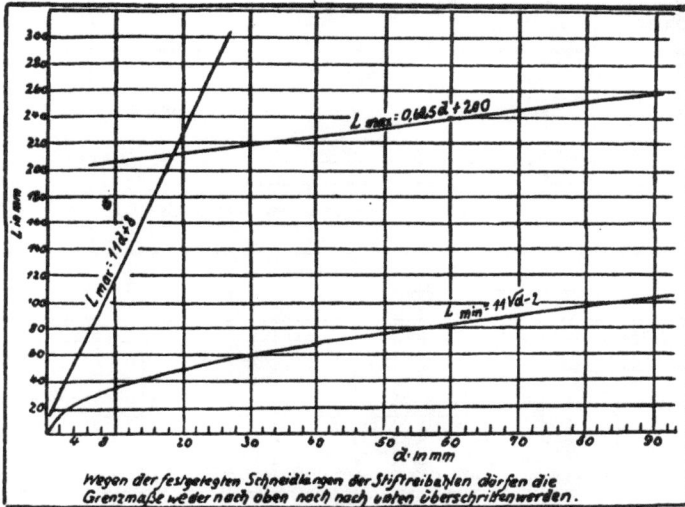

Abbild. 12.

Die Skizzen wurden zur Erleichterung des Verständnisses beigefügt.

Schon in der ersten Sitzung stellte sich heraus, daß das Intervall 2,5 bis 30 mm für die Durchmesserreihe in der Praxis nicht ausreichen würde. Eine Erweiterung nach unten bis 1 und nach oben bis 50 mm wurde für notwendig gehalten. Dadurch mußte man notgedrungen für die Durchmesserreihe die Parabel verlassen und eine neue Kurve aufstellen. Eine geometrische Reihe mit dem Quotienten 1,26 wurde gewählt, so daß sich die Abbild. 11 und 12[1]) ergaben, die Durchmesser 12,5, 15,5 und 32 wurden hierbei durch 13, 16 und 30 ersetzt.

Die danach neu aufgestellten Abbild. 7 und 8 enthalten bereits die erweiterte Durchmesserreihe, die Längen sind nach unten bis 10 und nach oben bis 260 mm ausgedehnt, die Nummernbezeichnung durch »Durchmesser × Länge« ersetzt. Die Fragebogen mit den Skizzen wurden an 120 Firmen des Maschinenbaues versandt, von denen sich 80 z. T. sehr ausführlich äußerten.

Sämtliche Firmen hielten die Vereinheitlichung für wünschenswert. Der Kegel 1:50 wurde von der überwältigenden Mehr-

[1]) Siehe Anmerkung 1 S. 37.

| DEUTSCHE INDUSTRIE NORMEN | Kegelstifte | D I NORM 1 |
|---|---|---|

Kegel 1 : 50

Beispiel für die Bezeichnung: Kegelstift 3 × 30 D I N 1

Maße in mm

| Länge | Durchmesser d | | | | | | | | | | | | | | | | | |
|---|---|---|---|---|---|---|---|---|---|---|---|---|---|---|---|---|---|---|
| l | 1 | 1,25 | 1,6 | 2 | 2,5 | 3 | 4 | 5 | 6,5 | 8 | 10 | 13 | 16 | 20 | 25 | 30 | 40 | 50 |
| 10 | 1×10 | 1,25×10 | | | | | | | | | | | | | | | | |
| 12 | 1×12 | 1,25×12 | 1,6×12 | | | | | | | | | | | | | | | |
| 14 | 1×14 | 1,25×14 | 1,6×14 | 2×14 | | | | | | | | | | | | | | |
| 16 | 1×16 | 1,25×16 | 1,6×16 | 2×16 | 2,5×16 | | | | | | | | | | | | | |
| 18 | 1×18 | 1,25×18 | 1,6×18 | 2×18 | 2,5×18 | 3×18 | | | | | | | | | | | | |
| 20 | | 1,25×20 | 1,6×20 | 2×20 | 2,5×20 | 3×20 | 4×20 | | | | | | | | | | | |
| 22 | | 1,25×22 | 1,6×22 | 2×22 | 2,5×22 | 3×22 | 4×22 | 5×22 | | | | | | | | | | |
| 24 | | | 1,6×24 | 2×24 | 2,5×24 | 3×24 | 4×24 | 5×24 | | | | | | | | | | |
| 26 | | | 1,6×26 | 2×26 | 2,5×26 | 3×26 | 4×26 | 5×26 | 6,5×26 | | | | | | | | | |
| 28 | | | | 2×28 | 2,5×28 | 3×28 | 4×28 | 5×28 | 6,5×28 | 8×28 | | | | | | | | |
| 30 | | | | 2×30 | 2,5×30 | 3×30 | 4×30 | 5×30 | 6,5×30 | 8×30 | | | | | | | | |
| 32 | | | | | 2,5×32 | 3×32 | 4×32 | 5×32 | 6,5×32 | 8×32 | 10×32 | | | | | | | |
| 36 | | | | | 2,5×36 | 3×36 | 4×36 | 5×36 | 6,5×36 | 8×36 | 10×36 | 13×36 | | | | | | |
| 40 | | | | | | 3×40 | 4×40 | 5×40 | 6,5×40 | 8×40 | 10×40 | 13×40 | 16×40 | | | | | |
| 45 | | | | | | | 4×45 | 5×45 | 6,5×45 | 8×45 | 10×45 | 13×45 | 16×45 | | | | | |
| 50 | | | | | | | 4×50 | 5×50 | 6,5×50 | 8×50 | 10×50 | 13×50 | 16×50 | 20×50 | | | | |
| 55 | | | | | | | | 5×55 | 6,5×55 | 8×55 | 10×55 | 13×55 | 16×55 | 20×55 | 25×55 | | | |
| 60 | | | | | | | | 5×60 | 6,5×60 | 8×60 | 10×60 | 13×60 | 16×60 | 20×60 | 25×60 | 30×60 | | |
| 70 | | | | | | | | | 6,5×70 | 8×70 | 10×70 | 13×70 | 16×70 | 20×70 | 25×70 | 30×70 | 40×70 | |
| 80 | | | | | | | | | 6,5×80 | 8×80 | 10×80 | 13×80 | 16×80 | 20×80 | 25×80 | 30×80 | 40×80 | 50×80 |
| 90 | | | | | | | | | | 8×90 | 10×90 | 13×90 | 16×90 | 20×90 | 25×90 | 30×90 | 40×90 | 50×90 |
| 100 | | | | | | | | | | 8×100 | 10×100 | 13×100 | 16×100 | 20×100 | 25×100 | 30×100 | 40×100 | 50×100 |
| 110 | | | | | | | | | | | 10×110 | 13×110 | 16×110 | 20×110 | 25×110 | 30×110 | 40×110 | 50×110 |
| 120 | | | | | | | | | | | 10×120 | 13×120 | 16×120 | 20×120 | 25×120 | 30×120 | 40×120 | 50×120 |
| 130 | | | | | | | | | | | | 13×130 | 16×130 | 20×130 | 25×130 | 30×130 | 40×130 | 50×130 |
| 140 | | | | | | | | | | | | 13×140 | 16×140 | 20×140 | 25×140 | 30×140 | 40×140 | 50×140 |
| 150 | | | | | | | | | | | | 13×150 | 16×150 | 20×150 | 25×150 | 30×150 | 40×150 | 50×150 |
| 165 | | | | | | | | | | | | | 16×165 | 20×165 | 25×165 | 30×165 | 40×165 | 50×165 |
| 180 | | | | | | | | | | | | | 16×180 | 20×180 | 25×180 | 30×180 | 40×180 | 50×180 |
| 200 | | | | | | | | | | | | | | 20×200 | 25×200 | 30×200 | 40×200 | 50×200 |
| 230 | | | | | | | | | | | | | | 20×230 | 25×230 | 30×230 | 40×230 | 50×230 |
| 260 | | | | | | | | | | | | | | | 25×260 | 30×260 | 40×260 | 50×260 |

Die Stiftlänge l ist die Traglänge. Für die Kuppen ist ein Längenzuschlag von insgesamt ~ 0,3 d vorzusehen.

### Handelsüblicher Werkstoff:

Bis d = 20 mm Stahl von 60 ÷ 80 kg/mm² Festigkeit und 15 ÷ 10 % Bruchdehnung
Ueber d = 20 mm Stahl von 50 ÷ 60 kg/mm² Festigkeit und 18 ÷ 15 % Bruchdehnung
Meßlänge: 10 mal Durchmesser des Probestabes
Gewichte: siehe D I NORM 2

März 1918

Geschäftstelle: Normenausschuß der Deutschen Industrie, Berlin NW 7, Sommerstr. 4a

Abbild. 13.

| DEUTSCHE INDUSTRIE NORMEN | Gewichte der Kegelstifte<br>nach D I Norm 1 | D I NORM<br>2 |
|---|---|---|

Kegel 1.50

Maße in mm

| Länge | Durchmesser d | | | | | | | | | | | | | | | | | |
|---|---|---|---|---|---|---|---|---|---|---|---|---|---|---|---|---|---|---|
| l | 1,0 | 1,25 | 1,6 | 2,0 | 2,5 | 3 | 4 | 5 | 6,5 | 8 | 10 | 13 | 16 | 20 | 25 | 30 | 40 | 50 |
| 10 | 0,075 | 0,116 | | | | | | | | | | | | | | | | |
| 12 | 0,094 | 0,141 | 0,221 | | | | | | | | | | | | | | | |
| 14 | 0,113 | 0,169 | 0,263 | 0,401 | | | | | | | | | | | | | | |
| 16 | 0,134 | 0,198 | 0,307 | 0,465 | 0,707 | | | | | | | | | | | | | |
| 18 | 0,155 | 0,229 | 0,353 | 0,531 | 0,806 | 1,14 | | | | | | | | | | | | |
| 20 | | 0,281 | 0,401 | 0,601 | 0,909 | 1,29 | 2,22 | | | | | | | | | | | |
| 22 | | 0,705 | 0,452 | 0,673 | 1,01 | 1,42 | 2,45 | 3,78 | | | | | | | | | | |
| 24 | | | 0,504 | 0,747 | 1,12 | 1,57 | 2,70 | 4,15 | | | | | | | | | | |
| 26 | | | 0,557 | 0,822 | 1,23 | 1,71 | 2,94 | 4,53 | 7,51 | | | | | | | | | |
| 28 | | | | 0,903 | 1,34 | 1,87 | 3,20 | 4,90 | 8,12 | 12,2 | | | | | | | | |
| 30 | | | | 0,985 | 1,46 | 2,03 | 3,46 | 5,23 | 8,74 | 13,1 | | | | | | | | |
| 32 | | | | | 1,58 | 2,19 | 3,71 | 5,66 | 9,34 | 14,0 | 20,8 | | | | | | | |
| 36 | | | | | 1,83 | 2,53 | 4,25 | 6,47 | 10,6 | 15,9 | 24,6 | 44,4 | | | | | | |
| 40 | | | | | | 2,86 | 4,81 | 7,26 | 11,9 | 17,7 | 27,4 | 45,9 | 60,3 | | | | | |
| 45 | | | | | | | 5,53 | 8,30 | 13,5 | 20,1 | 31,0 | 51,8 | 78,1 | | | | | |
| 50 | | | | | | | 6,27 | 9,39 | 15,2 | 22,6 | 34,7 | 57,8 | 84,9 | 138 | | | | |
| 55 | | | | | | | | 10,5 | 17,0 | 25,1 | 38,5 | 63,8 | 93,8 | 149 | 233 | | | |
| 60 | | | | | | | | 11,7 | 18,8 | 27,6 | 42,2 | 70,0 | 104 | 163 | 255 | 363 | | |
| 70 | | | | | | | | | 22,5 | 33,0 | 50,3 | 82,5 | 122 | 191 | 299 | 427 | 785 | |
| 80 | | | | | | | | | 26,4 | 38,5 | 58,3 | 93,4 | 142 | 219 | 340 | 489 | 871 | 1360 |
| 90 | | | | | | | | | | 44,2 | 66,6 | 109 | 163 | 248 | 383 | 549 | 978 | 1540 |
| 100 | | | | | | | | | | 50,2 | 75,2 | 123 | 180 | 278 | 427 | 612 | 1090 | 1700 |
| 110 | | | | | | | | | | | 84,2 | 136 | 200 | 323 | 472 | 675 | 1200 | 1870 |
| 120 | | | | | | | | | | | 93,4 | 151 | 221 | 338 | 518 | 739 | 1310 | 2040 |
| 130 | | | | | | | | | | | | 165 | 242 | 369 | 563 | 803 | 1420 | 2200 |
| 140 | | | | | | | | | | | | 179 | 263 | 400 | 611 | 869 | 1530 | 2380 |
| 150 | | | | | | | | | | | | 196 | 285 | 433 | 660 | 936 | 1640 | 2550 |
| 155 | | | | | | | | | | | | | 319 | 469 | 731 | 1230 | 1810 | 2890 |
| 180 | | | | | | | | | | | | | 356 | 532 | 807 | 1140 | 1990 | 3090 |
| 200 | | | | | | | | | | | | | | 602 | 908 | 1280 | 2230 | 3430 |
| 230 | | | | | | | | | | | | | | 710 | 1070 | 1490 | 2590 | 3890 |
| 260 | | | | | | | | | | | | | | 1230 | 1720 | 2950 | 4580 | |

Gewichte in kg für je 1000 Stück, berechnet für ein Gewicht des Werkstoffes von 7,8 kg/dm³.
Die Stiftlänge l ist die Traglänge. Für die Kuppen ist ein Längenzuschlag von insgesamt ~ 0,3 d vorzusehen.

März 1918

Geschäftsstelle des Normenausschusses der Deutschen Industrie: Verein deutscher Ingenieure, Berlin NW 7, Sommerstr. 4a

Nachdruck nur mit Genehmigung des Normenausschusses der Deutschen Industrie gestattet.

Abbild. 14.

heit angenommen, die übrigen verwarfen ihn nicht grundsätz-
lich. Ebenso wurde die Werkstoffestsetzung für notwendig
erachtet, obwohl die Anschauungen über Art und Festigkeit
sehr abwichen. Als Materialien wurden Gußstahl von 70 bis
80 kg/mm², Flußstahl von 50 bis 60 kg/mm² oder S-M-Stahl
von 50 bis 60 kg/mm², für die dünneren Stifte härtere Werkstoffe vorgeschlagen. Die Enden sollen mit Rücksicht auf das
Einschlagen gehärtet sein. Die Antworten über die Reibahlen
und Stiftlochbohrer wurden dem Werkzeug-Ausschuß überwiesen.
Als Längenmaß gilt allgemein die Traglänge; ebenso deckten
sich die Vorschläge bezüglich der Stiftenden mit denen des Nadi,
während über den Nutzen der Gewichtstabelle die Meinungen
auseinandergingen.

In einer kurz vor der Hauptversammlung einberufenen
Sitzung einigte man sich darauf, die Tabellen in der den Firmen
zugegangenen Form anzunehmen, nur sollte die Bezeichnung $D$ am
stärkeren Ende als überflüssig wegfallen und am Fuß der Tafel
eine Bemerkung über den Werkstoff angebracht werden, die
nachfolgende Fassung hat:

Werkstoff: bis $d = 20$ mm Stahl von 70 bis 80 kg/mm²
Festigkeit und $10\%$ Dehnung, über $d = 20$ mm Stahl von 50
bis 60 kg/mm² Festigkeit und $18\%$ Dehnung.

Auf der Gewichtstafel:

Gewichte für je 1000 Stück berechnet für ein Gewicht des
Werkstoffes von 7,8 kg/dcm³.

Am 16. VI. 1917 wurden beide Normblätter in der vom
Arbeits-Ausschuß vorgeschlagenen Form angenommen, wobei
der Ausschuß für Benennungen die Überschrift »Deutsche Kegelstifte« vorschlug und man die Länge des Stiftes durch ein
kleines »$l$« in Kursivschrift kennzeichnete. 2 kleine Zusätze
gehen aus den beifolgenden Abbildungen der genehmigten
und veröffentlichten D-J-Normen 1 und 2 hervor (siehe Abbild. 13 und 14)[1].

In der eben geschilderten, oft unendlich mühsamen Kleinarbeit sind alle Ergebnisse des Normenausschusses gewonnen
worden. Grundprinzip ist immer gewesen, das Material von der
Industrie durch Fragebogen hereinzuholen und dieses im Benehmen mit jener zwecks Vermeidung von Fehlern systematisch

---

[1]) Siehe Anmerkung 1, S. 37.

unter Einordnung in gewisse theoretische Gesetzmäßigkeiten[1]) so zu verarbeiten, daß jederzeit bei später eintretendem Bedarf passende Zwischenglieder gebildet werden können. Die Öffentlichkeit wird dabei in weitestem Umfange zur Kritik herangezogen.

---

[1]) A. Heilandt, »Die Vereinheitlichung der Formate auf wissenschaftlicher Grundlage«, Mitt. des Nadi 1918, Heft 2, S. 37. — E. Toussaint, »Die Normalisierung im Maschinenbau«, Mitt. des Dresdener B.-V. d. Ingenieure, 10. II. 1918, S. 14. — E. Toussaint, »Grundlagen der Normalisierung in Gießereibetrieben«, Gießerei-Zeitung 1918, S. 90. — Schilling, »Die Stufung der Normaldurchmesser«, Mitt. des Nadi, Sept. 1918, Nr. 9, S. 127. — Rüdenberg, »Über den Entwurf technischer Modellreihen«, Mitt des Nadi 1918, Heft 8, S. 107 und Heft 4, S. 167.

»Der Aufbau jedes technischen Erzeugnisses ist durch zwei ganz verschiedenartige Forderungen bestimmt, einerseits durch die Forderung, die der Verwendungszweck an den Gegenstand stellt, anderseits durch die Naturgesetze, unter deren Wirkung der Körper hergestellt oder benutzt werden soll. Diese beiden Grundforderungen bestimmen das Erzeugnis noch nicht eindeutig. Es stehen dem Ingenieur vielmehr stets zahlreiche Wege offen, durch Anwendung der Naturgesetze den gewollten Zweck zu erreichen. Im Laufe der technischen Entwicklung stellt sich jedoch meistens für jeden Verwendungszweck ein Weg als am günstigsten heraus, den die Industrie alsdann vorwiegend einschlägt. Aber auch unter diesen Umständen ist das technische Erzeugnis noch keineswegs zwangläufig bestimmt. Das liegt einerseits daran, daß man die der Herstellung des Erzeugnisses zugrunde liegenden Naturgesetze in ihrer Gesamtheit noch nicht restlos genau kennt, so daß beim Aufbau desselben noch Freiheiten übrig bleiben, die ganz nach dem Gefühl, das der bauende Ingenieur für den Ablauf der Naturgesetze besitzt, zu verschiedenartiger Formgebung führen. Anderseits sind die Forderungen des Verwendungszweckes häufig nicht ausreichend zur eindeutigen Lösung der Aufgabe; sie sind außerdem meistens nicht zahlenmäßig scharf bestimmbar, sondern richten sich noch in viel höherem Maße als die eben geschilderten naturgesetzlichen Unbestimmtheiten nach dem Gefühl, mit dem die wirtschaftlichen Leistungen des technischen Erzeugnisses eingeschätzt werden. Da es von vornherein für uns Menschen unmöglich ist, sämtliche später in Betracht kommenden Gesichtspunkte genau vorauszusehen und die bekannten Gesichtspunkte exakt richtig gegeneinander abzugleichen, so kommt es bei der Wahl jeder Maschine oder jedes sonstigen technischen Erzeugnisses tatsächlich immer nur

## Ergebnisse.

Die Zahl der in Arbeit befindlichen Normen dürfte zurzeit etwa 120[1]) betragen. Hiervon sind die nachfolgenden bis zum Entwurf gediehen:

### Allgemeine Normen.

a) Bedienungselemente.

D J Norm 39 Feste Ballen- und feste Kegelgriffe,
  98 Drehbare Ballen- und drehbare Kegelgriffe.

b) Gewinde.

D J Norm 11 Whitworth-Gewinde nach Original,
  12 »        »      mit Spiel,
  13 metrisches Einheitsgewinde,
  14 »        »
  102 Trapez-Grobgewinde,
  103 »        »

darauf an, die wirklich günstigsten Verhältnisse mit einer gewissen Treffsicherheit anzunähern

Wir sehen hieraus, daß in unserer gesamten technischen Erzeugung der Willkür noch ein recht ansehnlicher Spielraum gelassen ist. Diese Willkür, die man bei Sondergebieten auch die »Freiheit des Konstrukteurs« nennt, ist um so geringer, je schärfer die technischen Aufgaben gestellt sind und je genauer die zur Anwendung gelangenden Naturgesetze bekannt sind. Je größer und zahlreicher also die sachlichen Bindungen auf den einzelnen Gebieten der Technik sind, um so geringere Unterschiede zeigen die Erzeugnisse verschiedenster Herkunft. Scharf sind die sachlichen Bindungen meist bei geistig sehr weit durchgearbeiteten technischen Gebieten. Gering sind sie meistens in Gebieten, die noch keine starke wissenschaftliche Durchdringung erfahren haben

Seit einiger Zeit hat man erkannt, daß die eben geschilderte, fast stets vorhandene Willkür einen Weg einzuschlagen erlaubt, der außerordentlich große Vorteile im Gefolge hat Das Kennzeichen dieses Weges ist die bewußte Einführung künstlicher Bindungen durch freie Verabredung dort, wo die sachlichen Bindungen noch nicht zur eindeutigen Bestimmung ausreichen. Auf diesem Wege wird die bis dahin vorhandene Willkür eingeschränkt, oft sogar gänzlich unterbunden, wobei ein sehr wesentlicher technischer Gewinn entsteht.

Die Verabredung muß, wenn sie zweckmäßig sein soll, noch so viel Spielraum gewähren, daß sämtlichen Verwendungszwecken auf dem zu bindenden Gebiete genügt werden kann, und zwar mit einer Treffsicherheit, die für jedes einzelne Gebiet je nach der Stärke der bereits vorhandenen sachlichen Bindungen gesondert festgestellt werden muß,

[1]) Im April 1919.

c) Holzschrauben.

    D J Norm 96 Halbrundschrauben,
             97 »
             98 Versenkschrauben
             99 »
           100 Linsenschrauben,
           101 »

d) Normaldurchmesser.

    D J Norm 3.

e) Paßstifte.

    D J Norm 1 Kegelstift,
          2 Gewichte der Kegelstifte,
          7 Zylinderstifte,
          8 Gewichte der Zylinderstifte.

f) Passungen.

    D J Norm 17 Benennungen.

### Einheitsbohrung.

    D J Norm 18 Feinfeinpassung,
          19 Feinpassung,
          20 Feinpassung, leichter Laufsitz,
    D J Norm 21 Feinpassung, Laufsitz,
          22 » » genau,
          23 » Gleitsitz,
          24 » Schiebesitz,
          25 » Paßsitz,
          26 » Festsitz.

### Einheitswelle.

    D J Norm 40 Feinfeinpassung,
          41 » leichter Laufsitz,
          42 » Laufsitz,
          43 » Laufsitz genau,
          44 » Gleitsitz,
          45 » Schiebesitz,
          46 » Paßsitz,
          47 » Festsitz.

g) Schrauben und Muttern, blank.

Whitworth-Gewinde.

D J Norm 61 Sechskantschrauben mit Kuppe,
62 » » Kernspitze,
63 Stiftschrauben mit Kuppe,
64 Stiftschrauben mit Kernspitze,
65 Zylinderschrauben,
66 Zylinderlinsenschrauben,
67 Halbrundschrauben,
68 Versenkschrauben,
69 Versenklinsenschrauben,
70 Sechskantmuttern,
71 Kronenmuttern, blank,
72 » » mit zylindrischem Ansatz,
73 Splintsicherungen,
74 Sechskantschrauben-Verbindungen,
75 Stiftschrauben-Verbindungen,
129 einfache Schraubenschlüssel für Schrauben mit Whitworth oder mit metrischem Gewinde,
130 Doppelschraubenschlüssel mit verschiedenen Schlüsselweiten.

Metrisches Einheitsgewinde.

D J Norm 76 Sechskantschrauben-Verbindungen,
77 Stiftschrauben-Verbindungen,
78 Kernansätze für Schrauben mit Whitworth- und metrischem Gewinde,
79 Vierkante für Spindeln und Schrauben,
80 Sechskantschrauben für 1 Mutter,
81 » » 2 Muttern,
82 Stiftschrauben für 1 Mutter,
83 » » 2 Muttern,
84 Zylinderschrauben,
85 Zylinderlinsenschrauben,
86 Halbrundschrauben,
87 Versenkschrauben,
88 Versenklinsenschrauben,
90 Kronenmuttern blank,
91 Kronenmuttern blank mit zylindrischem Ansatz,

92 Splintsicherungen,

132 Doppelschraubenschlüssel.

h) Splinte.

D J Norm 94 Splinte.

i) Transmissionen.

D J Norm 114 Wellendurchmesser,

115 Schalenkupplungen,

116 Scheibenkupplungen,

117 Wandarme,

118 Stehlager.

k) Werkzeuge.

D J Norm 9 Kegelreibahlen für Stiftlöcher,

10 Vierkante für Werkzeuge,

138 Bohrungen, Keilnuten und Mitnehmer für Fräser, Reibahlen und Senker.

l) Zeichnungen.

D J Norm 6 Anordnung der Ansichten und Schnitte,

15 Linien,

16 Schrift,

27 Sinnbilder für Schrauben,

28 Schriftfeld und Stückliste,

29 » » »

30 getrennte Stückliste,

36 Schriftgrößen,

139 Sinnbilder für Niete und Schrauben bei Eisenkonstruktionen.

Fachnormen.

a) Fachnormen für das Bauwesen.

D J Norm 104 Die Holzbalkendecke des Kleinhauses unten eben und geputzt,

105 die Holzbalkendecke des Kleinhauses mit unten sichtbarem Balken.,

106 die Holzbalkendecke des Kleinhauses, Kurvenblatt zur Bestimmung der Balkenquerschnitte,

107 das Fenster des Kleinhauses, einfaches Blendrahmenfenster, Abmessungen,

108 das Fenster des Kleinhauses, einfaches Blendrahmenfenster, Zusammenbau,

109 das Fenster des Kleinhauses, dreiteiliges Doppelfenster,

110 das Fenster des Kleinhauses, Blendrahmendoppelfenster mit äußerem Pfosten und Kämpfer,

111 Fenster des Kleinhauses,

112 Innentüren des Kleinhauses,

113 Fenster des Kleinhauses, einfaches Fenster mit aufgehender Schlagleiste.

b) Fachnormen des Verbandes Deutscher Elektrotechniker.

D J Norm 31 Flachklemmen mit 1 Loch für die Befestigung,

32 » » 2 Löchern für die Befestigung,

33 Lötklemmen,

schließlich noch

D J Norm 122 Technische Photogramme, Blattgrößen-Diapositivformate,

D J Norm 123 Kesselniete,

124 Eisenbauniete,

125 blanke Unterlegscheiben (Whitworth),

126 rohe Unterlegscheiben (Whiteworth),

127 Federringe mit rechteckigem Querschnitt,

128 » » quadratischem Querschnitt,

135 Kugellager, Querlager,

141 Keilquerschnitte, Seitenverhältnis 1:1,

142 » » 1:1,5

143 » » 1:2

144 Nuten für Federkeile,

146 Lagerbuchsen mit schwachen Wandstärken,

147 » » starken Wandstärken.

Genehmigt sind[1]):

D J Norm 1: Paßstifte, siehe Abbild, 13.

D J Norm 2: Gewichte der Paßstifte, siehe Abbild. 14,

D J Norm 3: Normaldurchmesser am 7. III. 1918.

Die Norm, die alle die Durchmesser umfaßt, für deren Herstellung besondere Meß- und Arbeitswerkzeuge verwendet werden, ist eine der Hauptgrundlagen für die Vereinheitlichung der

---

[1]) Bis April 1919.

ganzen Industrie[1]). Sie gibt den Werkzeugherstellern einen festen Anhalt für die Fertigung von Reibahlen, Drehdornen und Grenzlehren. Auf ihr bauen sich zahlreiche weitere Normen, wie Kugellager, Lagerbuchsen, Feingewinde, Stellringe usw. auf. Sie bestimmen gleichzeitig die Formen fast aller Konstruktionselemente. Außerordentlich interessant ist hier das Ergebnis der an 94 Behörden und Firmen gerichteten Umfrage, durch die 1. das Bedürfnis der Größe, bis zu der eine Normalisierung der Durchmesser erwünscht war, geklärt werden sollte, und 2. die Arten der benötigten Durchmesser bestimmt werden sollten (siehe Abbild. 15)[2]).

D J N o r m 4: Normblatt. Es wurde als Ergebnis der Sitzungen vom 9. XI. 1917, 14. VI. 18 und 28. VII. 18 unter Zugrundelegung der gleichzeitig festgelegten Zeichnungsformate genehmigt[3]).

D J N o r m 5: Blattgrößen, Maßstäbe, Farbe der Darstellung. Nach langen Verhandlungen und unter Berücksichtigung der zahlreichen Einsprüche ist die Formatreihe mit dem den Rohpapierrollen entsprechenden unbeschnittenen Ausgangsformat 1000:1400 mm angenommen worden. Das Seitenverhältnis ist $1:\sqrt{2}$, so daß jedes kleinere Blatt aus dem größeren durch Hälften verlustlos hergestellt werden kann (siehe S. 186 und 187)[3]).

D J N o r m 6[4]): Zeichnungen, Anordnung der Ansichten und Schnitte. Der erste Entwurf für das Normblatt wurde bereits im Februar 1918 veröffentlicht. Die Berücksichtigung aller Einwände gegen die Bilder und den Schriftsatz sowie die Kardinalfrage »Deutsche oder amerikanische Projektionsmethode« haben die Herausgabe des Blattes verzögert.

D J N o r m 7[4]): Zylinderstifte,

D J N o r m 8[4]): Gewichte der Zylinderstifte.

---

[1]) Damm, »Normaldurchmesser«, Mitt. des Nadi 1918, Heft 3, S. 46. — Z. d. V. D. I., 26. X. 1918, S. 753.

[2]) Siehe Anmerkung 1 S. 37.

[3]) »Genehmigte Normblätter, Zeichnungen, D J-Norm 4: Normblatt, D J-Norm 6: Blattgrößen, Maßstäbe, Farbe der Darstellung« Mitt. des Nadi, März 1919, Heft 3, S. 56.

[4]) »Genehmigte Normblätter«, Mitteilungen des Nadi 1919, Heft 1, S. 2.

**Ergebnis der Umfrage über Normaldurchmesser.**

| Lfd. Nr. | Industriegruppe | Zahl der Antworten | Antwort 1 | | | Antwort 2 | | | | | | | | | | | | | | | | | | | | | | | | | |
|---|---|---|---|---|---|---|---|---|---|---|---|---|---|---|---|---|---|---|---|---|---|---|---|---|---|---|---|---|---|---|---|
| | | | unter 300 φ | bei 300 φ | über 300 φ | Es verzichten auf die φ | | | | | | | | | | | | | | | | Es wünschen die φ | | | | | | | | | |
| | | | | | | 2 | 4 | 11 | 17 | 19 | 21 | 23 | 27 | 29 | 62 | 78 | 155 | 165 | 175 | 185 | 195 | 33 | 82 | 88 | 92 | 98 | 205 | 215 | 225 | 235 | 245 |
| 1 | Kraftmaschinen | 26 | 4 | 17 | 5 | 3 | 2 | 11 | 11 | 11 | 11 | 9 | 9 | 14 | 2 | 2 | 1 | 1 | 1 | 1 | 2 | 2 | 5 | 5 | 5 | 5 | 4 | 4 | 5 | 4 | 4 |
| 2 | Werkzeugmaschinen und Werkzeuge | 19 | 8 | 8 | 3 | 2 | 1 | 9 | 8 | 10 | 10 | 10 | 6 | 6 | 2 | 3 | | | | | | 1 | 5 | 5 | 5 | 5 | 2 | 2 | 2 | 2 | 2 |
| 3 | Elektrotechnik, Starkstr. | 5 | 1 | 3 | 1 | | 5 | 1 | 2 | 2 | 1 | 1 | 2 | 2 | 3 | | | | | | | | | | | | | | 1 | | |
| 4 | Elektrotechnik, Schwachstr. | 2 | 2 | 1 | | | | 2 | 2 | 1 | 2 | 2 | 2 | 2 | | | | | | | | | | | | | | | | | |
| 5 | Armaturen | 6 | 2 | 1 | 3 | 1 | 2 | 2 | 2 | 2 | 2 | 2 | 2 | 1 | 1 | 1 | 1 | 1 | 1 | 1 | 1 | | 1 | 1 | 1 | 1 | 1 | 1 | 1 | 1 | 1 |
| 6 | Optische u. feinmechan. Instrumente | 4 | 2 | 2 | | | | 1 | 1 | 1 | 1 | 2 | 1 | 1 | | | | | | | | 1 | | | | | | | | | |
| 7 | Kugellager¹) | 3 | | 2 | (1 2¹) | | | | 1 | | 2 | 3 | 3 | | | | | | | | | | | | | | 2 | 2 | 2 | 2 | 2 |
| 8 | Blechbearbeitung | 4 | 1 | 2 | 2 | | | 1 | 1 | 1 | 2 | 2 | 2 | 1 | 1 | | | | | | | 2 | | | | | | | | | |
| 9 | Hebezeuge, Brückenbau, Eisenkonstruktionen | 9 | 2 | 4 | 3 | | 2 | 3 | 3 | 4 | 4 | 4 | 4 | 3 | 1 | 1 | 1 | 1 | 3 | 3 | 3 | 2 | 2 | 2 | 2 | 2 | 1 | 1 | 1 | 1 | 1 |
| 10 | Lokomotiven-u. Wagenbau | 8 | 5 | 1 | 2 | 1 | 1 | 3 | 3 | 3 | 2 | 4 | 4 | 1 | 1 | 1 | 1 | 3 | 3 | 3 | 3 | 3 | 3 | 2 | 3 | 2 | | 1 | 1 | 1 | 1 |
| 11 | Automobil- und Luftfahrzeuge | 8 | 5 | 1 | 2 | | | 3 | 1 | 2 | 2 | 3 | 2 | 3 | 1 | | | 1 | | | 1 | 2 | 1 | 1 | 1 | 1 | 1 | | 2 | 1 | 1 |
| 12 | Transmissionen | 4 | | 3 | 1 | 1 | | 3 | 3 | 2 | 1 | 4 | 3 | 1 | 1 | | | | | | | | | | | | | | | | |
| 13 | Werften | 5 | 1 | 3 | 1 | 1 | | 3 | 3 | 1 | 4 | 1 | 4 | 1 | 1 | | | | | | | 1 | | | | | | 1 | | 1 | 1 |
| 14 | Landwirtsch. Maschinen | 2 | | 2 | | 2 | | | | | | | | | | | | | | | | | | | | | | | | | |
| | **Ergebnis** | 105 | 33 | 47 | 25 | 31 | 43 | 35 | 37 | 38 | 31 | 37 | 49 | 11 | 13 | 6 | 6 | 6 | 6 | 6 | 7 | 12 | 17 | 16 | 17 | 16 | 12 | 12 | 17 | 12 | 12 |
| 15 | Behörden | 8 | 2 | 5 | 1 | 1 | | 2 | 2 | 3 | 3 | 1 | 4 | 4 | 1 | 1 | | | | | | 1 | 1 | 1 | 1 | 1 | | 1 | 1 | 2 | 1 |

¹) lt. Preisliste.

Abbild. 15

Hier gelten sinngemäß die gleichen Ausführungen wie auf
S. 133 u. f. über die Kegelstifte. Als Durchmesserreihe ist die der
Normaldurchmesser bereits zugrunde gelegt.

D J Norm 9[1]): Kegelreibahlen für Stiftlöcher,
D J Norm 10[2]): Vierkante für Werkzeuge,
D J Norm 11[3]): Whitworth-Gewinde nach Original,
D J Norm 12[3]):      »      »      mit Spitzenspiel,
D J Norm 13[1]): Metrisches Einheitsgewinde,
D J Norm 14[1]):      »      »

Ein mehr als 40jähriger Kampf ist damit zum Abschluß
gekommen. In Deutschland wird es in Zukunft nur noch 2 Gewinde geben[4]):

Verzeichnis des jetzigen und zukünftigen Zustandes.

|  | jetzt | zukünftig |
|---|---|---|
| Zahl der Systeme . . . . . . . . . . | 10 | 2 |
| Zahl der einzelnen Gewindesorten . . . | 274 | 72 |
| Zahl der Werkzeuge: |  |  |
| Lehren . . . . . . . . . . | 548 | 144 |
| Bohrer . . . . . . . . . . | 822 | 226 |
| Schneideisen . . . . . . . | 548 | 144 |
|  | 1918 | 514 |

1. das S-J-Gewinde von 1 bis 150 mm Durchmesser,
2. das Whitworth-Original-Gewinde von ¼″ bis 6″.

Dem ersteren liegt das 1898 von 6 bis 80 mm festgelegte
S-J-Gewinde, dem letzteren das englische Normalgewinde des
Engineering Standards Committee ohne Abänderung zugrunde.
Durch eine Eingabe an den Reichskanzler vom 8. III. 1918 ist
gleichzeitig seine staatliche Anerkennung beantragt worden[5]).

Rechnen wir hierzu noch die beiden grundlegenden Beschlüsse
des Vorstandes des Normenausschusses vom 20. XII. 1918[6]):

---

[1]) »Genehmigte Normblätter«, Mitt. des Nadi 1919, Heft 1, S. 2
[2]) Desgl. S. 3
[3]) Desgl. S. 4
[4]) H Hettner, »Beitrag zur Frage der Einheitsgewinde«, Werkstattstechnik 1918, S. 205.
[5]) »Normalisierung der Gewinde von Befestigungsschrauben«, Z. d
V D I, 30. III. 1918, S. 171.
[6]) »Deutsche Industrienormen«, Z d V D I. 8 II 1918, S. 122

1. als einheitliche Bezugstemperatur für Lehr- und Meßwerkzeuge gilt 20⁰ C,
2. in Würdigung der praktischen und theoretischen Vorteile
   ist für das einheitliche Passungssystem die Nullinie als
   Begrenzungslinie zu empfehlen. Für alle Betriebe, deren
   Passungssystem sich gegenwärtig noch auf der Nullinie
   als Symetrielinie aufbaut, ist eine Übergangszeit bis zu
   5 Jahren vom 1. I. 1919 ab vorzusehen,

die einem einheitlichen Passungs- und Meßsystem der Deutschen Industrie die Wege ebnen, so ergibt sich ein annäherndes
Bild von der Bedeutung der Arbeit, die die Mitarbeiter des Normenausschusses der deutschen Industrie für die deutsche Technik
leisten.

---

# Die technischen und wirtschaftlichen Grund-
# lagen des Vereinheitlichungsgedankens.

## Technisch-ökonomische Grundlagen.

Gliederung. Jede nicht aus rein theoretischen oder wissenschaftlichen Gründen erfolgende Produktion schließt die Lösung
zweier Aufgaben, einer technischen und einer wirtschaftlichen,
ein[1]). Die erstere sucht die Mittel und Wege überhaupt zu finden,
um einen Produktionsvorgang vornehmen zu können, die letztere
will ihn wirtschaftlichen, ökonomischen Grundsätzen unter-
ordnen.

Ziel jeder Produktion im weitesten Sinne ist Bedürfnis-
befriedigung[2]). Da aber die Menge der hierfür in Betracht kommenden Mittel im Gegensatz zu den wirtschaftlichen Zwecken
nicht unbeschränkt vermehrbar ist, erhält die wirtschaftliche
Produktionstätigkeit ihren eigenartigen Charakter erst durch
die zwingende Notwendigkeit, die verfügbaren Mittel so zu
verwenden, daß das obenerwähnte Ziel möglichst vollkommen

---

[1]) A. Voigt, »Technische Ökonomik«, Wirtschaft und Recht
von Leopold v. Wiese, S. 222.
[2]) v. Wiese, »Privatwirtschaft, Volkswirtschaft und Technik«
aus Wirtschaft und Recht von Leopold v. Wiese. — Max Kraft, »Das
System der Technischen Arbeit«, S. 277.

erreicht wird. Diese, wie Voigt sie mathematisch nennt, »Maxi-
mumaufgabe«, mit den geringsten Mitteln den größten Erfolg
zu erzielen, stellt als das ökonomische Prinzip den Kern der wirtschaftlichen Aufgabe dar.

Sie sucht die Volkswirtschaft in der Befriedigung
aller Volksgenossen durch möglichste quantitative und quali-
tative Ergiebigkeit der Produktion zu lösen, die Privatwirtschaft hingegen in der Befriedigung des Produzenten
durch Steigerung des Reinertrages.

Beide Lösungen brauchen keinesfalls miteinander zu har-
monieren; im Grunde aber stellen sie nur zwei verschiedene
Betrachtungen desselben Vorganges dar, die je nach dem Standpunkte des Beobachters ihre volle Berechtigung haben.

Als Bindeglied zwischen dem technischen Gesichtspunkte
auf der einen Seite und dem privat- und volkswirtschaftlichen
auf der anderen steht der rein technisch-ökonomische. Er stellt
die Unterordnung der technischen Aufgaben unter das ökonomische Prinzip dar. Die technische Ökonomik will z. B. rein
naturalwirtschaftlich, also unter Ausscheidung der Kosten,
die Frage lösen, wie erhält man unter Verwendung von möglichst wenig Kohle und Erzen die größtmöglichste Eisen-
ausbeute. Das technische Problem muß für sie bereits
gelöst sein.

Um die technischen und wirtschaftlichen Grundlagen des
Vereinheitlichungsgedankens also richtig herauszuarbeiten, wird
es im folgenden zweckmäßig sein, die 4 oben erwähnten Gesichtspunkte der Betrachtung zugrunde zu legen. Dabei muß allerdings
betont werden, daß die industrielle Vereinheitlichung bereits
an sich die Anwendung technisch-ökonomischer Grundsätze
auf die Produktion bedeutet: Infolgedessen ist es nicht wohl möglich, die technischen Erfordernisse für deren Durchführung ab-
zuleiten, ohne sich über die technisch-ökonomischen Grundlagen
des Problems vorher Rechenschaft gegeben zu haben.

Grundsätze der technischen Ökonomik. Wenn man
also hierzu die menschliche geistige und körperliche Arbeitskraft
infolge ihrer Eigenart aus den anderen Energien ausscheidet,
kann man unter Zugrundelegung der Einteilung von S. 122,
wie folgt, sagen: Das ökonomische Prinzip verlangt für die industriellen Produktionsvorgänge bei Erzielung höchster Ausbeute

oder der höchsten Leistung in der Zeiteinheit die sparsamste
Verwendung von:

A) materiellen Gütern,
B) Energien,
C) menschlicher Arbeitskraft.

Diesen Anforderungen sucht die technische Ökonomik durch
die Anwendung einer Reihe von Grundsätzen gerecht zu werden
bei:

| A) den materiellen Gütern | B) den Energien | C) der menschlichen Arbeitskraft |
|---|---|---|
| durch | | |
| a) Vermeidung von Abfall | Vermeidung von Energieverlusten | Höchstausnützung |
| b) Aufbereitung, Vorbereitung | U m f o r m u n g | |
| c) Abfall und | A b e n e r g i e - V e r w e r t u n g | |
| d) | K o n z e n t r a t i o n | |
| e) | K o n t i n u i t ä t | |
| f) | G e n e r a l i s i e r u n g | |
| g) Normalisierung, Typisierung | N o r m u n g | |
| h) | S p e z i a l i s i e r u n g | Arbeitsteilung |

Die Frage ist nun die, welche Zusammenhänge bestehen
zwischen diesen technisch-ökonomischen Prinzipien und dem
Vereinheitlichungsgedanken, und welche Folgerungen müssen
Technik und Wirtschaft daraus ziehen.

a) Vermeidung von Abfall und Energie-Verlust,
Höchstausnutzung der menschlichen Arbeitskraft.
Es dürfte sich hier um die Grundprinzipien einer ökonomischen
Erzeugung handeln. Jeder erste Versuch, Ausbeute oder Wirkungsgrad zu steigern, hat noch immer mit der sparsamen Verwendung
der Rohstoffe und Energien derart begonnen, daß man ver-
suchte, Abfälle und Verluste zu vermeiden. Es sei an die Wärme-
isolation der Dampfkessel oder an die Normalpapierformate

der D J Norm 4 erinnert, die so beschaffen sind, daß jede kleinere Größe aus der vorhergehenden durch Hälften ohne Abfall hervorgeht. Das gleiche würde bei etwa normalisierten Messinglagerbuchsen der Fall sein, die man, soweit sie gleichen Durchmesser haben, vom fertigen Messingrohr nahezu verlustlos abstechen könnte. Hier stoßen wir also bereits auf die Vereinheitlichung als ökonomisches Hilfsmittel. — Das gleiche gilt von der Energie. Wenn das Ortsnetz einer Überlandzentrale 440 Volt Spannung hat und die Motoren eines Abnehmers, der sich den Strom bisher selbst erzeugt hat, für 330 Volt gebaut sind, muß eben ein besonderer Transformator mit seinen notwendigen neuen Verlusten aufgestellt werden. — Daß die menschliche Arbeitskraft verlustlos tätig sein sollte, ist bisher lange nicht so recht gewürdigt worden. Wenn der Arbeiter 30% seiner Zeit mit Warten vergeudet oder die Beamten in den Bureaus 3 Stunden mit Schwatzen und Frühstücken verbringen, oder wenn beim Gewindeschneiden der Dreher erst eine große Rechnung aufstellen muß, welche Wechselräder zur Verwendung kommen sollen, so kann das nicht als Höchstausnutzung der doch wirklich nicht in unbeschränktem Maße zur Verfügung stehenden menschlichen Arbeitskraft angesprochen werden. — Hier ist insbesondere auch auf die außerordentlich fruchtbaren Untersuchungen Taylors hinzuweisen, der über die mangelhafte Ausnutzung der menschlichen Energie bekanntlich eingehende Versuche angestellt hat[1]). Die Anwendung der von ihm aufgestellten Grundsätze führt zu der später zu erörternden Generalisierung der Arbeit, auf die seine Studien außerordentlich befruchtend gewirkt haben. Als radikalste Anwendung des Sparprinzips auf die Verwendung der menschlichen Arbeitskraft muß naturgemäß deren weitestgehende Ersetzung durch Maschinenarbeit angesprochen werden. Es erübrigt sich, hierüber viele Worte zu verlieren. Die Richtigkeit des Satzes ist in den letzten 50 Jahren völlig in das Bewußtsein der weitesten Kreise eingedrungen. Zu ihrer richtigen Auswirkung kommt allerdings die Forderung erst beim Übergang zur Massenproduktion.

b) Aufbereitung, Vorbereitung, Umformung. In ähnlicher Richtung wie a) wirken zur Verminderung der Verluste

---

[1]) Taylor-Roeßler, »Die Grundsätze wissenschaftlicher Betriebsführung«, Berlin 1913. — Taylor-Wallichs, »Die Betriebsleitung, insbesondere der Werkstätten.« Berlin 1912.

die 3 vorgenannten Prinzipien. Wenn die Kohle vor dem Verkauf nach Größen sortiert wird, so hat diese Aufbereitung den
Zweck, einmal durch die Ausscheidung von Schutt und Steinen
sowie die Sonderung in einzelne Größenklassen veredelnd auf das
Erzeugnis einzuwirken, zum zweiten aber wird dadurch verhindert,
daß Staub- oder Erbskohle auf Roste wandert, die vielleicht nur
für Nußkohle bestimmt sind, und dort unverbrannt in den Aschen-
kasten fällt. Für die sparende Wirkung der Vorbereitung ist
insbesondere das Vorschmieden zu nennen. Ganz ungeheuer
sind die Materialersparnisse, die durch diese Vorbereitung des
Werkstückes etwa vor der Weiterbearbeitung auf der Drehbank
erzielt werden. — Die Umformung sucht das gleiche Ergebnis bei
den Energien zu erreichen. Würde man den Strom, der in der
Wasserkraftanlage mit 500 Volt Spannung erzeugt wird, in der
gleichen Form Hunderte von Kilometern weit leiten, so würden
die Verluste wohl beinahe die Leistung der Kraftmaschinen auf-
zehren. Formt man den Strom aber etwa auf 40000 Volt Spannung um, so gehen nur wenige Prozente der verfügbaren Energie
verloren.

c) Abfall- und Abenergieverwertung. Wo Material
und Energieabfälle sich nicht vermeiden lassen, fordert das
ökonomische Prinzip gebieterisch deren anderweitige Verwendung. Die Kriegsnot hat gerade hier besonders befruchtend
gewirkt. Wer dächte nicht an die Sohlenschoner oder die Glieder-
riemen aus den Lederabfällen, an die Fettextraktion aus den Ab-
wässern der Speiseanstalten oder an die Schweinemästereien, die
die Kuchenabfälle der Haushaltungen verwerten. Ein klassisches
Beispiel ist die Eisenerzeugung. Thomasmehl, Schlackenwolle,
Schlackensand, Eisenportlandzement sind nichts als verwertete
Abfallprodukte. Den allein durch das erstere jährlich der Volkswirtschaft zugeführten Wert berechnet z. B. Ackermann auf
M. 40 Mill.[1]). Und welch ungeheuere Energiemengen, die man
in früheren Zeiten einfach in die Luft gehen ließ, werden durch
die Ausnutzung der Hochofengase gewonnen. Nicht nur nützt
man ihre Wärme zur Heizung der Winderhitzer, sondern in stei-
gendem Maße dienen sie in den Großgasmaschinenzentralen zur
Stromerzeugung für weite Gebiete des Landes. Eine Dauerlei-

---

[1]) Max Kraft, »Güterherstellung und Ingenieur in der Volkswirtschaft«, Leipzig 1910, S. 31.

stung von 1 Mill. PS wird so aus den Abgasen wieder gewonnen, die bei einem Preise von 2 bis 3 Pf./PSH die Tonne Eisen um M. 3 verbilligen.

d) Konzentration. Jede Konzentration vermindert die Verluste, steht also im engsten Zusammenhang mit a) und b). Wenn heutzutage die Schienen im Gegensatz zu früher in drei- bis vierfacher Länge gewalzt werden, so bedeutet das nicht nur eine ebensogroße Ersparnis an den abfallenden Schienenenden, sondern es verringert gleichzeitig die Zahl der Laschen sowie die zu deren Verschraubung notwendige menschliche Arbeitsleistung. Überhaupt ist das Charakteristische der Konzentration, daß eine Ersparnis an materiellen Gütern oft gleichzeitig eine solche an Energien bedeutet[1]). Wenn wir zur Veranschaulichung hier wieder einmal die Kosten heranziehen, so sehen wir, daß z. B. die jährlichen Betriebskosten für eine PSH bei einer 5pferdigen Dampfmaschine etwa M. 754, bei einer 3000pferdigen nur M. 78 betragen. Der Unterschied ist verständlich, wenn man berücksichtigt, daß zur Erzeugung von 3000 PS 600 fünfpferdige Maschinen aufgestellt werden müßten, deren jede ihre eigenen Energieverluste an Reibung, Wärme, Massenwiderständen usw. hätte, und daß zur Aufstellung einer derartigen Maschinenanlage sowie deren Wartung ein unverhältnismäßig höherer Aufwand an menschlicher Arbeitskraft und vor allem an Material benötigt würde als für eine 3000pferdige Maschine. Eine ausgedehnte Verwendung hat die Konzentration von Energie und menschlicher Arbeit insbesondere durch die Einführung der Maschinenarbeit und der Massenfabrikation normaler Teile gefunden. So werden z. B. in der Schreibmaschinenindustrie in der Regel 3, beim Fahrradbau 2 bis 3 und bei der Nähmaschinenfabrikation 6, 9 und 16 Fräsmaschinen von einem Arbeiter bedient[2]). Die Ersparnis an menschlicher Arbeitskraft liegt auf der Hand. Auf sie läuft beispielsweise auch die Werkzeugkonzentration auf den Automaten und Revolverdrehbänken hinaus, wo etwa das Abstechen der Kolbenringe für Automobilzylinder durch 20 Stähle zugleich erfolgt, sowie die gleichsam als Zug der Zeit feststell-

[1]) Max Kraft, »Güterherstellung und Ingenieur«, Leipzig 1910, S. 34.
[2]) Dr.-Ing. L. Brake, »Werkzeugmaschine und Arbeitszerlegung«, Berlin 1911, S. 40 u. 30.

bare Betriebskonzentration der modernen Großindustrie. Es
ist bekannt, wie viel wirtschaftlicher und billiger gerade unsere
Riesenbetriebe gegenüber dem Handwerks- oder Kleinbetrieb
arbeiten.

e) Kontinuität. In engstem Zusammenhange mit d)
steht das Prinzip der Kontinuität. Während die Konzentration
sich gewissermaßen im Raume abspielt, stellt die Kontinuität
eine Konzentration in der Zeit dar. Jede Unterbrechung eines
Produktionsprozesses ist notwendigerweise mit Verlusten an
Material und Energie verbunden. Es ist hier nicht der Ort, die
Frage aufzurollen, ob und welche Vorteile die Kontinuität in
der letzten Konsequenz, also ein kontinuierlicher Fabrikbetrieb,
besäße. Tatsache ist jedoch, daß vom technischen Standpunkte
aus betrachtet der Gedanke um so leichter zu verwirklichen
ist, je mehr in einem Betriebe die Vereinheitlichung fortgeschritten
und die Handarbeit ausgeschaltet ist. Es braucht nicht betont
zu werden, daß etwa ein Arbeiten in 2 oder 3 Schichten technisch-
ökonomisch bedeutende Vorteile brächte und daß, wenn man
chrematische und volkswirtschaftliche Gesichtspunkte besonders in unserer derzeitigen traurigen Wirtschaftslage heranzieht,
die Bedenken, die von vielen Seiten gegen diese Betriebsform
vorgebracht werden, zurücktreten müssen angesichts der inten-
siveren Kapitalausnutzung und der Möglichkeit das, was durch
die 8- und 7stündige Arbeitszeit an Produktion ausfällt, wieder
einzuholen. Die Frage ist lediglich, ob die Arbeitskräfte, die ja
vorläufig reichlich zur Verfügung stehen, auch bei wieder ange-
spannter Wirtschaft in entsprechendem Umfange vorhanden
sein werden. Vielleicht wäre es auch dann noch zweckmäßiger,
den jetzt ja sowieso oft notgeborenen 2. Feiertag in der Woche
einspringen zu lassen[1]). — Wenn ein Bau bei Kriegsausbruch ein-
gestellt wurde und nach 4 Jahren wieder aufgenommen wird,
so muß all die geistige und körperliche Arbeit zur Ingangsetzung
des Betriebes erneut geleistet werden. Gleichzeitig hat der
Zahn der Zeit an den Betriebseinrichtungen sein zerstörendes
Werk getan und so Verluste an materiellen Gütern herbeigeführt. —
Der Betrieb einer alle 300 m haltenden Straßenbahn verbraucht
prozentual erheblich größere Energiemengen als der einer Fern-

---

[1]) J. Sternkopf, »Kontinuierlicher Fabrikbetrieb«, Jahrbücher der
Nationalökonomie und Statistik, Nr. 89, S. 93.

bahn; denn bei jeder Haltestelle wird die Energie des fahrenden Zuges durch Abbremsen vernichtet, während gleichzeitig beim Anfahren jedesmal erneut die Beschleunigungsarbeit aufzubringen ist. Das gleiche gilt von einer Stanze oder Presse, die einmal einheitliche Massenfabrikate verarbeitet und also durchlaufen kann, während sie bei jeweils verschiedenen Fabrikaten zum Werkzeugwechsel stillgesetzt und wieder angelassen werden muß. Eine der vollkommensten Verwirklichungen des Prinzipes der Kontinuität stellt der Walzprozeß dar. Seine Vorteile versucht man neuerdings bereits zur Herstellung bisher unter Hämmern, Pressen oder in Temperguß hergestellter einheitlicher Teile nutzbar zu machen[1]). Die Ersparnisse sollen, abgesehen von dem geräuschlosen Betriebe und der einwandfreieren Materialbehandlung, allein an Betriebskraft 60% betragen.

Damit werden wir automatisch zur Vereinheitlichung geführt, als deren eine Folge sich

die f) Generalisierung der Arbeit ergibt. Wir verstehen darunter die Schaffung einheitlicher Methoden für die Vornahme irgendeines Arbeitsprozesses. Ihr Hauptzweck ist Ersparnis an geistiger und körperlicher Energie. Solange solche generalisierenden Methoden nicht bestehen, muß für im Grunde gleiche Vorgänge jeweils von neuem das günstigste Verfahren ausprobiert und ausgedacht werden[2]). Einen bedeutenden Anstoß hat die Generalisierungsidee durch Taylor erfahren[3]). Er hat auf Grund langjähriger Versuche festgestellt, daß unter den Teilvorgängen, aus denen sich die menschlichen Arbeitsverrichtungen zusammenfügen, einige völlig überflüssig, andere unzweckmäßig sind. Durch Ausmerzung der einen und Verbesserung der anderen läßt sich ohne Mehranstrengung eine höhere Ausnutzung der menschlichen Arbeitskraft und damit eine erhebliche Produktionssteigerung erzielen. Während es aber bisher dem Arbeiter überlassen war, den besten und kürzesten Weg

---

[1]) H. Ostwald, »Walzen von Kleineisenzeug als Massenartikel«, Stahl und Eisen 1912, S. 104.

[2]) Es leuchtet ein, daß hier vom volkswirtschaftlichen Standpunkt aus ungeheuere Werte in Frage kommen.

[3]) Taylor-Roeßler, »Die Grundsätze wissenschaftl. Betriebsführung«, Berlin 1913. — Taylor-Wallichs, »Die Betriebsleitung, insbesondere der Werkstätten«, Berlin 1912.

für seine Arbeit selbst zu finden, soll dieser in Zukunft als das Ergebnis wissenschaftlicher Versuche festgestellt und ihm generalisierend vorgeschrieben werden. Vorbedingung für eine lohnende Anwendung solcher Methoden ist jedoch die **große Zahl gleicher Arbeitsprozesse** oder die **Massenherstellung normaler Fabrikate**[1]). In ihrem Gefolge stehen Kontinuität und Energieersparnis.

g) **Normung, Normalisierung und Typisierung.** Unter Normalisierung versteht man die Vereinheitlichung der Form von Einzelteilen zugunsten einer höheren Stückzahl und unter Typisierung die Beschränkung in der Zahl der Ausführungsformen von Fertigfabrikaten höherer Ordnung gleichfalls zugunsten einer höheren Stückzahl. Beide ermöglichen erst eine zum mindesten innerbetriebliche[2]) Massenfabrikation und sind andererseits ohne Massenfabrikation nicht wohl denkbar. Sie gestatten durch ihren vereinheitlichenden Einfluß und die notwendige Steigerung der Produktionszahlen erst so recht die Anwendung generalisierender Ideen. Durch geeignete Ausnutzung ihrer Grundsätze lassen sich die unter a, b, d und e erörterten Forderungen erst zur richtigen Wirkung bringen. Dabei hat sich die Normalisierung nicht etwa nur auf die Einzelteile desselben Fertigfabrikates zu beschränken, sondern der Leitgedanke muß der sein, möglichst viele ähnliche Einzelteile auch der verschiedensten Erzeugnisse auf die gleiche Form zu bringen. Den je höher die Stückzahlen, desto größer bei Anwendung der ökonomischen Prinzipien der Wirkungsgrad der Produktion. — Die Normung, hier als Vereinheitlichung zwecks Ersparnis geistiger Energie auftretend, beschränkt sich nicht nur auf die Taylorschen Ideen[3]), sondern kennzeichnet sich hauptsächlich durch all die zahllosen organisatorischen Maßnahmen, die in den Betrieben einmal geleistete Denkarbeit gewissermaßen für die Nachwelt konservieren und so zwecklose Doppelarbeit verhindern wollen.

---

[1]) A. Voigt, »Die Generalisierung der Arbeit«, Techn. Ök. S. 304 in Wirtschaft und Recht von Leopold v. Wiese. »Der Verfasser führt dort z. B. als charakteristisch für die Generalisierung die Buchdruckerkunst an.«

[2]) Georg Schlesinger, »Begriff und Notwendigkeit der Normalisierung für den deutschen Maschinenbau«, Mitt. d. Leipz. B. V. d. I., 10. II. 1917.

[3]) A. Voigt, »Technische Ökonomik«, aus Wirtschaft und Recht von Leopold v. Wiese, § 41.

h) Spezialisierung und Arbeitsteilung. Zwei Folgeerscheinungen der Generalisierung, Normung und Typisierung
sind Spezialisierung und Arbeitsteilung. Unter den ersteren versteht die technische Ökonomik die Beschränkung der Generaung
irgendeines Mittels zugunsten seiner Anpassung an besondere
Zwecke. Die Drehbank ist eines der Mittel, dem eine gewisse Ge-
neralität, mitunter sogar als Universalität bezeichnet, zukommt.
Paßt man diese infolge der Fabrikation von normalen Einzelteilen den eingeschränkteren Zwecken aus ökonomischen Prinzipien an, so erhält man vielleicht eine Revolverbank. Die
Beschränkung der Ausführungsformen der Produkte auf lediglich ähnliche, in den Abmessungen nur wenig voneinander abweichende Gebilde führt schließlich zum Automaten[1]). Damit
ist die Spezialisierung auf das höchste getrieben, gleichzeitig
aber auch die Leistungsfähigkeit ungeheuer gestiegen. Bei höchster Konzentration der Arbeitsvorgänge werden die vereinheitlichten Fabrikate kontinuierlich mit dem kleinsten Abfall an
Material und der geringsten Energievergeudung in Massen hergestellt. Der Arbeiter, der zahlreiche Maschinen gleichzeitig bedient, beschränkt sich einzig auf die von Zeit zu Zeit erforderliche Materialzuführung. Eine zweite Folge oder auch Bedingung
für die Normalisierung ist die Arbeitsteilung. Dabei ist diese
hier keinesfalls in dem von der Volkswirtschaft gewöhnlich
gebrauchten Sinne der Spezialisierung zu verstehen, sondern
gemeint ist eine aus technisch-ökonomischen Gründen erfolgende
Zerlegung komplizierter Arbeitsvorgänge in einfache Teilprozesse.
Ihr könnte man in gleicher Weise eine Auflösung des Fabrikates
in seine Einzelteile zur Seite stellen. Unter Umständen kann es
sich sogar als zweckmäßig erweisen, bisher aus einem Stück
hergestellte Erzeugnisse in Elemente zu zerlegen, wenn sich
dadurch eine Normalisierung der letzteren ermöglichen läßt.
Durch die Arbeitsteilung ist vielfach erst eine Spezialisierung
möglich, denn sie ist oft erst der Anlaß dazu, die Stückzahlen
so zu vergrößern, daß sich die Spezialmaschine mit ihren Vorteilen lohnt.

Spezialisierung und Arbeitsteilung sind aber ferner auch
Mittel zur Höchstausnutzung menschlicher Energie. Es braucht
beispielsweise nur daran gedacht zu werden, daß im Konstruk-

---

[1]) Ludwig Loewe, »Moderne Arbeitsmethoden im Maschinenbau«.

tionsbureau die rein mechanische Tätigkeit des Pausens kaum jemals von dem Ingenieur ausgeübt wird. Er zerlegt seine Arbeit zugunsten der Höchstleistung in die geistigen und die physischen Teilprozesse. Nicht mit Unrecht sagt Voigt[1] »Ohne Spezialisierung k in Kulturfortschritt. Sie erst erlaubt, jeden Menschen an den für ihn geeigneten Platz zu stellen. Ohne sie wäre intensivere geistige Arbeit und Ausnutzung spezifischer geistiger Begabungen unmöglich«.

## Technische Grundlagen.

Die für das Vereinheitlichungsproblem maßgebenden, obengenannten technisch-ökonomischen Grundsätze in Verbindung mit der Massenfabrikation einerseits sowie die kritische Beurteilung der geschichtlichen Entwicklung andererseits ergeben eine Reihe rein technischer Voraussetzungen oder auch Folgeerscheinungen, ohne die eine Verwirklichung des Vereinheitlichungsgedankens nicht wohl möglich ist. Dabei sind die Zusammenhänge oft so verwickelt, daß man in der Literatur die widersprechendsten Auffassungen über die Priorität der einen oder der anderen finden kann. Es ist nicht Sache dieser Abhandlung, hierzu Stellung zu nehmen: vielmehr genügt es, den Zusammenhang festzustellen.

Abschluß der technischen Entwicklung. Der eingehende Beobachter der geschichtlichen Entwicklung des Vereinheitlichungsgedankens wird aus der Fülle der Erscheinungen drei Tatsachen herauslesen können: die erste, wirtschaftlicher Natur, ist die, daß stets dort die Technik sich zuerst normend betätigt hat, wo irgendwelche Produkte Massenartikel wurden (auf sie ist bereits im vorhergehenden Teile hingewiesen worden), die zweite ist die, daß erst dann die Normung mit Erfolg durchgeführt werden konnte, wenn die technische Entwicklung zu einem gewissen Abschluß gebracht worden war[2], die dritte zeigt, daß gerade die jüngsten Industrien am schnellsten und gründlichsten den Vereinheitlichungsgedanken aufgegriffen haben. Hieraus kann zusammenfassend der Schluß gezogen werden, daß, trivial ausgedrückt, nur dazu »reife« Konstruktionselemente

---

[1] A. Voigt, »Technische Ökonomik«, aus Wirtschaft und Recht von Leopold v. Wiese, S. 310.

[2] F. Neuhaus, »Technische Erfordernisse zur Massenfabrikation«, Technik und Wirtschaft 1910, S. 517.

normalisiert werden sollen. Der technische Gedanke muß erst im großen und ganzen so weit gelöst sein, daß wirtschaftliche Erwägungen ihm gegenüber in den Vordergrund treten, dann setzt die Vereinheitlichung mit Erfolg ein.

Gesetzmäßigkeit. Kaum dürfte die Technik heutzutage bereits auf dem Höhepunkt ihrer Entwicklung angelangt sein. Jahr um Jahr treten neue Gedanken, neue Lösungen auf; unaufhörlich steigt aus volkswirtschaftlichen Gründen der Bedarf. Daraus ergibt sich die weitere Forderung, neben einer ständigen Kontrolle und Weiterentwicklung der Normen die Normalisierung stets so vorzunehmen, daß deren einzelne Stufenfolgen nicht lediglich eine Auswahl aus dem augenblicklichen Bedarf etwa nach Quantitätsprinzipien darstellen, sondern daß sie sich außerdem einer Gesetzmäßigkeit einordnen, die jederzeit die Hinzufügung neuer Glieder ermöglicht[1]). Der Aufbau technischer Erzeugnisse ist eben weder durch den Verwendungszweck noch durch die Naturgesetze, noch etwa durch beide zusammen eindeutig bestimmt. Vielmehr bleibt immer die konstruktive Freiheit übrig, die sich bisher unter dem Einflusse der Individualität des Konstrukteurs in den zahlreichen regellosen Formen der Maschinen und Maschinenelemente kund tat. In diese Regellosigkeit System hineinzubringen, dem Konstrukteur für seine Freiheit nur einen bestimmten Weg offenzulassen, ist unumgängliches technisches Erfordernis einer wissenschaftlichen Vereinheitlichung.

Zusammenfassung und Auflösung der Elemente. Für das Konstruktionsbureau als das Hirn des technischen Apparates der Produktion ergibt sich die Notwendigkeit, alle seine Gedanken stets unter dem Gesichtspunkte der Normalisierung zu fassen. So schwer es dem einzelnen hier werden mag, auf liebgewordene Eigenheiten zu verzichten, so ungern sich der Konstrukteur seinen schöpferischen Tatendrang beschneiden läßt, zugunsten der Vereinheitlichung hat er sich zu beschränken. Grundsatz muß sein: gleiche Ziele sind stets durch gleiche konstruktive Mittel zu erreichen, um gleiche Herstellungsmethoden zu erhalten: also weitestgehende Verwendung von Normalien und tunlichste Zurückführung aller annormalen Teile auf normale. Die Verwirklichung dieser Forderung kann auf zweierlei Weise erreicht werden: einmal durch Zusammenfassung aller zur Massen-

---

[1]) Siehe auch S. 147.

fabrikation geeigneter Teile ähnlicher Art zu einem einzigen oder einer Reihe nach Größen geordneter Teile gleicher Art, zweitens durch Auflösung zur Massenfabrikation ungeeigneter Teile in mehrere dazu und zur Normalisierung besonders gut geeignete, die einzeln wieder ein weites Anwendungsgebiet finden[1]). Dem ersteren Vorgang entspräche es etwa, wenn eine Maschinenfabrik alle die zahllosen in ihrer Fabrikation vorkommenden Zapfen der verschiedensten Konstruktion zusammenstellen und nach einer bestimmten Gesetzmäßigkeit nur wenige einander ähnliche Durchmesserstufen beibehalten würde. Für die 2. Art kann man die direkt mit Elektromotoren gekuppelten Kreiselpumpen anführen. Ihre Fundamentplatte kann erst dann angefertigt werden, wenn die nicht normalisierte Achsenhöhe des Motors sowie die Abstände der Fundamentschrauben bekannt sind. Man hilft sich in der Weise, daß man bei der Fundamentplatte die Motorabmessungen überhaupt außer Spiel läßt, diese also als Massenfabrikat normal herstellt und die verschiedenen Achsenhöhen sowie Schraubenabstände durch Paßstücke ausgleicht. Nur durch Anwendung solcher Methoden kann die im Interesse der Normalisierung liegende hohe Stückzahl erreicht werden. Die Normalteile selbst aber müssen in engster Zusammenarbeit von Konstruktionsbureau und Betrieb vom technisch fabrikatorischen Standpunkt aus so konstruiert sein, daß mehr und mehr zur Anwendung von Spezialmaschinen wie Revolverbänken und Automaten, Formmaschinen, Gesenkpressen usw. übergegangen werden kann.

Austauschbarkeit. Als letzte technische Bedingung für die Normalisierung ergibt sich die Austauschbarkeit der bei den verschiedensten Fertigfabrikaten zur Verwendung gelangenden normalen Einzelteile[2]). Ist diese gesichert, so steht der weitest-

---

[1]) F. Neuhaus, »Der Vereinheitlichungsgedanke in der deutschen Maschinenindustrie«, Technik und Wirtschaft, August 1914, S. 11.

[2]) Werkstattstechnik 1911, S. 337. — F. Haier, »Über die Normalisierung und ihre Bedeutung für die Fertigung von Heeresgerät, Mitteilungen des Nadi 1918, Januar, S. 11. »Welcher Wert der Austauschbarkeit für das Heeresgerät zukommt, sowohl was Beschaffung, als auch was Verwendung anbetrifft, ist erst bei den Mengen, die dieser Krieg erforderlich machte, so recht in Erscheinung getreten. Heeresgerät ohne diese Austauschbarkeit ist unter den Verhältnissen des modernen Krieges eigentlich überhaupt kaum mehr denkbar.«

gehenden Verwendung der Normalien von seiten der gesamten Industrie nichts im Wege. In ihrem Gefolge steht gleichzeitig die Möglichkeit, nunmehr die von den Einzelfabriken in kleinerer, eine rationelle Massenherstellung nicht lohnenden Zahl benötigten Normalien von Spezialfabriken zu beziehen. Die letzteren aber werden dadurch in den Stand gesetzt, den großen Bedarf unter Anwendung der modernsten fabrikationstechnischen Methoden zu decken. Grundlage für die Austauschbarkeit ist ein einheit liches Passungssystem[1]). Die in Massen hergestellten Normal- teile müssen eben, trotzdem sie vielleicht aus den verschiedenen Fabriken stammen, ohne weiteres zueinander passen. Der erste Schritt hierzu war die Beschaffung der besten Maschinen und Werkzeuge. Er führte nicht zu dem gewünschten Ergebnis, und erst die Einführung von Meßwerkzeugen — Grenzlehren —[2]), die dem Arbeiter unter Ausschaltung seines Gefühles mit den einfachsten Mitteln eine bisher ungeahnte Sicherheit in der Prü- fung seiner Arbeit verliehen, konnte das Ziel, »die Austauschbar- keit der Fabrikate in Verbindung mit Schnelligkeit und Billig- keit der Herstellung«, erreichen. Hatte bisher lediglich die ört- liche Zusammenbringung der paarigen Teile zu einer Passung führen können, so kann man heut mit Hilfe der Grenzlehren bei gleichem Spiel die an den verschiedensten Stellen hergestellten Erzeugnisse zueinander passend anfertigen. Der Maschinenbau unterscheidet 4 Hauptarten von Passungen[3]):

1. Laufsitz
   a) leichter Laufsitz
   b) Laufsitz
   c) Laufsitz eng
2. Gleitsitz

3. Paßsitz
   a) Schiebesitz
   b) leichter Festsitz
   c) Festsitz
4. Preßsitz.

---

[1]) Georg Schlesinger, »Die Passungen im Maschinenbau«, Forschungsarbeiten, Heft 193, 194 und 18.

[2]) Ludwig Loewe, »Moderne Arbeitsmethoden im Maschinenbau«. »Unter Grenzlehren versteht man Doppellehren, welche die Grenzen angeben, innerhalb deren sich die Abmessungen des Arbeitsstückes halten müssen. Diese Grenzlehren werden auf Grund eingehender Versuche entsprechend der Genauigkeit und der zur Verwendung gelangenden Passungsklasse gewählt.« — G. Schlesinger, »Das Messen in der Werkstatt und die Herstellung austauschbarer Teile«, Z. d. V. D. I., 19. IX 1903, S. 1379.

[3]) Werkstattstechnik 1911, S 337.

Dabei ist unter Passung entsprechend dem Entwurf zur
D J Norm 17 (siehe Abbild. 16)[1]) ganz allgemein das körperliche Verhältnis zweier zusammengefügter Teile, gekennzeichnet durch das
Spiel bzw. Übermaß, zu verstehen. Ein einheitliches Passungssystem muß für diese Spiele oder Übermaße bei den einzelnen
Klassen entsprechend den Bedürfnissen der Praxis je nach
den Durchmessern gleiche Werte festsetzen[2]). Es kann hier
naturgemäß nicht auf die Streitfragen, Einheitswelle oder
Einheitsbohrung[3]), Lage der Nullinie, Schlicht-, Grob-, Fein-
und Feinfeinpassung usw. eingegangen werden. Das sind
Spezialfragen, deren Lösung erst nach der allgemeinen Forderung eines einheitlichen Passungssystems kommt. Dieses in
Verbindung mit den oben erwähnten Grenzlehren bildet das tra-
gende Gewölbe für den Vereinheitlichungsgedanken, dessen Eck-
stein die Wahl einer einheitlichen Bezugstemperatur für alle
Lehr- und Meßwerkzeuge[4]) sein muß.

Damit dürften die gemeinsamen Grundlagen aller technischen Vereinheitlichungen erschöpft sein. Die Zahl der
Spezialprobleme ist gerade hier ungeheuer. Jedes einzelne
Normblatt verlangt die Lösung so zahlreicher Sonderfragen,
daß an dieser Stelle wie bereits im Vorwort auseinandergesetzt
wurde, unmöglich darauf eingegangen werden kann. Die Gefahr

[1]) Siehe Anmerkuug 1 S. 37.
[2]) O. Müller, »Über Toleranzen für Längenmaße«, Der Betrieb,
März 1919, S. 149.
[3]) W. Kühn, »Das natürliche Toleranzsystem, O-Linie und Pas-
sungsmaß«, Der Betrieb, Oktober 1918, S. 1. — »Passungen«, Mitteilungen des Nadi, Aug. 1918, S. 104. — O. Schreibmayr, »Die
Notwendigkeit der alleinigen ˉEinführung der Einheitswelle«, Der
Betrieb, März 1919, S. 161.
[4]) C. Johansen, »Die Normaltemperatur der Meßwerkzeuge im
Maschinenbau«, Werkstattstechnik 1918, Heft 11, S. 125. — Pfleiderer,
»Normaltemperatur und Einheitsgrenzlehrsystem«, Werkstattstechnik
1917, S. 25. — Richard Koch, »Die Bezugstemperatur der Meßwerkzeuge des Maschinenbaues«, Der Motorwagen, 20. V. 1918, S. 169. —
Jos. Reindl, »Die Normaltemperatur der Meßwerkzeuge im Maschinenbau«, Werkstattstechnik 1917, S. 361. — F. Plato, »Die derzeitigen
gebräuchlichen verschiedenen Ausgangstemperaturen 0, 14, 15, 16$^2$/$_3$,
17, 18, 19, 20°«, Werkstattstechnik 1918, Nr. 10. — »0° oder 20°,
0° und 20°«, Zeitschrift der deutschen Gesellschaft für Mechanik und
Optik, 15. VI. 1918, S. 61.

| DEUTSCHE INDUSTRIE NORMEN | ENTWURF 2 | Noch nicht endgültig. **Passungen** Benennungen | DI NORM 17 |
|---|---|---|---|

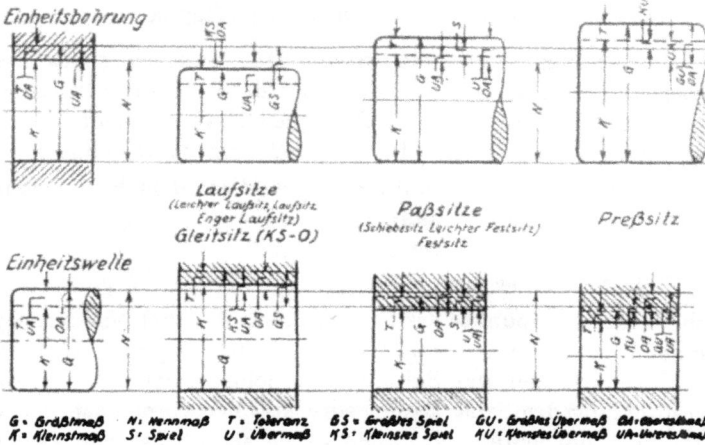

Einheitsbohrung

Laufsitze
(Leichter Laufsitz, Laufsitz, Enger Laufsitz)
Gleitsitz (KS-O)

Paßsitze
(Schiebesitz, Leichter Festsitz)
Festsitz

Preßsitz

Einheitswelle

G = Größtmaß   N = Nennmaß   T = Toleranz   GS = Größtes Spiel   GU = Größtes Übermaß   OA = Oberes Abmaß
K = Kleinstmaß   S = Spiel   U = Übermaß   KS = Kleinstes Spiel   KU = Kleinstes Übermaß   UA = Unteres Abmaß

1. **Passung** bezeichnet allgemein das körperliche Verhältnis zweier zusammengefügter Teile, gekennzeichnet durch das Spiel bezw. Übermaß.
2. **Gütegrade** sind die Grade, nach denen die Feinheit von Passungen abgestuft ist; z. B. Feinfeinpassung, Feinpassung, Schlichtpassung, Grobpassung.
3. **Sitz** ist eine bestimmte Passung, gekennzeichnet durch das kleinste und größte Spiel bezw. das kleinste und größte Übermaß, das beim Zusammentreffen der Grenzmaße von Welle und Bohrung auftreten kann, z. B. Laufsitz, Gleitsitz usw.
4. **Toleranz** (*T*) ist der Unterschied zwischen dem größtzulässigen Maß (Größtmaß) und dem kleinstzulässigen Maß (Kleinstmaß) eines Werkstückes.
5. **Spiel** (*S*) ist der freie Raum zwischen Bohrung und Welle und zwar
   a) **Kleinstes Spiel** (*KS*) der freie Raum zwischen Kleinstmaß der Bohrung und Größtmaß der Welle.
   b) **Größtes Spiel** (*GS*) der freie Raum zwischen größter Bohrung und kleinster Welle.
6. **Übermaß** (*U*) ist das Maß, um das die einzuführende Welle größer ist als die Bohrung, und zwar
   a) **Kleinstes Übermaß** (*KU*) der Unterschied zwischen Kleinstmaß der Welle u. Größtmaß der Bohrung.
   b) **Größtes Übermaß** (*GU*) der Unterschied zwischen Größtmaß der Welle und Kleinstmaß der Bohrung.
7. **Größtmaß** (*G*) und **Kleinstmaß** (*K*) sind die Grenzmaße, zwischen denen das ausgeführte Maß eines Werkstückes liegen muß.
8. **Grundmaß** ist das Maß, von dem bei der Eintragung der Abmaße ausgegangen wird.
9. **Nennmaß** (*N*) ist das Grundmaß, welches für zwei zusammenpassende Stücke gleichgroß gewählt ist und die Größe der Stücke kennzeichnet.
10. **Paßeinheit** ist der mathematische Ausdruck $\frac{1}{200}\sqrt[3]{D}$: er ergibt die Toleranzen der am feinsten bearbeiteten Werkstücke (z.B. der Wellen der Feinfein- und Feinpassung im Einheitswellensystem; siehe DI Norm 40).
11. **Abmaß** ist das Maß, um das ein Stück vom Nennmaß abweicht, und zwar ergibt das
   a) **Obere Abmaß** (*OA*) zum Nennmaß algebraisch hinzugezählt, das Größtmaß,
   b) **Unteres Abmaß** (*UA*) zum Nennmaß algebraisch hinzugezählt, das Kleinstmaß.
12. **Gutseite** ist die Seite einer Grenzlehre, die sich über bezw. in ein richtiges Arbeitsstück führen lassen muß.
13. **Ausschußseite** ist die Seite einer Grenzlehre, die sich nicht über bezw. in ein richtiges Arbeitsstück führen lassen darf.

Abbild. 16.

172

wird so vermieden, sich durch eine Aneinanderreihung von Einzelabhandlungen ins Uferlose zu verlieren und Fragen zur Erörterung zu stellen, die doch nur der Spezialist lösen kann.

## Privatwirtschaftliche Grundlagen.

Befriedigung des Produzenten durch Steigerung des Reinertrages ist der Gesichtswinkel, unter dem die Privatwirtschaft die Produktion betrachtet[1]). Die Quelle, aus der jeder Reinertrag fließt, ist der Verkauf. Sie fließt um so reichlicher

1. je schneller und pünktlicher die Ware dem Konsumenten geliefert werden kann,
2. je besser die Qualität ist und
3. je billiger er sie erhält,

wobei vom Standpunkte des Erzeugers aus der Preis ein derartiger sein muß, daß die Rentabilität der Herstellung möglichst hoch ist. Preis ist aber die Summe von Selbstkosten und Gewinn. Herabsetzung der Selbstkosten wird also der vornehmste Grundsatz des Produzenten sein, denn durch sie wächst sein Gewinn. Die drei Grundelemente der Selbstkosten sind[2]):

    a) Materialausgaben,

    b) Lohnaufwendungen,

    c) Unkosten[3]).

Mit den beiden Positionen 1 und 2 ergeben sich damit fünf wesentliche Posten, deren Beziehungen zum industriellen Vereinheitlichungsgedanken im folgenden untersucht werden sollen.

Materialausgaben. Schon bei den Materialausgaben macht sich die Vereinheitlichung kostenmindernd bemerkbar. Sparsamste Anwendung des Materials und dessen höchste mechanische Ausnutzung werden bei der eingehenden Behandlung, die normalisierte Teile vor ihrer Festlegung erhalten, zum

---

[1]) G. Schlesinger, »Betriebsführung und Betriebswissenschaft«, Technik und Wirtschaft 1913, S. 525.

[2]) »Grundzüge der Berechnung von Fabrikationskosten«, ETZ. 1914, S. 861.

[3]) Es muß ausdrücklich darauf hingewiesen werden, daß in den »Unkosten« hier im Gegensatz zu dem engeren Produktionskostenbegriff der Bilanzen die Verkaufskosten mit eingeschlossen sind.

Grundsatz erhoben. Die Preise der Rohmaterialien[1]), wie beispielsweise Rundeisen, Wellenstahl, Rundkupfer, Profileisen usw. müssen notgedrungen fallen, wenn die gesamte deutsche Industrie in Zukunft statt der bisherigen ungeheuren Vielzahl nur wenige im voraus bekannte Abmessungen benötigt, die die Walzwerke dann mit den modernsten fabrikatorischen Einrichtungen in großen Mengen herstellen und sich getrost auf Lager legen können[2]). Noch schärfer kommt diese Tatsache dort zum Ausdruck, wo es sich z. B. darum handelt, normale Maschinenelemente, wie etwa Paßstifte, Schrauben, Handräder, Handkurbeln, Splinte, Unterlagsscheiben, Keile, Kupplungen usw., deren Einzelherstellung im eigenen Betriebe infolge des verhältnismäßig geringen Bedarfs sich nicht lohnen würde, von Spezialfabriken zu beziehen[3]). Es leuchtet ein, daß diese bei ihrer Massenfabrikation, abgesehen von der schnellen Lieferungsmöglichkeit, sie in ganz anderer Qualität und zu weit niedrigeren Preisen liefern können, als wenn der Betrieb sie selbst herstellen müßte. Nimmt man weiter an, daß die im Interesse der Vereinheitlichung liegende Spezialisierungstendenz in Zukunft stärker und stärker zum Durchbruch kommt, daß also die Mehrzahl der Fabriken nur noch eine kleinere Anzahl von Typen bauen wird, bei deren Konstruktion naturgemäß eine nochmalige Beschränkung innerhalb der D J Normen eintreten kann, etwa in der Weise, daß von den dort festgelegten Normaldurchmessern in einer Fabrik nur, sagen wir, 5 verwendet werden, so ergibt sich für den Unternehmer die Möglichkeit, das hierzu erforderliche Rohmaterial in großen Mengen zu Vorzugspreisen unter gleichzeitiger Ausnutzung der Konjunktur zu beziehen und[4]) auf Lager zu legen. Normale Lieferungsvorschriften und Benennungen sorgen gleichzeitig dafür, daß die Qualität dieser Rohstoffe stets gleichmäßig und durchaus ein-

[1]) Dierfeld, »Betriebs- und Arbeitsverfahren bei der neuen Automobilgesellschaft A.-G. in Oberschöneweide«, Technik und Wirtschaft 1913, S. 456.

[2]) W. Hellmich, »Der Normenausschuß der deutschen Industrie«, Mitteilungen des Nadi, Januar 1918, S. 3.

[3]) Kienzle, »Normen und ihre Bedeutung für die Allgemeinheit, insbesondere für die Industrie«, Der Weltmarkt 1918, S. 179.

[4]) Kurt Rathenau, »Der Einfluß der Kapitals- und Produktionsvermehrung auf die Produktionskosten in der deutschen Maschinenindustrie«, Jena 1906, S. 30.

174

wandfrei ist. Nur sie ermöglichen es auch kleinen Abnehmern,
sich ein untrügliches Bild über den Werdegang der bezogenen
Rohstoffe, z. B. der Gießereiprodukte, zu machen, das Irrtümer
oder absichtliche Täuschungen ausschließt[1]). Klagen des Kunden über Materialfehler sowie Lieferungsverzögerungen wird so
gleichzeitig vorgebeugt. Welchen Einfluß beispielsweise der Bezug
in größeren Mengen auf den Preis hat, ersieht man aus der Tatsache, daß 1906 die Vereinigung der Rheinisch-Westfälischen
Bandeisenwerke beschloß, die Verbandspreise für Abschlüsse
von weniger als 50 t um M. 2 pro Tonne zu erhöhen[2]). Das gleiche
gilt für die Transportkosten. Kann der Unternehmer unter der
Wirkung der Spezialisierung ganze Waggonladungen Rohmaterial
von einem Werke beziehen, so ermäßigen sich die Frachtsätze
um nahezu 100%. Ganz anders bei der Einzelanfertigung nicht
normaler Teile. Entweder muß das Material zu erheblich höheren
Preisen besonders bestellt werden, wobei abgesehen von der Lie-
ferungsverzögerung seine sonstigen Eigenschaften nicht so fest
umrissen sind wie bei normalen Materialien, oder aber es müssen
Lagervorräte der vielleicht nächst höheren normalen Form benutzt werden (man denke etwa an eine anormale Welle). In
beiden Fällen ist die Fabrikation mit Materialverlusten verbunden. Die Bestellung muß zur Sicherheit mit einer gewissen, später
als Abfall zu verbuchenden Zugabe erfolgen, und bei der Fabrikation z. B. einer Welle von 52 mm Durchmesser aus Wellenstahl
von 55 mm Stärke muß eben das Übermaß einfach herunter-
gedreht werden[3]). Rechnet man hierzu noch die mit der Einschränkung in der Reichhaltigkeit[4]) des Lagers an den verschiedensten

---

[1]) Es sei hier daran erinnert, welcher Unfug z. B. mit all den
Bezeichnungen, wie »feuerfeste, hochfeuerfeste Panzer-Roststäbe«
oder »I, Ia, IIa Werkzeugstahl« u. a. getrieben wird.

[2]) Kurt Rathenau, »Der Einfluß der Kapitals- und Produktionsvermehrung auf die Produktionskosten in der deutschen Maschinenindustrie«, Jena 1906, S. 30.

[3]) J. P. Broderick, »The standardization of electrical apparatus«,
The Engineering Magazine and International Review 1901/02, S. 24.

[4]) Ad. Debrunner, »Normalien im Maschinenbau«, Werkstattstechnik 1910, S. 644. »Normale Riemen- und Riemenscheiben-
breiten«, Riemen sind im Handel in allen Breiten erhältlich. Unge-
zählte Summen sind in den Lagern der Riemenfabrikanten und Händler
investiert. Wie leicht könnten sie und damit das Riemenlager der
Fabrik durch Normalisierung vermindert werden.«

Rohstoffen und Halbfabrikaten verbundene Raum- und Personal-
ersparnis, die erheblich größere Übersicht für den auf das Lager
angewiesenen Konstrukteur, so ist es verständlich, wenn die
Firma Orenstein & Koppel — Artur Koppel A.-G. von der Vereinheitlichung behauptet, sie habe sich für die wirtschaftliche Erziehung des Konstrukteurs vorzüglich bewährt und beim Einkauf zu tatsächlich nachweisbaren, sehr erheblichen Ersparnissen
geführt[1]).

Lohnaufwendungen. Der veränderliche Bestandteil der
Selbstkosten sind die Lohnaufwendungen. Nachdem es bei den
Materialausgaben nicht möglich ist, unter ein gewisses Minimum,
das von den Preisen der Rohprodukte abhängig ist, herunterzu-
kommen, müssen sich die Hauptbemühungen des Produzenten
darauf erstrecken, den Lohnanteil an den Kosten herabzumindern.
Ersetzung der menschlichen Arbeitskraft durch Maschinenarbeit und Höchst-Ausnutzung der ersteren sind die Angelpunkte des Problems. Beiden ebnet die Vereinheitlichung die
Wege.

Normalisierung und Typisierung zum Zwecke der Erhöhung
der Stückzahlen ganz allgemein sowie die Spezialisierung zu deren
Potenzierung im Einzelbetrieb ermöglichen erst eine die Produktion verbilligende[2]) Massenfabrikation[3]). Ohne diese aber wäre,
selbstverständlich den volkswirtschaftlichen Bedarf vorausgesetzt,
eine so weitgehende Verwendung von Maschinen, und zwar
insbesondere arbeitssparenden Spezialmaschinen, nicht denkbar[4]).
Dabei ist die in Arbeiterkreisen weit verbreitete Ansicht, daß
durch ihre Einführung die Leute brotlos werden, irrig[5]). Ein
Beispiel: Eine Lokomotivfabrik will 100 moderne Werkzeugmaschinen, die je 5 alte, also insgesamt 500 Maschinen ersetzen,
anschaffen. Damit würden zunächst 400 Arbeiter brotlos, während

[1]) Adolf Santz, »Grundzüge über die Normalisierung von Walzeisen mit rechteckigem Querschnitt«, Werkstatttechnik 1913, Heft 5.

[2]) W. Kreul, »Die Wiederherstellung der deutschen Handelsflotte«, Stahl und Eisen 1918, S. 130.

[3]) L. Loewe, »Moderne Arbeitsmethoden im Maschinenbau«, S. 8.

[4]) R. Langner, »Werkzeugmaschinen für Zwecke der Massenfabrikation«, Zeitschr. d. österr. Ing.- u. Arch.-V. 1910, S. 4.

[5]) Metzeltin, »Arbeitsparende Maschinen«, Beilage zu den Hano-
mag-Nachrichten, März 1919, S. 30.

die Firma täglich, bei M. 15 Arbeitsverdienst, M. 400 × 15 = 6000, also im Jahre M. 300 × 6000 = 1 800 000 spart. Wird der Preis der Maschinen abzüglich des Wertes der alten mit M. 50000, also zusammen M. 5000000, die Verzinsung mit 5% und die Amortisation mit 20% eingesetzt, so ergibt sich unter Berücksichtigung ev. Mehraufwendungen an Kraft oder Kohle usw. vielleicht eine Unkostensumme von 1,3 Mill., so daß M. 500000 Reingewinn bleiben. Fertigt die Fabrik jährlich 200 Lokomotiven, so kann sie jede M. 2500 billiger liefern und vielleicht hierdurch aus dem Auslande 40 Lokomotiven mehr hereinbekommen. Rechnet man pro Lokomotive eine Jahresarbeitszeit von 13 Mann, so ergibt sich eine erforderliche Neueinstellung von 520—400 = 120 Mann in dem einen Werk. Dehnt man schließlich die Betrachtung auf die Volkswirtschaft aus, so sieht man, daß durch die 40 Lokomotiven und die 100 Werkzeugmaschinen an zahlreichen andern Stellen in den Bergwerken, Hütten, Walzwerken usw. Arbeit geschaffen wird. Metzeltin veranschlagt eine Lokomotive zum Preise von M. 200000 mit 45, die 40 Lokomotiven also mit 1800 Mann, während er die 100 Werkzeugmaschinen in 1100 Mann Jahresarbeit auflöst. Welche Bedeutung gerade den modernen Sonderwerkzeugmaschinen, diesen raffiniertesten Mitteln der Arbeitsersparnis, beigemessen wird, geht auch aus den Worten Woodworths hervor, »daß gerade die wichtigsten und begabtesten Männer mit dem Erfinden und Vervollkommnen von Hilfsmitteln zur schnellen und sparsamen Fabrikation von Maschinen beschäftigt sind«[1]. Solche Maschinen für die Herstellung vereinheitlichter Erzeugnisse haben dabei gleichzeitig den Vorteil, daß sie in weitgehendem Maße die Verwendung un- oder angelernter Arbeiter gestatten[2]. Hierher gehört u. a. auch der im Jahre 1900 auf der Pariser Weltausstellung erstmalig vorgeführte Schnelldrehstahl, durch den die Leistungsfähig-

---

[1]) Woodworth-Heine, »Herstellung von Werkzeugen und die Massenfabrikation nach amerik. System«. Leipzig. 1910.

[2]) »Die Begründung des Ausschusses für wirtsch. Fertigung«, Mitt. d. A. w. F., April 1918, S. 3. »Die Firma Ludwig Loewe gibt beispielsweise an, daß nach Einführung der Normalisierung in ihrer Dreherei ca. 75% der Belegschaft ungelernte Arbeiter waren.« — W. Vorwerck, »Die Verwendung des ungelernten Arbeiters in der Massenfabrikation«, Zeitschr. f. Werkzeugmaschinen u. Werkzeuge Nr. 16, S. 119.

keit der Werkzeugmaschinen auf das Vielfache gesteigert wurde[1]). Wie bedeutend auf der einen Seite die Produktionssteigerung und auf der anderen die Kostenminderung bei Verwendung all der modernen Spezialmaschinen wie Revolverbänke, Automaten, Schleifmaschinen, Schmiedemaschinen, Pressen, Fräsmaschinen, Formmaschinen[2]), Vielfachbohrmaschinen[3]) usw. ist, mag aus folgenden Beispielen geschlossen werden.

Die Arbeitszeit einer Pleuelstange im Automobilbau konnte bei Anwendung moderner Arbeitsverfahren um 59%, die einer Vorderradnabe um 62% und des Motorgehäuses um 66% abgekürzt werden[4]). In der hausindustriellen Nadelfabrikation stellt ein Arbeiter täglich 4800 Nadeln her, in der Fabrik dagegen bei Benutzung von Spezialmaschinen 1,5 Mill.[5]). Die Firma Borsig hat eine Reihe sog. Universalmaschinen wie Drehbänke, Bohrmaschinen usw. im Kriege durch Sondermaschinen der einfachsten Konstruktion ersetzt und dabei überraschende Ergebnisse erzielt: Das Gewindeschneiden von End- und Zwischenböden der 42 cm Granaten kostete auf der Drehbank M. 15, auf der Sondermaschine 5, wobei ein angelernter Arbeiter 2 Maschinen bedienen konnte. Das Gewindeschneiden eines Geschoßkopfes für 10,5 cm Granaten stellte sich unter Benutzung der Drehbank auf M. 1, bei dem Fräsapparat auf 14 Pf.[6]).

Das Abdrehen einer Hartgußwalze von 152 mm Durchmesser und 1900 mm Länge um 2,3 mm bei einer Genauigkeit

---

[1]) M. Blancke, »Rationelle Metallbearbeitung«, S. 19. — Nicolson erzielte in einer Versuchsreihe bei Bearbeitung von weichem Stahl 232 kg Späne gegenüber 10 kg mit den bisherigen Werkzeugstählen.

[2]) Humperdinck, »Arbeitsweise in amerikanischen Gießereien«, Gießerei-Zeitung 1912, S. 379.

[3]) H. Friedrichs, »Die Vielfachbohrmaschine, ein Werkzeug zur Einführung der Massenfabrikation in dem Schiffbau«, Schiffbau XVIII, S. 545.

[4]) L. Bracke, Berlin, »Werkzeugmaschine und Arbeitszerlegung« 1911, S. 65/66.

[5]) Lujo Brentano, »Über das Verhältnis von Arbeitslohn und Arbeitszeit zur Arbeitsleistung«, Leipzig 1893, S. 53.

[6]) Litz, »Erhöhung der Wirtschaftlichkeit von Werkzeugmaschinen durch erweiterte Ausbildung von Sondermaschinen«, Der Betrieb, Januar 1919, S. 91.

von $\pm$ 0,01 mm dauerte auf der Drehbank 28 Stunden, auf der Schleifmaschine nur 2 Stunden. Dabei betrugen die Kosten der Arbeitsprozesse einschließlich der Amortisation der Maschinen bei der Drehbank M. 15,68, bei der Schleifmaschine M. 1,71[1]).

Nächst den Schleifmaschinen spielen die Revolverbänke in der Massenfabrikation eine große Rolle. Sie stellen gewissermaßen die Konzentration der arbeitsteiligen Verfahren mehrerer Sondermaschinen in einer dar. Die durch ihre Verwendung erreichbaren Zeit- und Lohnersparnisse werden von den Fabriken zu 66% und mehr angegeben. So kostete beispielsweise ein Regulierventil auf der Drehbank 76 Pf., auf der Revolverbank 26 Pf.[1]). Noch weiter ist die Produktivität und Verbilligung in den Automaten getrieben. Während noch jede Revolverbank häufig von einem Mann bedient werden muß, genügen für 10 bis 12 Automaten ein Einrichter und ein Hilfsarbeiter. Dementsprechend werden zur Anfertigung von täglich 100 Bolzen einer bestimmten Form gebraucht[2])

bei Verwendung:

| 1) der Drehbank | 2) der Revolverbank | 3) des Automaten |
|---|---|---|
| 1 Abstechmaschine | 3 Revolverbänke | 3 Automaten |
| 1 Zentriermaschine | 3 Mann | $^1/_2$ Mann |
| 10 Drehbänke | | |
| 12 Mann | | |

und die Stückkosten betragen:

| 75 Pfg. | 14 Pfg. | 7 Pfg. |
|---|---|---|

Das Einfräsen der Zähne in Fahrradkettenräder kostete früher 22 Pf. pro Stück. Heute werden auf einer Spezialmaschine 120 Stück gleichzeitig bearbeitet, wobei 1 Mann 3 Maschinen bedient. Dementsprechend stellt sich der Stückpreis auf 4,6 Pf.[1]). Grundbedingung für all die arbeits- und kostensparenden Verfahren ist aber die weitgehende Gleichheit der Arbeitsstücke,

---

[1]) Kurt Rathenau, »Der Einfluß der Kapitals- und Produktionsvermehrung auf die Produktionskosten in der deutschen Maschinenindustrie«, Jena 1906, S. 43/45.

[2]) L. Loewe & Co., »Automat-, Revolver- und Fasson-Drehbänke«.

also Normalisierung und Typisierung. Nur sie ermöglichen die
tunlichste Ausschaltung der menschlichen Arbeitskraft[1]).

Hat die Vereinheitlichung durch die Begünstigung der Maschinen den Ersatz der menschlichen Arbeitskraft zur Folge
gehabt, so befähigt sie gleichzeitig den wirtschaftlich denkenden
Unternehmer durch die in ihrem Gefolge stehende Generalisierung der Arbeit, methodisch deren Höchstausnutzung zu
erreichen. Taylor hat hier den Weg gewiesen[2]), der bei häufiger
wiederkehrenden gleichen Arbeiten gegangen werden muß[3]).

1. Die Arbeitszerlegung in kleinste Elemente und die wissenschaftliche Zeitstudie,
2. die systematische Auslese der Arbeiter,
3. die Anleitung und Weiterbildung der als geeignet er-
   kannten Leute in friedlicher Zusammenarbeit von Arbeitgeber und Arbeiter

sind die Eckpfeiler seines Systems. Hohe Löhne und niedrige
Herstellungskosten sollen der Erfolg sein. Es kann nicht Sache
der vorliegenden Arbeit sein, nun etwa in eine Erörterung der
Taylorschen Grundsätze einzutreten, hier interessiert lediglich
der erste Punkt, denn nur er ist besonders auf die Massenfabrikation zugeschnitten[4]). Bezweckt wird durch seine Anwendung
die Systematisierung und Normalisierung der jetzigen unwissen-
schaftlichen und unrationellen[5]) Arbeitsweise in Gestalt der Festlegung

1 eines großen Arbeitspensums (nur ein erstklassiger Arbeiter soll in der Lage sein, die nicht bequem zu vollen-
  dende Arbeitsmenge zu erledigen),

---

[1]) Paul Möller, »Eine Studienreise in den Vereinigten Staaten von
Amerika«, Z. d. V. D. I., 4. VII. 1903, S. 976.

[2]) Taylor-Wallichs, »Die Betriebsleitung, insbesondere der Werkstätten«, Berlin 1912.

[3]) Taylor-Roeßler, »Die Grundsätze wissenschaftlicher Betriebsführung«, Berlin 1913. — G. Schlesinger, »Betriebsführung und Betriebswissenschaft«, Technik und Wirtschaft 1913, S. 525.

[4]) Selbstverständlich kann auch auf die Einzelfabrikation die
Zeitstudie angewendet werden, nur dürften die Kosten des Verfahrens
dabei nicht herauskommen.

[5]) »Löhne und Wettbewerbsfähigkeit nach dem Kriege«, Die
Werkzeugmaschine 1917, Nr. 24, S. 439.

2. gleichmäßiger und geregelter Arbeitsbedingunng muß Vollendung der täglichen hohen Arbeitsleistung (die durch gute Einrichtungen und Regelung aller Arbeitsbedingungen mit Gewißheit zu ermöglichen sein),

3. einer hohen Löhnung bei hoher Arbeitsleistung (die Arbeiter sollen bei angestrengter Arbeitsleistung auch gut verdienen.),

4. einer Einbuße an Lohn bei Minderleistung (der Arbeiter soll die Gewißheit haben, daß er bei Nachlassen in der Leistung der Geschädigte ist).

Taylors »Arbeitsverteilungsbureau« will mit einer Anzahl von »Funktionsmeistern«, die meistens und zweckmäßig aus intelligenteren Facharbeiterkreisen herangebildet werden und ihr Arbeitsgebiet vollkommen beherrschen, den ganzen Betrieb und die ganze Arbeitsweise in ein lückenloses System bringen durch genaue Beobachtung und Aufzeichnung eines jeden Arbeitsvorganges[1]), der Wirkung eines jeden Werkzeuges und einer jeden Maschine, der Geeignetheit der Arbeiter für diese oder jene mechanische Tätigkeit. Auf Grund dieser Ermittlungen werden Normalien für jeden Arbeitsvorgang[2]) bis in alle Einzelheiten festgelegt, eine Auslese und Nutzbarmachung der Arbeiter, der normalisierten Werkzeuge und Maschinen nach ihrer Geeignetheit vorgenommen und die Arbeiter, wo nötig, angelernt — jeder dort, wohin er nach seinen Eigenschaften und Fähigkeiten gehört. Das muß natürlich, wie nachstehende Beispiele zeigen, den Erfolg haben, die Erzeugung wesentlich zu steigern, die Herstellungskosten herabzusetzen und trotzdem dem Arbeiter einen wesentlich höheren Lohn zu verschaffen[3]). Auf den Lagerplätzen

---

[1]) Ed. Michel, »Zeitstudien«, Der Betrieb, Februar 1919, S. 133.

[2]) W. Kreul, »Die Wiederherstellung der deutschen Handelsflotte«, Stahl und Eisen 1918, S. 130.

[3]) »Löhne und Wettbewerbsfähigkeit nach dem Kriege«, Die Werkzeugmaschine 1917, Nr. 24, S. 439. — Friedrich W. Taylor-Roeßler, »Die Grundsätze wissenschaftlicher Betriebsführung«, Berlin 1913, S. 28. »Während dieser Zeit sind die Angestellten einer Gesellschaft nach der anderen, und zwar in den verschiedensten Industriezweigen allmählich von der gewöhnlichen Verwaltungsform zu der wissenschaftlichen übergegangen. Wenigstens 50000 Arbeiter in den Vereinigten Staaten sind gegenwärtig unter diesem System tätig und erhalten täglich 30 bis 100% höhere Löhne, als Leute gleichen Schlages unter

der Bethlehem Stahlwerke waren 400 bis 600 Schaufler beschäftigt, die pro Tag Doll. 1,15 verdienten und hierfür je 16 t/Tag entsprechend 0,072 Doll./t Gesamtkosten schafften. Nach erfolgter Vereinheitlichung der Arbeit leisteten 140 Arbeiter dieselbe Menge, d. h. jeder 59 t/Tag bei Doll. 1,88 Tagelohn (+ 62%) und um 54% geringeren Aufwendungen/t (Doll. 0,033), in die auch bereits die Studienkosten eingerechnet sind.

In einer Stahlkugelfabrik konnte die Zahl der Kugelprüferinnen nach wissenschaftlicher Vereinheitlichung ihrer Arbeitsverrichtungen statt ursprünglich 120 auf 35 herabgesetzt werden, die in 8½ statt 10½ Stunden Arbeitszeit bei 80 bis 100% mehr Lohn dasselbe, und zwar um $^2/_3$ genauer leisteten wie zuvor[1].

Es dürfte einleuchtend sein, wie bedeutend, abgesehen von dadurch gewonnenen einheitlichen sicheren Kalkulationszahlen, die Vorteile wären, die aus einer durch solche Arbeitsweise verbilligten Herstellung aller normalisierten Teile entspringen würden[2]. Sache jedes Betriebes, der normalisierte Teile verwendet, wird es also sein, zunächst wenigstens für diese auf Grund von Zeitstudien die höchste Stückzahl und den geringsten Herstellungspreis zu ermitteln, um dann gleichzeitig festzustellen, ob etwa eine Spezialfabrik nicht trotz allem die Normalien noch preiswerter zu liefern vermag[3]. Ganz von selbst würde auf diese Weise nicht nur der einzelne Betrieb sondern schließlich die gesamte Industrie, wenigstens auf dem Gebiete der D J-Normen, zu einheitlichen Kalkulationsgrundlagen kommen, deren volkswirtschaftliche Bedeutung gerade angesichts der großen Zer-

---

den alten Verhältnissen verdienen, während die Gesellschaften selbst, für die sie arbeiten, besser prosperieren, denn je zuvor. In ihren Betrieben hat sich die Produktion pro Mann und Maschine durchschnittlich verdoppelt.«

[1] Kerner, »Die Ökonomie der menschlichen Arbeit«, ETZ. 1913, S. 530.

[2] U. Lohse, »Das Normalisieren in der Gießerei«, Technik und Wirtschaft, Januar 1917, S. 30. — Zeitschrift für praktischen Maschinenbau 1914, S. 551. »Die A. E. G. hat mit Frank. B. Gilbreth, dem früheren Mitarbeiter Taylors, einen Vertrag abgeschlossen, nachdem dieser mit 6 Assistenten in sämtlichen ihrer Werke innerhalb zweier Jahre die wissenschaftliche Betriebsführung einrichten soll.«

[3] Knipping, »Betriebsführung und Lohnkosten im deutschen Schiffbau«, Schiffbau XVIII. Jahrgang, S. 305.

fahrenheit, die auf diesem Gebiete herrscht, nicht hoch genug veranschlagt werden kann.

Unkosten. Es bliebe schließlich noch das dritte Element der Selbstkosten, nämlich die Unkosten und deren mögliche Beeinflussung durch die Vereinheitlichung, zu untersuchen. Scheiden wir mit Calmes aus später zu erörternden Gründen die sog. Kosten der Hilfsbetriebe aus, so bleiben als Unkosten im engeren Sinne alle die Kosten übrig, die im Gegensatz zu den direkten Material- und Lohnaufwendungen sich nicht unmittelbar auf die hergestellten Erzeugnisse zuteilen lassen, weil diese Aufwendungen durch das Unternehmen als Ganzes verursacht werden[1]. Sie lassen sich gewissermaßen als Funktion der Produktion und der Organisation des Unternehmens darstellen[1], deren beide in unverkennbarer Weise durch die Vereinheitlichung beeinflußt werden.

Zu wiederholten Malen ist bereits an früherer Stelle darauf hingewiesen worden, daß Massenfabrikation die notwendige Folge und Ergänzung jeder Normalisierung, Typisierung und Spezialisierung ist. Massenfabrikation, Produktionssteigerung führt aber mit Naturnotwendigkeit zur Unkostenverminderung, denn wenn die Abschreibungskosten einer Maschine beispielsweise statt von 10 Fabrikaten von 1000 getragen werden, so beträgt eben der entsprechende Unkostenanteil nur noch 1%. Der Entwurf des neuen amerikanischen Zolltarifs setzt für die Berechnung des Wertes eingeführter Werkzeugmaschinen nur 10% für die Unkosten ein. Man kann daraus wohl schließen, daß in den spezialisierten amerikanischen Fabriken diese eben nicht höher sind[2]. Die nachfolgende, aus den Angaben von 4 rheinisch-westfälischen Maschinenfabriken ermittelte Kurve zeigt deutlich den geschilderten Zusammenhang (siehe Abbild. 17)[3].

Dabei liegt hier noch nicht einmal der Übergang zur reinen Massenfabrikation vor. Ein ähnliches Bild zeigen die nachfolgen-

---

[1] A. Calmes, »Der Fabrikbetrieb«, Leipzig 1916, S. 203.

[2] Wolfgang Koch, »Amerikanische Bestrebungen auf dem europäischen Werkzeugmaschinenmarkt«, Zeitschrift für Werkzeugmaschinen und Werkzeuge Nr. 15, S. 16.

[3] Paul Rott, »Unkosten- und Lohnverschiebung bei wechselnder Produktion«, Technik und Wirtschaft 1914, S. 681.

den, aus dem Pumpen- und Kompressorenbau stammenden Zahlen[1]).

Pumpenzahl pro

| Monat | . . . . | 30 | 35 | 45 | 7 | 10 | 12 | 3 | 4 | 5 |
|---|---|---|---|---|---|---|---|---|---|---|
| Unkosten | . . Mk. | 62 | 51 | 48 | 204 | 171 | 161 | 474 | 411 | 378 |

In der Werkzeugindustrie hat Rathenau folgende Zahlen festgestellt:

| Zahl der Bohrwerkzeuge | . . . . | 1200 | 3430 | 8560 | 12400 |
|---|---|---|---|---|---|
| Unkosten | . . . . . . . . . Mk. | 0,48 | 0,36 | 0,29 | 0,28 |

Ein klassisches Beispiel bietet auch die Schreibmaschine. Die erste in einer Fabrik hergestellte Maschine kostete M. 4500

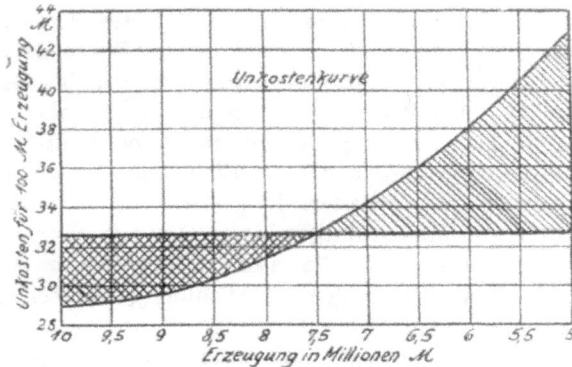

Abbild. 17.

(Selbstkosten), sodann wurden 100 Maschinen in einer Serie zu M. 200, 500 zu M. 160, 1000 zu M. 140 und schließlich 2000 zu M. 125 das Stück hergestellt, wobei die Unkosten etwa $2/5$ der Selbstkosten betrugen.

Ganz anders stellen sich die Verhältnisse bei der Einzelfabrikation anormaler Teile. Man braucht ja nur daran zu denken, welches Maß allein an geistiger und körperlicher Mehrarbeit von jedem einzelnen zu leisten ist, der mit der Herstellung solch eines Sondererzeugnisses zu tun hat. Beim normalen Massenfabrikat der gleichmäßige Fluß der Arbeit. Jeder hat

---

[1]) Dr. Kurt Rathenau, »Der Einfluß der Kapitals- und Produktionsvermehrung auf die Produktionskosten in der deutschen Maschinenindustrie«, S. 17.

den von ihm verlangten Handgriff schon hundert- oder tausend-
mal vorgenommen, er würde ihn gewissermaßen im Schlafe
richtig tun; bei der Anfertigung von ständig neuartigen Erzeugnissen muß jedesmal von neuem der günstigste Weg für die Lösung
der Aufgabe von jedem einzelnen neu gefunden werden. Die Verwendung arbeitsparender Maschinen, wie Automaten, ist ausgeschlossen. Eingehende Versuche und Untersuchungen am
fertigen Stück, dessen Eigenschaften man hier nicht aus Tausenden
von früheren Lieferungen kennt, müssen vorgenommen werden,
um dem Abnehmer eine gute Qualität der Ware zu sichern[1]),
neue Konstruktionen, neue Modelle, die vielleicht nie mehr
später zu verwenden sind, müssen angefertigt und dementsprechend voll abgeschrieben werden, zahllose Sonderwerkzeuge,
die nur selten benötigt werden, liegen als totes Kapital in den
Magazinen[2]), die Material- und Modellager[3]) nehmen, abgesehen von den hohen Feuerversicherungsprämien der letzteren[4]),
ungewöhnlich große Dimensionen an und verursachen vermöge
der notwendigen Vielseitigkeit der nicht normalisierten Teile
unverhältnismäßige Ausgaben[5]), die Einzelteile müssen von hoch-
wertigen, also teuren Arbeitern hergestellt werden, weil die Verwendung von Automaten ausgeschlossen ist usf.

Weit schwieriger ist rein zahlenmäßig der unkostenmin-
dernde Einfluß einer vom Vereinheitlichungsgedanken beherrsch-
ten Organisation nachzuweisen.

Organisation ist jede Zusammenfassung und Eingliederung
von Mitteln zur Erreichung eines Zweckes[6]). Es liegt im Wesen

---

[1]) J. T. Broderick, »The standardization of electrical apparatus«.
The Engineering Magazine and International Review 1901/02, S. 24.

[2]) W. Hellmich, »Der Normenausschuß der deutschen Industrie«,
Mitteilungen des Nadi, Januar 1918, S. 3.

[3]) »Spezialisierung und Normalisierung im Gießereimaschinen-
bau«, Mitteilungen des A. w. F., April 1918, Nr. 1, S. 18. »In dem
Modellhause einer Gießereiabteilung für gußeiserne Dachfenster
lagerten 1000 und mehr Modelle, die vielfach so ähnlich waren, daß
dauernd Verwechslungen und daher Fehllieferungen vorkamen. 20 bis
30 Modelle würden bei Normalisierung ausreichend gewesen sein.«

[4]) E. Toussaint, »Grundlagen der Normalisierung in Gießereibetrieben«, Gießerei-Zeitung 1918, S. 97.

[5]) F. Haier, »Über Normalisierung und ihre Bedeutung für die
Fertigung von Heeresgerät«, Mitteilungen des Nadi, Januar 1918, S. 11.

[6]) A. Calmes, »Der Fabrikbetrieb«, Leipzig 1916, S. 1.

der auf S. 7 als Normung definierten Vereinheitlichung, daß diese gewissermaßen ein integrierender Bestandteil der oben erklärten Organisation ist. Arbeitsteilung ist das Mittel, Erhöhung der Leistungsfähigkeit bei verminderten Erzeugungskosten ihr Endzweck[1]). Erreicht wird dieser nach Calmes:

1. »infolge der Spezialisierung der Arbeit, die die Kunstfertigkeit des einzelnen steigert,

2. durch die erhöhte Möglichkeit der Anpassung der· zu leistenden Arbeit an die Fähigkeiten des einzelnen, was ferner zu einer Verminderung der Kosten dadurch führt, daß jedem die höchstwertige Arbeit zugeteilt werden kann, die er nach seiner Fähigkeit zu bewältigen vermag,

3. durch die Möglichkeit der Einführung mechanischer Hilfsmittel (wie erst durch die Arbeitsteilung in der manuellen Arbeit die Voraussetzung geschaffen wurde für die Einführung der Maschinen, d. h. solcher Vorrichtungen, die eine engumgrenzte unveränderliche Leistung in fortdauernder Wiederkehr verrichten, so ist auch die Arbeitsteilung auf dem Gebiete der wirtschaftlichen Arbeit günstig für die Einführung mechanischer Hilfsmittel der sog. Kontoreinrichtung, wie Schreibmaschinen, Kopiermaschinen, Vervielfältigungen, Diktierapparate, Registratureinrichtungen, Rechen-, Frankier-, Heftmaschinen usw.),

4. durch die Normalisierung der Arbeit, d. h. ihre Abwicklung nach einem festgelegten Plan, der die Voraussetzung bildet für die Schaffung eines Systems von arbeitsparenden Formularen,

5. durch die Steigerung des Verantwortlichkeitsgefühls der Mitarbeiter als Folge der Bildung abgegrenzter Kompetenzkreise,

6. durch die Vermeidung persönlicher Konflikte und Gegensätze, die die Arbeitslust schwächen, ebenfalls infolge der Festlegung der Wirkungskreise.«

Folgende Arten der Organisation lassen sich in jedem industriellen Unternehmen unterscheiden:

---

[1]) Paul Möller, »Eine Studienreise in den Vereinigten Staaten von Amerika«, Z. d. V. D. I., 3. X. 1903, S. 1449.

a) die technische Organisation; sie regelt den Gang der
produktionstechnischen Arbeiten des Betriebes,

b) die kaufmännische Organisation; sie regelt den Gang der
wirtschaftlichen Arbeiten des Unternehmens.

Als gewissermaßen beide Wirkungskreise verbindendes Element
der Organisation möchte ich aus der unter die wirtschaftlichen Arbeiten des Unternehmens zählenden Rechnungsführung
die Kalkulation herausheben, ohne damit aber deren organischen
Zusammenhang mit den beiden anderen Bestandteilen derselben,
der Buchhaltung und Statistik, lösen oder gar leugnen zu wollen.

An zwei Stellen macht sich der Vereinheitlichungsgedanke
technisch-organisatorisch hauptsächlich bemerkbar: im
Konstruktionsbureau und im Betrieb. Hat sich erst einmal
in einem Werk die Erkenntnis von dem wirtschaftlichen Nutzen
der Normalisierung Bahn gebrochen, so wird es sich bald als
zweckmäßig erweisen, eine Zentralstelle zu schaffen, bei der alle
Vereinheitlichungsbestrebungen zusammenlaufen und die gleichzeitig die restlose Durchführung der anerkannten Normalien
überwacht[1]). Mit der Vereinheitlichung der Zeichenarbeiten
wäre der Anfang zu machen. Denn gleichsam die Sprache der technischen Seite des Unternehmens soll zunächst einheitlich sein,
um die zahlreichen Irrtümer und Mehrarbeiten, die aus der Nicht-
befolgung dieses Grundsatzes entspringen, auszuschließen[2]).
Einheitliche Darstellungsweise, einheitliche Linien und Strich-
stärken dsgl. Beschriftung, um die Verwendung von Schablonen
zu ermöglichen[3]), normale Zeichenblattformate, deren jedes
kleinere aus dem größeren durch Hälften hervorgeht, um ein
leichtes Falten und Aufbewahren zu ermöglichen, Papierabfälle

---

[1]) Die ins einzelne gehende Organisation eines Normalienbureaus
zu beschreiben, würde hier als Spezialaufgabe zu weit führen. Es sei
auf die Arbeit von E. Glambus, »Organisation des Normalienbureaus«,
Werkstatttechnik 1915, S. 569, verwiesen.

[2]) Hübel, »Zur Frage der Normalisierung«, Zeitschr. für Dampf-
kessel- und Maschinenbetrieb 1917, S. 386.

[3]) »Die Organisation der Normalisierung bei der Firma Orenstein & Koppel, Arthur Koppel A.-G., Berlin«, Werkstatttechnik 1913,
Heft 1. — »Standardization of drawing-room methods«, American
Machinist 1917, Bd. II, S. 9, 204, 415. — Zimmermann, »A simple and
complete drafting-room«, Am. Mach., 28. III. 1908. — »Mechanical
drawing in a modern drafting-room«, Engin. News, 15. X. 1903, S. 344.

und schließlich das überflüssige Abschneiden von der Rolle im Zeichenbureau zu vermeiden, gleichmäßige Symbole für Niete, Schrauben usw. tragen dazu bei, die Arbeiten im Konstruktions-bureau ganz bedeutend zu vereinfachen[1]) und übersichtlicher zu gestalten. Die Folge hiervon ist eine bedeutende Ersparnis an Personal, die z. B. auf einer englischen zum Typenbau und der Normalisierung übergegangenen Werft so weit ging, daß das Kon-struktionsbureau einschließlich der Pauser nur 11 Personen bei 2000 Arbeitern beschäftigte[2]). Der weitere Schritt dürfte die Ver-einheitlichung der in der Fabrik benötigten Rohmaterialien und einfachsten Konstruktionselemente betreffen. Die Beschränkung auf eine kleinere Zahl normaler Walzeisen, wie Band-, Flach-, Universal-, Winkel-, T-U-Z-Eisen, Rundeisen, Stangen- und Röh-renmessing, Kupferdrähte usw. sowie die Festlegung bestimmter Legierungen, der zur Verwendung kommenden Schrauben, Splinte, Handräder, Unterlegscheiben, Buchsen, Griffe u. a. mag wohl zunächst dem Konstrukteur als unangenehmer Zwang erscheinen. Haben sich die Vorschriften aber erst Anerkennung verschafft, so sind all die zeitraubenden Rückfragen des Konstruktionsbureaus nach den für schnelle Lieferung im Lager vorrätigen Materialien überflüssig. Die Normaltabelle zeigt jedem, was vom Lager ständig automatisch beschafft wird. Die Konstruktionseigenschaf-ten liegen fest. Die jedesmalige vielleicht Fehlern unterworfene[3]) Berechnung kann unterbleiben. Die einmal geleistete geistige Arbeit ist in den normalisierten Teilen jederzeit greifbar konserviert und braucht also in Gestalt etwa eines normalen Lagers ohne Mühe und Zeitverluste nur an der benötigten Stelle eingesetzt zu werden. Die Konstruktionsarbeit kann teilweise sich auf ein Zusammen-setzen der Normalien, bei Spezialfabriken u. U. jahrelang lediglich auf Verbesserungen[4]) der vorhandenen Konstruktionen be-

---

[1]) Georg Meyer, »Ersparnisse durch Verwendung von Normal-vordrucken bei Herstellung elektrischer Schaltungszeichnungen«, Werkstattstechnik 1915, S. 107. — »Normalienschablonen«, Werk-stattstechnik 1913, S. 148.

[2]) »Eine weitgehende Normalisierung im Schiffbau«, Dinglers Polytechn. Journal 1913, S. 74.

[3]) Kerner, »Das Zeichensaalsystem einer Massenfabrik«, Technik und Wirtschaft 1909, S. 541.

[4]) A. Rothert, »Der moderne Geist in der Maschinenfabrik«, Technik und Wirtschaft 1909, S. 359.

schränken, und so umfangreich und schwierig die Vereinheitlichungsarbeiten auf den ersten Blick erscheinen mögen, so segensreich
machen sich ihre Folgen in der späteren Arbeits- und damit
Geldersparnis bemerkbar. Das unnötige Probieren und Rückfragen wird durch planvolle Zwangsläufigkeit ersetzt.

Geht man schließlich dazu über, für die Normalien auf den
Tabellen einheitliche, etwa auf Grund von Zeitstudien ermittelte
Arbeitsvorgänge festzulegen, das Material vorzuschreiben und
die zugehörige Kalkulation aufzustellen[1]), so macht sich die Normalisierung und Typisierung auch im Betrieb Zeit und Geld
sparend bemerkbar, eine Tatsache, die in einer Spezialfabrik
in ganz besonderem Maße in die Augen springt. Es braucht
nur daran erinnert zu werden, daß erst bei dieser mit ihrem
Massenbedarf die Generalisierung der zahllosen stets wiederkehrenden Arbeitsverrichtungen oder derartige organisatorische Maßnahmen wie die räumliche Anordnung der Maschinen entsprechend
dem Arbeitsfortschritt, die automatische Zuführung der an einer
Stelle benötigten Montageteile[2]) zu genau festgelegten Zeitpunkten
und ähnliches in vollem Umfange zur Auswirkung gelangen[3]).

---

[1]) Hempel, »Über Normaltabellen«, Werkstatttechnik 1907, S. 307.

[2]) C. Humperdinck, »Arbeitsweise in amerikanischen Gießereien«,
Gießerei-Zeitung 1912, S. 379.

[3]) »Die Werkstättenorganisation der Fordschen Automobilfabrik«,
Die Werkzeugmaschine 1917, Nr. 24, S. 119. »Da die Fordschen
Werkstätten, wie erwähnt, nur ein einziges Automobilmodell
herausbringen, ermöglichte dies eine weitgehende »Systematisierung« der Arbeitsvorgänge, wie sie in Fabriken, die Maschinen
verschiedener Größe herstellen, gar nicht durchführbar wäre.
Jeder Arbeiter hat dabei nur eine einzige, streng umgrenzte,
wenige Minuten in Anspruch nehmende Arbeit zu verrichten. In sehr
interessanter, teilweise selbst genialer Weise wurde der Forderung
nach möglichster Verringerung des für den Transport des Arbeitsstückes von einer Maschine zur andern erforderlichen Zeit- und Arbeits-
aufwands entsprochen. Daß das Auf- und Abmontieren des Arbeitsstückes auf den verschiedenen Bearbeitungsmaschinen in einer kaum
zu unterbietenden kurzen Zeitspanne vor sich geht, braucht nicht
weiter erwähnt zu werden. So sind in den Bearbeitungswerkstätten
zwischen den einzelnen Maschinen den Abmessungen des einzigen zu
befördernden Maschinenteiles entsprechende schräge Gleitbahnen angeordnet, auf denen das betreffende Stück zu der nächsten Bearbei-
tungsmaschine läuft. In den für die Zusammensetzung einzelner

Solche Vorrichtungen, unterstützt durch die Spezialisierung
der einzelnen Handhabungen, müssen notgedrungen zu einer
wesentlichen Leistungserhöhung des Betriebes beitragen, da die
einzelnen Arbeiter, die wochen- und monatelang nicht aufgehalten
sind durch mehr oder minder zeitraubende Arbeiten, wie die
Material- und Werkzeugtransporte, sich eine außerordentliche
manuelle Geschicklichkeit aneignen.

Teile dienenden Montagewerkstätten bilden die Arbeitstische selbst
diese Gleitbahnen. Naturgemäß sind sie hier in der Hauptsache hori-
zontal. Zu diesem Zweck bestehen sie aus zwei in geeigneter Höhe
angeordneten Schienen, auf die der Arbeiter nach Verrichtung der
ihm zufallenden Operation das Stück ohne viel Mühe und Zeitauf-
wand dem neben ihm stehenden, mit der folgenden Operation betrauten Kollegen zuschieben kann.

Vor allem die Motorenmontageabteilung ist nach dieser Richtung
bis ins kleinste vervollkommnet. Die erforderlichen Werkzeugmaschinen
sind, um die ununterbrochene Linie der einzelnen Arbeitsvorgänge
zu gewährleisten, in die Montagestrecke eingeschaltet. Welche Zeit-
ersparnis mit einer derartigen Systematisierung des Montagevorganges
erzielt werden konnte, ist aus folgenden Zahlen ersichtlich. Während
nach der früheren Arbeitsweise im Oktober 1913 mit der Zusammenstellung von 1000 Motoren aus ihren fertigen Einzelbestandteilen
1100 Mann während 9900 Arbeitsstunden beschäftigt waren, was einer
Zeit von 594 Min. pro Motor entspricht, konnten im darauffolgenden
Monat nach Durchführung der neuen Organisation 900 Motoren von
500 Mann in 4500 Arbeitsstunden fertiggestellt werden. Die Arbeitszeit pro Motor hatte sich bis auf 300 Min. verringert. Weitere Verbesserungen der Arbeitsweise brachten es mit sich, daß im Mai 1914
diese Zeit auf 210 Min. pro Motor weiter herabgedrückt wurde. Dabei
wird durch diese systematische Fabrikationsweise nicht etwa die
sachgemäße Kontrolle der einzelnen Stücke ausgeschaltet: Nicht
weniger als 600 Inspektoren sind Tag und Nacht mit der Kontrolle
der fertigen Motoren beschäftigt.

Noch einen Schritt weiter ist man in einigen anderen Abteilungen
gegangen, in denen die Magnetapparate, die Achsen, die Rahmen,
die Ausrüstung der Chassis usw. zusammengestellt werden. Hier
wurde dem auf Schienen gleitenden Arbeitsstücke' ebenfalls mittels
einer mit Mitnehmern versehenen endlosen Kette eine langsame, aber
stetige Bewegung erteilt. Auf diese Weise entstand eine bewegliche
Montagestrecke oder, wie man sie nennen kann, eine rollende Werkbank, an der der Arbeiter bei Verrichtung seiner Arbeit der Bewegung des Arbeitsstückes folgt, langsam vorwärts schreitet, um nach

Ganz ähnlich sind die Wirkungen der Vereinheitlichung in
der kaufmännischen Organisation. Die mit Naturnotwendigkeit infolge des Massenbedarfes weniger gleicher Teile
eintretende Schematisierung der Verwaltung, die sich selbstverständlich mit den Lebensbedingungen des Unternehmens decken
muß, und die ihr auf dem Fuße folgende formularmäßige Aus-
gestaltung des Geschäftsganges ermöglichen es, an vielen Stellen

---

Beendigung der ihm obliegenden Montagearbeit rasch wieder in seine
Anfangsstellung zurückzukehren, wo er dann die gleiche Arbeit am
darauffolgenden Stück von neuem beginnt. Durch bis ins einzelne
gehende Versuche wurde die zweckmäßigste Höhe der Schienen und
die geeignetste Geschwindigkeit des Arbeitsstückes aufs genaueste
ausprobiert. So sind in der Abteilung für den Zusammenbau der
Rahmen die Schienen der einen Strecke für größere Arbeiter in 68 cm,
die der beiden anderen für kleinere Arbeiter in 62 cm Höhe über den
Boden angeordnet. Die günstigste Geschwindigkeit der Förderkette
wurde für die Montage der Magnetapparate mit 1,1 m, für die Ausrüstung der Chassis mit 1,8 m, für die Montage der Karosserie mit
3,7 m und für die Montage der Vorderachse mit 4,8 m in der Minute
ermittelt.

Die Montageabteilung setzt sich aus einer großen Mittelhalle
zusammen, auf die senkrecht eine Reihe von parallelen Querhallen
stoßen, in denen zu Tausenden die bei der Zusammensetzung eines
Automobils benötigten Einzelteile gelagert sind. Auf den drei parallelen
Montagestrecken gleiten die Untergestelle mit ihren Achsen auf den
die Werkbank bildendenden Schienen. Der auf einer anderen Werkbank mit den Federn und Achsen bereits zusammengebaute Rahmen
wird dabei nacheinander unter verschiedene Galerien geführt, auf
denen mittels mechanischer Fördervorrichtungen die einzelnen, in
anderen Abteilungen fertiggestellten Bestandteile aufgestapelt werden,
von denen sie auf Gleitbahnen zum Standort des betr. Arbeiters gelangen. Für die Zuführung der Motoren dienen kleine, an Balken ge-
führte Hängewinden. Verfolgt man die Zusammensetzung eines derartigen Chassis, so gelangt das Arbeitsstück zuerst unter die Galerie *A*,
auf die die Gleitbahnen *G* die Benzinbehälter bringen. Die Benzinbehälter werden von der Galerie *A* abgenommen und auf den Rahmen
aufmontiert. Die Chassis gelangen alsdann auf ihrem weiteren Wege
unter sechs Förderbänder *B*, an denen die Motoren hängen. Bei der
folgenden Galerie *C* werden die bereits mit den Steuervorrichtungen
und den üblichen Instrumenten und Apparaten ausgerüsteten Stirn-
wände aufmontiert. Die rollende Werkbank bringt alsdann das Gestell unter die Galerie *D*, die ebenfalls Gleitbahnen *G* trägt, auf denen

statt hochbezahlter Leute auch weniger selbständiges, ungeübtes und damit billigeres Personal einzustellen. So werden ja doch schließlich zahllose Arbeiten in der Einkaufsabteilung und im Materiallager bei streng durchgeführter Normalisierung und in weit höherem Maße in Spezialfabriken ständig wiederkehren. Auch das Verkaufsbureau, das etwa nur 2 oder 3 Systeme einer Maschine zu verkaufen hat, kann mit weniger selbständigen Beamten auskommen. Die Einheitlichkeit in den Benennungen von Maschinenteilen gibt in einem für die ganze Industrie gültigen Telegrammschlüssel nicht nur volkswirtschaftlich ein wirk-

---

die hier aufzumontierenden Zellenkühler auf die Galerie gleiten und von dieser entnommen werden können. Unter dieser Galerie werden auch die Räder eingesetzt, so daß die von nun an auf ihren Rädern laufenden Untergestelle zu der Versuchsbank *F* gelangen, wo der Motor nach Füllung der Kühler und Benzinbehälter zur Prüfung der Hinterachse und des Getriebes angeworfen wird.

Auf diese Weise vollzieht sich die Montage mit mathematischer Genauigkeit an den Punkten, an denen die Arbeiter sich befinden. Diese verrichten immer nur dieselben Handgriffe und gelangen mit der Zeit zu einer Geschicklichkeit und Fingerfertigkeit, die kaum noch zu überbieten sind.

Eine Arbeitskolonne von 35 Arbeitern, von denen jeder pro Tag einen Mindestlohn von 24 M. erhält, kann in einer Tagesschicht von 8 Stunden ungefähr 300 Untergestelle montieren. Diese Arbeiter jedoch werden nur dann in dieser Montageabteilung belassen, wenn sie den Zusammenbau in der durch die Fortbewegung der Werkbank begrenzten Arbeitszeit vollenden können.

Diese normale Produktion wird in der Praxis oft bedeutend überschritten. Die Tagesausbeute erreichte bereits zu verschiedenen Malen 1212 Chassis für die drei Bänke. Dieser Produktion lag somit eine Montagedauer von 93 Min. pro Chassis zugrunde, eine Arbeit, die vor dem Aufstellen der rollenden Werkbank 728 Min. beanspruchte.

Ist die Prüfung, die 1½ Min. benötigte, vollendet, werden die fertigen Chassis ins Freie geführt, wo sie auf einer längs des Gebäudes eigens dazu angelegten Fahrbahn bei langsamer Fahrt — etwa Schrittgeschwindigkeit — sowie auf einem letzten Prüfstand *K* einer letzten Prüfung auf richtigen Gang von Motor und Getriebe, Dichtsein des Kühlers usw. unterzogen werden. Die bei dieser letzten Kontrolle als gut befundenen Gestelle werden nunmehr mit der Karosserie versehen. Diese wird mittels einer schrägen Gleitbahn und eines schwingbaren Portalrahmens vom ersten Stock herab in einer einzigen Bewegung auf das Chassis gesetzt. . . . . .«

sames Mittel für die Eroberung fremder Märkte, sondern muß auch die Verkaufsabteilung der Einzelunternehmung wirksam entlasten[1]). Ihr Reklameapparat wird sich bedeutend vereinfachen und verbilligen lassen, denn, wo früher unter Umständen Dutzende von alles bauenden Fabriken mit einem unverhältnismäßig hohen Aufgebot an Anzeigen, Werbebriefen, Prospekten, Katalogen, Reisenden usw. unter gegenseitiger Unterbietung in den Preisen, Liefer- und Zahlungsbedingungen um einen Auftrag gekämpft haben, stehen nach erfolgter Vereinheitlichung einige wenige Spezialfabriken[2]).

Das Verkaufsbureau aber wird bei diesen den Vereinheitlichungsgedanken für sein Arbeitsgebiet gleichfalls etwa in Gestalt einheitlicher Katalogformate übernehmen[3]). Zugunsten der Beschränkung in der Zahl der Kuvertformate wird es hierbei sich mit dem Zeichenbureau und der Korrespondenzabteilung derart verständigen, daß schließlich alle Papiergrößen des Unternehmens in die gleiche Formatreihe sich einordnen lassen. Auch das Personalbureau hat schon in vielen modernen Betrieben, um die überflüssige, schon früher geleistete Denkarbeit auszuschalten, den Vereinheitlichungsgedanken übernommen[4]). Als Vorläufer wäre hier die Arbeitsordnung zu bezeichnen. Sie will als Produkt der Verständigung zwischen Arbeitnehmer und Arbeitgeber einheitliche, alle Werksangehörigen umfassende Grundsätze für die Arbeitsdauer und Stundeneinteilung, die Art und Weise der Entlohnung, die Kündigungsfristen, die Subordination, Strafen usw. festlegen. Erst solch eine straffe Regelung von Rechten und Pflichten beider Teile ermöglicht ein reibungsloses Zusammenarbeiten so zahlreicher, individuell verschiedener Personen. An zweiter Stelle wären die Normalverträge mit Beamten, die Anstellungsbedingungen, die Lehrlingsverträge, Vorschriften für Reiseliquidationen u. a. m. zu nennen. Der gleiche Gesichtspunkt der Ersparnis schon einmal geleisteter Denk-

---

[1]) »The standardization of parts«, American Machinist, 1. XII. 1906, S. 637. — Leo Galland, »Deutscher Telegrammschlüssel für die technische Industrie«, Berlin 1917.

[2]) »Wettbewerb und Spezialisierung«, Mitteilungen des A. w. F., April 1918, Nr. 1, S. 7.

[3]) »Vereinheitlichungsbestrebungen«, Der Weltmarkt 1918, S. 84.

[4]) F. Neuhaus, »Der Vereinheitlichungsgedanke in der deutschen Maschinenindustrie«, Technik und Wirtschaft, August 1914, S. 621.

arbeit dürfte für die Verkaufsabteilung vorliegen, die in Gestalt
von Lieferungs- und Zahlungsbedingungen den Kunden gegenüber zu einheitlichen eindeutigen Beziehungen zu gelangen
sucht. Man könnte nun, wenn man mit Neuhaus schließlich die
Organisation überhaupt als Bestandteil der Vereinheitlichung
auffaßt[1]), die Beispiele des fruchtbringenden Einflusses der
Normalisierung ohne Ende fortsetzen. Es möge genügen, hier
zum Schluß noch der Buchhaltung und Statistik sowie der die
technische und kaufmännische Organisation verbindenden Kalkulation zu gedenken.

Vereinheitlichung bedingt Massenfabrikation und Massenfabrikation Gesamtkalkulation. Die letztere aber, die nicht die
einzelnen Erzeugnisse zur ·Grundlage der Selbstkostenberechnung
macht, sondern die Betriebsabteilung, kann, und das ist bei
der automatischen Kontrolle der doppelten Buchhaltung ihr
größter Vorzug, von dieser geleistet werden[2]). Normalisierung
und Buchhaltung treten also damit in die engsten Beziehungen,
und gerade die kalkulatorischen Dienste, die die Buchhaltung
hier leistet, sind es, die zur Weisung des einzuschlagenden Weges
und zur Erkennung der Erfolge und Wirkungen der Vereinheitlichung die unerläßlichen Grundlagen liefern. Sie müssen ergänzt
werden durch eine ausgiebige Statistik[3]), um so jederzeit ohne
Schwierigkeit die Herstellungskosten irgendeines Maschinenteiles
in der bis ins einzelne gehenden Gliederung nach dem Werte des
Einsatzmateriales, des Materiales des rohen Stückes, der Löhne,
der Betriebszuschläge, der Modell- oder Gesenkkosten, der
Kosten für Sonderwerkzeuge, Aufspannvorrichtungen u. ä.
erkennen zu lassen[4]). Bedingung hierfür ist eine eingehende
und richtige Kontierung aller entstehenden Kosten[5]). Und gerade diese Gliederung ist ja durch die Einführung der Normalisierung und Spezialisierung so außerordentlich erleichtert, denn

---

[1]) F. Neuhaus, »Der Vereinheitlichungsgedanke in der deutschen
Maschinenindustrie«, Technik und Wirtschaft, August 1914, S. 622.

[2]) A. Calmes, »Der Fabrikbetrieb«, Leipzig 1916, S. 115.

[3]) Schilling, »Die Betriebszwischenbilanz«, Der Betrieb 1918,
Heft 1, S. 2.

[4]) F. Neuhaus, »Technische Erfordernisse für Massenfabrikation«,
Technik und Wirtschaft 1910, S. 577.

[5]) »Grundsätze der Berechnung von Fabrikationskosten«, Elektrotechn. Zeitschrift 1914, S. 861.

wenn eine Fabrik an einer Stelle beispielsweise auf drei Automaten tagaus, tagein normale Schrauben herstellt, so wird es nicht schwer sein, die Materialkosten, die Lohnkosten, die Abschreibung auf die Maschinen, die Stromkosten für die Antriebsmotoren, die Schmiermaterialien usw. für dieses Erzeugnis genau und getrennt zu ermitteln und richtig zu verbuchen.

Noch einfacher gestalten sich, wie schon verschiedentlich hervorgehoben, die Verhältnisse in der Spezialfabrik. Eingehende Zeitstudien und die Sammlung allgemein gültiger Erfahrungszahlen über die verschiedenen Bearbeitungsmöglichkeiten der normalisierten Teile[1]) müssen ein statistisches Material liefern, das u. U. unter Zuhilfenahme graphischer Methoden[2]) eine einwandfreie Vorkalkulation ermöglicht. Der ständige Vergleich mit den Werten der Nachkalkulation wird dann schließlich, besonders bei zwischenbetrieblichem Erfahrungsaustauch[3]), zu einheitlichen, auf Tatsachen gegründeten Unterlagen führen, die die leider heut noch so häufigen, nicht nur den einzelnen sondern die Gesamtheit schädigenden Submissionsblüten unmöglich machen werden[4]). Als weitere wirtschaftliche Folge einer solchen brauchbaren Kalkulation wird sich dann oft ganz von selbst eine immer weiter gehende Spezialisierung des Betriebes herausstellen. Denn während es bisher bei den recht summarischen Kalkulationsmethoden oft nicht möglich war, festzustellen, welche der Erzeugnisse den größten Gewinn abwarfen, wird der Fabrikant bei spezialisierter Kalkulation von selbst einen Teil der unlohnenden Fabrikate abstoßen und es vorziehen, Produktion und Absatz der gewinnbringenderen zu

---

[1]) G. Schlesinger, »Praktische Ergebnisse der Normalisierung«, Z. d. V. D. I. v. 28. XII. 1918, S. 942.

[2]) Br. Leineweber, »Graphische Kalkulation«, Dinglers Polytechnisches Journal 1913, S. 433. — W. Grull, »Ein Hilfsmittel bei Normalisierungsarbeiten«, Werkstattstechnik 1910, S. 399.

[3]) G. Schlesinger, »Praktische Ergebnisse der Normalisierung«, Z. d. V. D. I., 28. XII. 1918, S. 942. »Die Reparaturwerkstätten der preuß.-hess. Eisenbahngemeinschaft haben bereits in gegenseitigem Austausch Stückpreishefte und einheitliche Kalkulationstafeln aufgestellt.«

[4]) Hans Haeder, »Die Preisbildung in der Maschinenindustrie«, S. 1. (Siehe auch die Zusammenstellung einzelner Submissionsergebnisse aus den Jahren 1910—1911 auf nächster Seite.)

steigern[1]). Hand in Hand hiermit geht aber bekanntlich eine
weitere Minderung der Herstellungskosten.

Lieferzeit. Schon zu wiederholten Malen ist an früherer
Stelle der Einfluß der Vereinheitlichung auf die Lieferungsmöglichkeit hervorgetreten. Oft sieht der Kunde mehr noch
auf schnelle Bedienung als auf niedrigen Preis[2]). Es bedarf
nach dem Vorangegangenen keines eingehenden Beweises mehr,
daß die Vereinheitlichung die Lieferzeit ganz wesentlich, und
zwar günstig, beeinflußt. Die Unsicherheit im Entwurf und in
der Fabrikation[3]), Zufälligkeiten in der Qualität des Materials,
wie sie bei Einzel- und Sonderanfertigung auftreten können, der

Zusammenstellung einzelner Submissionsergebnisse
aus den Jahren 1910—1911.

| Anhang Nr. | Art der Ausschreibung | Zahl der An- gebote | Mittleres Angebot in Mk. | Unterschied zwisch. dem höchsten und niedrigsten Angebot in % |
|---|---|---|---|---|
| 24 | 20 gußeiserne Grundplatten (1300 kg Gewicht) . . . . . . . . | 23 | 180 | 100 |
| 27 | 15 Stirnräder (Gußeisen) 80 mm breit (880 kg Gewicht) . . . . . | 6 | 100 | 100 |
| 27 | 5 Stirnräder (Stahlguß) 140 mm breit (180 kg Gewicht) . . . . . | 6 | 35 | 180 |
| 29 | 1 Röhrenkessel . . . . . . . . | 8 | 2133 | 96 |
| 33 | Dockpumpwerk (insges. 2400 PS) | 22 | 272129 | 166 |
| 37 | Freistehender Drehkran (Tragf. 4000 kg) . . . . . . . . . | 10 | 1658 | 135 |
| 41 | Greifbagger, 25 cbm stdl. Leistg. | 8 | 66405 | 183 |
| 45 | Gleichstromelektromotor . . . . | 9 | 652 | 132 |
| 51 | Lokomotivschiebebühne, 70 t, 12 m Nutzlänge . . . . . . . . . | 10 | 15573 | 135 |
| 49 | Drehscheibe, Tragf. 25 t, 2,75 m φ | 17 | 2834 | 263 |

[1]) W. v. Brieland, »Spezialisierung und Kalkulation in der Ma-
schinen- und Metallindustrie, eine Wechselwirkung«, Gießerei-Zeitung
1918, S. 42.

[2]) Ludwig Glück, »Der Vereinheitlichungsgedanke in der Lager-
fabrikation marktgängiger Kompressoren und Kurbelwasserpumpen«,
Technik und Wirtschaft, Februar 1918, S. 33.

[3]) Fr. Ruppert, »Normalien der Maschinenfabriken«, Z. d. V. D. I.,
12. V. 1917, S. 418.

Zeitverlust bei Bestellung nicht am Lager befindlichen Rohmaterials fällt bei normalen Erzeugnissen weg[1]). Die scheinbar unwichtigen, bei der Montage aber stets fehlenden, sehr störenden Kleinigkeiten liegen auf Lager und sind bei eintretendem Ausschuß sofort ersetzbar[2]). Die gesamte Konstruktionsarbeit wird schließlich überhaupt gleich Null, da die vereinheitlichten Teile ja auf Normblättern enthalten sind. Der Verkauf ist daher in der Lage, außerordentlich günstige Lieferbedingungen vorschlagen zu können, und dabei doch sicher, daß diese vom Betriebe auch tatsächlich eingehalten werden. Bei konsequenter Durchführung der Normalisierung und Spezialisierung wird das Unternehmen schließlich ein Verkaufslager einrichten, so daß die Teile ab Vorrat auf Bestellung geliefert werden können.

Qualität. Dabei zeichnen sich die Erzeugnisse solcher Fabriken mit vereinheitlichter Produktion nicht nur durch die Billigkeit sondern auch durch die Güte aus[2]). Schon oben wurden die Fehler in Konstruktion und Material erwähnt, die bei Sondererzeugnissen um so leichter unterlaufen, weil oft unter dem Druck des einzuhaltenden Liefertermins (Konventionalstrafe) trotz ihrer nachträglichen Feststellung die Behebung unterbleibt. Um den Termin einhalten zu können, wird gleichzeitig das Fabrikat mit höchster Beschleunigung durch die Werkstatt gejagt, ein Umstand, der naturgemäß auch nicht gerade zur Erhöhung der Qualität des Erzeugnisses beiträgt. Hierzu kommt, daß Einzelanfertigung anormaler Teile in weit höherem Maße Handarbeit und Geschicklichkeit des einzelnen Arbeiters erfordert als Massenfabrikation von Normalien, bei der die Hauptarbeit von der Maschine geleistet wird und nur wenige gleiche Handgriffe vom Arbeiter vorzunehmen sind. Daß hierunter die Güte der letzteren nur gewinnen kann, dürfte einleuchtend sein. Das Material und die Spezialwerkzeuge für Normalienfabrikation entsprechen infolge der eingehenden Studien und Versuche vor Festlegung einer Norm sowie der womöglich langjährigen Erfahrungen mit ihr den höchsten Anforderungen; daher kann auch das Erzeugnis einwandfrei sein. Die Spezialisierung ermöglicht die Konzentration und Anpas

[1]) J. P. Broderick, »The standardization of electrical apparatus«, The Engineering Magazin and International Review 1901/02, S. 24.

[2]) G. Schlesinger, »Normalien«, Werkstattstechnik 1913, S. 1.

sung aller Kräfte auf einen engen Kreis von Erzeugnissen, und zwar nicht nur bei der Konstruktion, sondern auch bei der Fabrikation und dem Vertrieb. Die notwendige Folge ist gegenüber der Zersplitterung eine Vervollkommung der Produkte. Die Universalfabrik kann es sich nicht leisten, für jedes ihrer vielen Fabrikate einen erstklassigen Konstrukteur anzustellen oder für den Vertrieb gut geschulte Spezialisten zu engagieren; wohl aber vermag das eine Spezialfabrik mit einem auf 2 oder 3 Typen beschränkten ‚ Programm[1]). Das wichtigste Moment aber dürfte wohl die für Normalien erforderliche Austauschbarkeit sein. Die Verwendung der präzisesten Meßwerkzeuge und die verlangte Lehrenhaltigkeit der Teile sichern dem Kunden eine Genauigkeit und Güte der Ausführung der Ware, die noch vor 20 Jahren kaum jemand für möglich gehalten hätte.

Überblicken wir zusammenfassend die Folgen, die die Verwirklichung des Vereinheitlichungsgedankens für die Einzelwirtschaft hat, so läßt sich feststellen, daß die Normalien den Erzeugnissen eines Werkes ihr Gepräge aufdrücken. Sie ermöglichen günstigen Einkauf der Rohstoffe, Entlastung des Personals im Konstruktionsbureau, in der Werkstatt und im Betriebsbureau, volle Ausnutzung der Maschinen, vereinfachte Organisation bei der kaufmännischen und technischen Betriebsführung sowie[2]) Erleichterung und Verbesserung der Vor- und Nachkalkulation und wirken ertragsteigernd durch:

1. Ersparnisse bei den Materialaufwendungen,
2. die Minderung der Lohnkosten,
3. die Herabsetzung der Unkosten,
4. die schnellere Lieferungsmöglichkeit,
5. die Güte der Fabrikate.

Sache der volkswirtschaftlichen Betrachtung wird es sein müssen, das Verhalten des Konsumenten zur Vereinheitlichung zu untersuchen.

---

[1]) »Wettbewerb und Spezialisierung«, Mitteilungen des A. w. F., April 1918, S. 8. — Wolfgang Koch, »Amerikanische Bestrebungen auf dem europäischen Werkzeugmaschinenmarkte«, Werkzeugmaschinen u. Werkzeuge, Nr. 15, S. 16.

[2]) G. Schlesinger, »Begriff und Notwendigkeit der Normalisierung für den deutschen Maschinenbau«, Mitteilungen des Leipziger B. V. d. I. vom 10. X. 1917.

## Volkswirtschaftliche Grundlagen.

Man wird sich von den Beziehungen zwischen der Volkswirtschaft und dem Vereinheitlichungsgedanken am leichtesten ein umfassendes Bild machen können, wenn man versucht, einmal seine Ursachen und dann seine Wirkungen auf jene festzustellen. Die in dem ersten Teil dargestellte geschichtliche Entwicklung wird dazu nützliche Fingerzeige geben können.

Wohl die auffälligste Tatsache, die auch dem flüchtigsten Beobachter der nationalen Vereinheitlichungsbestrebungen in den verschiedenen Ländern in die Augen springen muß, ist der eigenartige Umstand, daß Amerika, als der jüngste unter den großen Kulturstaaten der Erde, zuerst die industrielle Vereinheitlichung in vollem Umfange in sein wirtschaftliches Rüstzeug aufgenommen hat. Die Tatsache muß um so merkwürdiger erscheinen, als das Land ja eine eigene Kultur im Anfange nicht wohl besessen hat; vielmehr ist damals der größte Teil dessen, was Amerika an menschlicher Arbeitskraft und Intelligenz und wohl alles, was es an technischem Wissen und Können besessen hat, von Europa eingeführt worden. Die natürlichen Verhältnisse des Landes werden des Rätsels Lösung bringen.

Massenbedarf und Lohnhöhe als Ursachen in Amerika. Auf einem Raum von 9394989 qkm[1]) wohnen 93,35 Millionen Menschen, so daß sich eine Volksdichte von nur etwa 10 pro qkm ergibt. Die Folge davon ist für die Industrie in erster Linie ein ständiger Mangel an Arbeitern, und zwar besonders an gelernten Arbeitern, denn es darf nicht vergessen werden, daß die amerikanische Arbeiterschaft sich aus den verschiedenartigsten eingewanderten Elementen zusammensetzt[2]), die oft von ihrer früheren Tätigkeit her auch nicht die geringsten Vorkenntnisse

---

[1]) »Statistisches Jahrbuch für das Deutsche Reich 1915.«

[2]) Shadwell, »England, Deutschland und Amerika«, Berlin 1908, S. 2. »Der amerikanische Arbeiter.« Was meint man damit? Den »armen Weißen« in einer Baumwollspinnerei in Südamerika — der wirklich ein amerikanischer Arbeiter ist — oder den New Yorker Maurer, der vielleicht einer ist — höchstwahrscheinlich aber nicht — oder den ungelernten französischen Kanadier oder Griechen in einer Fabrik in Neu-England, den noch ungelernteren Slowaken in Pittsburg, den hochgelernten Yorksherearbeiter oder Deutschen in Philadelphia oder den unvermeidlichen Italiener?«

für einen modernen Fabrikbetrieb mitbringen. Hand in Hand hiermit geht die bedeutende Höhe der Löhne. 1900 war der Durchschnittslohn eines gelernten Arbeiters in der Maschinenindustrie 11—16 M. pro Tag[1]) gegenüber etwa 4 M. in Deutschland, wobei noch zu bedenken ist, daß die Arbeitszeiten in Amerika kürzer waren als in Deutschland[2]). Auf der andern Seite steht die ungeheure Entwicklung des Wohlstandes des Landes, — das Nationalvermögen der Vereinigten Staaten hat sich von 1850 bis 1900, auf den Kopf der Bevölkerung berechnet, vervierfacht und dementsprechend die große Kaufkraft des Publikums[3]), in Amerika kommt z. B. auf je 40 Einwohner ein Kraftwagen[4]) — der jährliche Bevölkerungszuwachs von nahezu 2000000 Menschen, der Bau von Eisenbahnen, die heute nahezu 400000 km Länge besitzen, also die Gesamtlänge der europäischen Eisenbahnen erheblich übertreffen, der Bedarf an Schiffen, Straßenbahnen und sonstigen Verkehrsmitteln, die die großen Entfernungen überbrücken müssen. So bezifferte sich allein die Jahreserzeugung der Fordwerke 1917 auf etwa 600000 Wagen. Die Verbreitung des elektrischen Stromes hat beispielsweise 1916 einen Glühlampenverkauf von 154 Millionen Stück zur Folge gehabt[5]). Hinzutrat infolge der Ausdehnung der Verkehrsmittel die ständig rapide fortschreitende Erschließung immer neuer Kulturgebiete[6]), alles Tatsachen, die schon frühzeitig in rascher, oft stürmischer Aufeinanderfolge einen durch die Verhältnisse des Landes bedingten großen Bedarf an gleichartigen Produkten, wie etwa das Eisenbahnoberbau- und Betriebsmaterial, die landwirtschaftlichen Maschinen und Geräte u. a.

[1]) Z. d. V. D. I., 3. II. 1917, S. 111. — Engineering News v. 21. XII. 1916. »Die Fordschen Automobilwerke zahlten schon 1916 bis 28 M. Tagelohn für jugendliche ungelernte Arbeiter.«

[2]) Paul Möller, »Eine Studienreise in den Vereinigten Staaten von Amerika«, Z. d. V. D. I., 4. VII. 1903, S. 974.

[3]) Henry Heß, »Massenautobau in Amerika und Deutschland«, Der Motorwagen 1911, S. 167.

[4]) »Amerikanische Autofabrikation«, Der Motorwagen 1916, S. 390.

[5]) »Glühlampenerzeugung in den Vereinigten Staaten«, Elektrotechnik und Maschinenbau 1917, S. 281.

[6]) B. Czolbe, »Die wirtschaftlichen Funktionen der Normalisierung in der deutschen Maschinenindustrie«, Archiv für exakte Wirtschaftsforschung, Bd. VII, Heft 1, S. 26.

zur Folge hatten, der schnellste Befriedigung erheischte. Was immer für ein Gegenstand erzeugt wurde, entsprach er einem wirklichen Bedürfnis, so war der umfangreiche Absatz sofort vorhanden. Kaum war die Überlegenheit der Maschinen zum Schneiden von Gras und Getreide gegenüber der Sense und Sichel nachgewiesen, da stellte sich auch schon sofort der große Bedarf nach Mähmaschinen in dem weiten Lande ein. Ebenso hat die Erzeugung von Nähmaschinen und anderen häuslichen Hilfsmitteln, von Formeisen, Eisenbahnbauteilen, Lokomotiven, Eisenbahnwagen, Eisenbahnsignalen, Kraftmaschinen, elektrischen Geräten, Ausrüstungen für Kraftwerke, Fahrrädern, neuerdings von Motorwagen für Personen und Güter die Leistungsfähigkeit der Fabriken auf das äußerste beansprucht und dauernde Erweiterungen notwendig gemacht. Auf vielen Gebieten haben es die Anforderungen des neuen, ausgedehnten und emporblühenden Landes ermöglicht, ungeheure Mengen zu erzeugen[1]), und dieser Umstand hat seinen Einfluß auf die Verfahren der Erzeugung ausgeübt[2]).

Faßt man das eben Gesagte zusammen, so hatte sich die amerikanische Industrie mit zwei Faktoren abzufinden:

1. mit den hohen Löhnen, welche es erforderten, aus den Arbeitskräften einen hohen Wirkungsgrad zu erzielen, d. h. Menschenarbeit so gut wie möglich auszunutzen oder besser, sie überhaupt zu sparen, und

2. mit einem außerordentlich großen und rasch wachsenden Bedarf, und dieser machte es nötig, viel und schnell zu fabrizieren, d. h. einen hohen Wirkungsgrad aus den Anlagen herauszuwirtschaften[3]).

Es ist bekannt, daß die amerikanische Industrie beiden Forderungen in glänzendster Weise nachgekommen ist. Normalisierung, Typisierung und Spezialisierung sind die Schlag-

---

[1]) Z. d. V. D. I., 22. VI. 1907, S. 997. »In Boston fertigt z. B. eine Schuhfabrik 10 000 Paar täglich, und zwar nur Herrenschuhe, während in Deutschland die Fabrik bei nur 1500 Paar täglich alle Sorten herstellen muß.«

[2]) Z. d. V. D. I. 1913, S. 1563. — R. E. Crompton, »Address to the Mechanical Science Section«, Engineering, 20. IX. 1901, S. 418.

[3]) Paul Möller, »Eine Studienreise in den Vereinigten Staaten«, Z. d. V. D. I., 4. VII. 1903, S. 974.

worte gewesen, durch deren Verwirklichung, wie auf den früheren
Seiten gezeigt wurde, allein eine rationelle Massenfabrikation
mit all ihren Arbeit und Kosten sparenden Herstellungsvorgängen
möglich ist. Dabei wird es sich kaum genau feststellen lassen,
ob nun etwa die Typisierung, d. h. die Herausbildung von einheitlichen Formen fertiger Fabrikate, lediglich eine natürliche Entwicklung aus den Bedürfnissen der Konsumenten heraus dar-
stellt und also ohne überlegende Tätigkeit des Produzenten vor
sich gegangen ist — wie es Czolbe behauptet —, während die
Normalisierung, d. h. die Vereinheitlichung der Formen von
Einzelteilen auch verschiedener Fabrikate, mehr produktionstechnischen Wünschen des Produzenten entsprang; für den vorliegenden Zweck genügt es, festgestellt zu haben, welche Ursachen die amerikanischen Vereinheitlichungsbestrebungen aus-
gelöst haben. Es wird sich damit gleichzeitig bei dem Übergang
zu den deutschen Verhältnissen ergeben, warum erst jetzt und
gerade jetzt volkswirtschaftlich der geeignete Moment ist, das
Normalisierungsproblem auch bei uns anzufassen.

Die deutschen Verhältnisse bis 1914. Deutschland
ist mit seinen 540858 qkm nur den 17. Teil so groß wie Amerika,
beherbergt aber auf diesem Gebiet eine Bevölkerung von 64925993
Menschen[1]. Die Volksdichte beträgt daher rd. 120 pro qkm, ist
also 12mal so groß wie in Amerika. Dementsprechend kann
in Deutschland von einem Arbeitermangel der Industrie nicht
gesprochen werden. Im Gegenteil: wertvolle Bestandteile deutscher Volkskraft müssen sich alljährlich in der Fremde ihr Brot
suchen. Die Folge hiervon war auch bis zum Kriege eine Lohnhöhe, die nur $1/_3$ des amerikanischen Durchschnittslohnes betrug
und oft kaum ausreichte, dem Arbeiter ein Existenzminimum
zu gewährleisten. Zwar ist auch Deutschlands Nationalreichtum
und damit seine Kaufkraft sowie die Bevölkerungszahl erheblich
gestiegen, aber der weite Hintergrund der unerschlossenen, umfangreichen Ländereien Amerikas mit ihrem ungeheuren plötz-
lichen Bedarf an Industrieprodukten fehlte. Die Entwicklung
setzte in Deutschland nicht so jäh auf dem Nichts ein. Es fand
lediglich ein wenn auch rasches Weiterbauen auf Vorhandenem
statt. Die Tradition engte den Fortschritt ein und wies ihm
gemäßigtere Bahnen. Deutschland hatte kein Bahnnetz von

---

[1] Statistisches Jahrbuch für das Deutsche Reich 1915.

400000 km auszubauen, ihm genügten schon 64000 km. Ähnlich
steht es mit den Kraftfahrzeugen. Bei den kurzen Entfernungen
ist der Bestand von etwa 93000 Wagen am 1. I. 1914 bereits
recht hoch[1]); er verschwindet aber gegenüber den etwa 2,4 Mill.
Automobilen der Amerikaner[2]). Von einem ausgesprochenen
Massenbedarf des Inlandes kann also, abgesehen vielleicht von
der eine Art amerikanischer Entwicklung durchmachenden
Elektroindustrie, nicht wohl die Rede sein. Erst in den allerletzten
Jahren vor dem Kriege hat der deutsche Außenhandel an die
Leistungsfähigkeit der Industrie größere Anforderungen gestellt, zu deren Bewältigung denn auch die früher erwähnten
ersten Ansätze einer Amerikanisierung der Produktionsweise
in einigen Betrieben, insbesondere der Elektroindustrie, der
Fahrrad-, Nähmaschinen- und Gewehrfabrikation, feststellbar
sind.

Verständnis des Marktes als Vorbedingung. Es
darf ferner ein Umstand hierbei nicht außer acht gelassen werden:
Alle Vereinheitlichungspläne des Produzenten werden erfolg-
los sein, wenn der Markt sich weigert, normalisierte und typi-
sierte Produkte aufzunehmen. Solange also etwa die Mode die
Konstruktion beeinflußt und zur Herausbringung immer neuer
Formen zwingt[1]), solange die Konsumenten, wie das eben in
Deutschland noch heutzutage üblich ist, bei jedem Kauf ihre
Sonderwünsche äußern, und so den einheimischen Fabrikanten
zwingen, von seiner Normalisierung abzugehen, ist an eine im
Volkswirtschaftsinteresse erfolgende Durchführung der Vereinheitlichung nicht zu denken. Ganz anders liegen die Verhältnisse in Amerika. Der Warenhunger des sich in der letzten Zeit
ständig rapide verbreiternden Marktes zwang den Käufer dazu,
wenn er überhaupt befriedigt werden wollte, die Typenware zu
nehmen und seine persönlichen Wünsche hintanzustellen. Es
trat dadurch eine natürliche Gewöhnung des Konsumenten ein,

---

[1]) Statistisches Jahrbuch für das Deutsche Reich 1915.
[2]) »Amerikanische Autofabrikation«, Der Motorwagen 1916, S. 390.
[3]) A. Schreiber, »Amerikanische Gefahr«, Der Motorwagen 1910,
S. 727. »Eine amerikanische Autofabrik eröffnete ihre Saison mit
folgender Reklame in den Zeitungen: »Unseren 24600 Kunden die
Nachricht, daß auch für die kommende 3. Saison der 30 PS-Wagen
unverändert bleibt. Kataloge für alle Ersatzteile bleiben genau dieselben. Nur der Kaufpreis ist auf 1000 Dollar herabgesetzt!«

deren volkswirtschaftliche Vorteile Frank A. Vanderlip mit den Worten kennzeichnet[1]): »Dem amerikanischen Publikum ist gelehrt worden, daß es ein Maschinenbauer besser versteht, eine Maschine zu konstruieren als der Kunde selbst oder sein Berater, der nur gelegentlich eine Maschine kauft. Unsere besten Fabrikanten verweigern es absolut, von ihren Standards abzuweichen. Indem wir eine große Zahl von ganz gleichen Maschinen fabrizieren, sind wir imstande, Arbeit für einen Preis zu leisten, der außerhalb der Konkurrenz des europäischen Fabrikanten steht. Unsere arbeitsparenden Maschinen gleichen die hohen Löhne, welche wir bezahlen, vollkommen wieder aus. Die englischen und deutschen Fabrikanten werden durch sog. Sachverständige ungemein behindert. Sobald jemand eine Maschine zu kaufen beabsichtigt, zieht er einen Ingenieur zu Rate und dieser hat jedenfalls das Gefühl, daß er sich sein Honorar dadurch verdienen muß, irgendeine Abänderung vorzuschlagen. Wenn eine Dynamo für 112 Umdrehungen per Min. konstruiert ist, möchte er eine Maschine für 113 Umdrehungen gebaut haben! Das Resultat ist, daß die deutschen und englischen Fabriken eine endlose Anzahl von Typen[2]) herstellen und, was noch wichtiger ist, sie können sich von der Sklaverei, in der sie sich befinden, nicht freimachen und unser System der »standard types« adoptieren, weil sie nicht den großen weiten Markt mit ganz gleichen Ansprüchen haben, den die Amerikaner in ihrem Lande vorfinden.« Die gleiche Wertschätzung der Normalisierung kommt übrigens in einer Äußerung des bekannten Thomas A. Edison zum Ausdruck, worin er sich wie folgt ausspricht[3]): »Als einen grundsätzlichen Fehler der Deutschen muß ich es bezeichnen, daß sie der Normalisierung ihrer Erzeugnisse nicht genügend Verständnis entgegenbringen und nicht so durchgreifend spezialisieren wie wir. Der Grund hierfür dürfte nicht schwer zu finden sein.

---

[1]) Frank A. Vanderlip, »Amerikas Eindringen in das europäische Wirtschaftsgebiet«, S. 25.

[2]) Ernst Adler, »Anpassung und Normalisierung bei elektromotorischen Antrieben«, ETZ. 1918, Heft 39/40, S. 381/394. — Eine elektrotechnische Großfirma liefert allein für 0,1—6 kw 96 verschiedene Gleichstrommotoren von 220 Volt, offene Bauart, mit Nebenschlußwicklung.

[3]) Zeitschrift für praktischen Maschinenbau, Berlin 1911, Jahrgang 2, Nr. 45, S. 1652.

Die deutschen Fabrikanten sind bereit, jeden Wunsch ihrer
Abnehmer, was spezielle Konstruktionen anbelangt, meistens
auch deren Launen, zu erfüllen, nur damit ihnen das Geschäft
nicht entgeht. Daraus entstehen oft ungewöhnliche Bauarten.
Die Nachgiebigkeit der Fabrikanten gegenüber den manchmal
ganz willkürlichen Wünschen der Besteller ist sicherlich der Haupt-
grund, daß sie zu keiner richtigen Normalisierung kommen. In
einer großen elektrotechnischen Fabrik fand ich von Motoren einer
bestimmten Leistung 20 bis 30 verschiedene Typen und Konstruktionen. Aus diesem Grunde gleicht die deutsche Fabrikation
vielmehr einer Stückarbeit als einer Massenproduktion. Der
deutsche Fabrikant bemüht sich auch um Lieferungen, die er
entweder selbst gar nicht ausführen kann, oder deren Ausführung
für ihn unwirtschaftlich ist. Es liegt ihm daran, möglichst hohe
Aufträge zu erlangen, gleichgültig, ob alle Bestandteile dieser
Aufträge in sein spezielles Fabrikationsgebiet fallen oder nicht.
Er weiß, daß Spezialisierung ein Grundsatz moderner Produk-
tätigkeit ist, und liebäugelt auch beständig mit der Absicht, sie
durchzuführen, kommt aber damit nicht weiter, weil es ihm
schwer fällt, einen Fabrikationszweig aufzugeben, selbst wenn er
nicht rentiert. Ich habe allerdings bemerkt, daß in der allerletzten
Zeit die Normalisierung und Spezialisierung einige Fortschritte
macht. In einigen Fabriken wird mit großer Energie an ihrer
Durchführung gearbeitet«. Wie weit allerdings noch vor dem
Kriege die deutsche Industrie von der Vereinheitlichung ent-
fernt war, erhellt aus der Tatsache, daß z. B. eine Maschinenfabrik nicht ohne gewissen Stolz behauptete, daß sie außer anderen Maschinengattungen mindestens 300 verschiedene Typen
von Misch- und Knetmaschinen für Bäckereien baue[1]).

Die Mittel zur Durchführung der Vereinheitlichung. Neben Massenbedarf und hohen Arbeitslöhnen als Ursache sowie dem entsprechenden Verständnis des Marktes als
Vorbedingung für die Verwirklichung der Vereinheitlichung
in der Volkswirtschaft wäre an dieser Stelle noch kurz auf die
über den Rahmen des Einzelunternehmens hinausgehenden
Mittel zu ihrer Durchführung einzugehen. Wieder zeigt ein Vergleich der amerikanischen und deutschen Vorkriegsverhältnisse

---

[1]) »Typisierung und industrielle Erzeugnisse«, Mitteil. d. A. w. F.,
April 1918, Nr. 1, S. 15.

den Weg, der gegangen werden muß. Schon sehr früh fühlten die amerikanischen Fabrikanten das Bedürfnis, die quantitative Leistungsfähigkeit ihrer Betriebe zu vergrößern. Der Satz, je größer der Betrieb, desto geringer die Gestehungskosten, stammt schon aus der Kindheit der englischen Textilindustrie und hat von dort aus die Runde durch die Welt gemacht[1]). Je größer aber die Betriebe wurden, desto größer wurden die Anlagekosten und desto kleiner die Zahl der selbständigen Unternehmer. In gleicher Richtung mußte der technisch-fabrikatorische Fortschritt wirken. Sobald erst einmal das arbeitsparende Prinzip in den Vordergrund der technischen Überlegung getreten war, sobald infolge der Anwendung der Vereinheitlichung die Massenfabrikation möglich war, wurde die Drehbank von der Revolverbank, der Schleifmaschine, den immer vollkommener werdenden Automaten und Sondermaschinen abgelöst. Der kleine Unternehmer konnte sich die ständigen Änderungen nicht mehr leisten und schied aus der Konkurrenz aus. Ein Beispiel[1]): Als zu Beginn der 80er Jahre die Zigarettenmaschine auf den Plan trat, bestand die Zigarettenindustrie in Amerika aus einer Unzahl von Kleinbetrieben. Nur wenige waren in der Lage, bei den hohen Kosten sich die Maschine anzuschaffen. Diese überflügelten ihre Wettbewerber aber in kürzester Zeit derart, daß die Zahl der letzteren immer mehr abnahm. Die Erklärung ist sehr einfach. Noch 1876 betrugen die Arbeitskosten für eine bestimmte Zigarette 96,5 Cts. pro 1000 Stück, 1895, bei ziemlich unveränderten Lohnsätzen, nur mehr 8,1 Cts. pro 1000. Die Leistungsfähigkeit einer einzigen Bonsackmaschine war eben 1884 bereits auf 120000 Zigaretten einheitlicher Form pro Tag gestiegen, also etwa 50mal so viel, wie ein guter Zigarettenmacher mit der Hand herstellen kann. Bereits 1890 hatten so 5 Großunternehmungen 90% der gesamten Zigarettenfabrikation inne, und der Vertrustung waren die Wege geebnet. Abgesehen selbstverständlich von der hier nicht zu erörternden, vielleicht schädlichen Preispolitik war durch die mit der Verringerung der Zahl parallel laufende Vergrößerung der Betriebe und die Verbandsbildung die amerikanische Industrie nunmehr in den Stand gesetzt, ihren technisch-wirtschaftlichen Maßnahmen einen ganz anderen

[1]) Paul Tafel, »Die nordamerikanischen Trusts und ihre Wirkungen auf den Fortschritt der Technik«, S. 32.

206

Rahmen zu geben. Im Interesse der Spezialisierung konnten
in den wenigen übrig bleibenden Werken bisher konkurrierende
Erzeugnisse in Massen dort hergestellt werden, wo sie nachweis-
lich die geringsten Kosten verursachten[1]). Die selbstverständliche
Folge hiervon war die Ausschaltung der übermäßigen und darum
schädlichen Konkurrenz. Die Normalisierung und Typisierung
konnte leichter zwischenbetriebliche Geltung erlangen und durch
die Macht der Verbände widerstrebenden Unternehmern oder
dem sich ablehnend verhaltenden Markt aufgezwungen werden.
Ganz anders vor 1914 in Deutschland. Konkurrenzneid und kurz-
sichtige Eigenbrödelei haben ein fruchtbringendes Zusammenarbeiten der einzelnen Fabriken und Industrien bis auf wenige
Ausnahmen unmöglich gemacht. Zwar bestehen auch hier eine
ganze Reihe von Großfirmen, und dementsprechend ist eine innerbetriebliche Vereinheitlichung dort auch durchgeführt; aber die
spärlichen zwischenbetrieblichen, die ganze Volkswirtschaft umfassenden, bisher lediglich von wissenschaftlichen und nicht
wirtschaftlichen Verbänden ausgehenden Vereinheitlichungsbestrebungen hatten zu einer entsprechenden Beeinflussung des
Marktes, wie die Urteile von Edison und Vanderlip zeigen,
in größerem Umfange bis zum Kriegsausbruch nicht geführt.

Verschiebung der wirtschaftlichen Verhältnisse
durch den Krieg. Ganz anders haben sich nun bei uns die
Verhältnisse während des Krieges gestaltet. Das Hindenburgprogramm von Herbst 1916 mit seinen gewaltigen Kriegsmaterial-
forderungen hat den Massenbedarf, die alles Maß übersteigende
Teuerung sowie der Mannschaftsbedarf des Heeres haben eine
Lohnhöhe zur Folge gehabt, die amerikanischen Verhältnissen
in keiner Weise nachstehen[2]). Berücksichtigt man ferner, daß
der Warenhunger der ganzen Welt und das Fehlen jeglicher
Lagerbestände[3]), insbesondere in Deutschland, sowie die er-

[1]) Z. d. V. D. I. 1913, S. 1563. — Zeitschrift für Werkzeugmaschinen und Werkzeuge, Nr. 11, S. 451. — »Kann die deutsche Maschinenindustrie von der amerikanischen lernen?«, Glasers Annalen für Gewerbe und Bauwesen 1900, Bd. 47, S. 2/36.

[2]) Der Lohn von Eisenbahnarbeitern beträgt beispielsweise 2,20
bis 2,70 M.; die Automobilindustrie zahlt noch mehr.

[3]) G. W. Koehler, »Die Vereinheitlichung im deutschen Maschinenbau«, Mitteilungen des Frankfurter B.-V. d. I., Jan. 1918, S. 1.

heblichen Verluste an Volkskraft durch Tod, Verstümmelung und den sinkenden Geburtenüberschuß diese Zustände in absehbarer Zeit nicht verschwinden lassen werden, so muß man wohl sagen, daß nach den Erfahrungen aus der amerikanischen Geschichte, wenn je so jetzt, der geeignete Moment für die Inangriffnahme der industriellen Vereinheitlichung gegeben ist[1]). Vergessen darf dabei nicht werden, daß Deutschland in seiner derzeitigen traurigen wirtschaftlichen Lage nicht nur mit allen Mitteln die Produktion steigern, sondern vor allem auch verbilligen muß.

Die Vorbedingungen für eine Aufnahme normalisierter und typisierter Produkte durch den Markt haben sich gleichfalls unter der Ungunst der Verhältnisse erheblich verschoben. Kommt erst das Wirtschaftsleben wieder in Gang, so wird der Verbraucher, der sich unter der Kriegswirtschaft bereits an die Beschneidung seiner persönlichen Freiheit gewöhnt hat, froh sein, überhaupt Ware schnell zu erhalten[1]). Die Mittel zur Durchsetzung des Vereinheitlichungsgedankens aber sollten bei der gründlicher Umwälzung unserer politischen Verhältnisse kaum fehlen. Abgesehen davon, daß schon Fragen des Erlasses und der Handhabung von Ein- oder Ausfuhrverboten in vielen Fällen Vertreter eines Industriezweiges aus ganz Deutschland zu gemeinsamen Überlegungen zusammengeführt haben, daß Preisprüfungsstellen, Verrechnungsstellen, Rohstoffversorgung, Schäden durch Kriegsereignisse und ähnliches in weit höherem Maße als vor dem Kriege zu einheitlicher Stellungnahme und zum Zusammenschluß zwangen[2]), und daß dieser Zusammenschluß durch die im Kriege schüchtern keimende Spezialisierung gerade untereinander in ihren Erzeugnissen sich ergänzender Spezialfabriken gegenüber früher erheblich erleichtert wurde, darf vor allem nicht vergessen werden, daß die Revolution mit ihren neuen Ideen den Gemeinschaftsgedanken in den Mittelpunkt gerade wirtschaftlicher Erörterung gerückt hat. Den in solcher Atmosphäre geborenen Wirtschaftsverbänden muß besonders bei Verleihung einer

---

[1]) »Dringende wirtschaftliche Notwendigkeiten«, Mitteilungen des A. w. F., Dez. 1918, S. 1.

[2]) Franz Händrichs, »Die Notwendigkeit des Zusammenschlusses der einzelnen Industriegruppen«, Technik und Wirtschaft, April 1917, S. 175.

staatlichen Spitze der bedeutende Vorteil zugesprochen werden,
daß sie in der Lage sind, die Vereinheitlichung der Produktion
unter Beachtung der Absatz- und Herstellungsmöglichkeiten in
weitgehendem Maße durchzuführen[1]), den Bedarf in gemeinsamen
Verkaufsorganisationen zu sammeln[2]) und entsprechend der
technischen Eignung der Betriebe jenen spezialisierend auf diese
zu verteilen[3]) sowie widerspenstige Betriebe im volkswirtschaftlichen Interesse zur Annahme ihrer Maßnahmen zu
zwingen[4]).

Sache des Staates wird es sein müssen, nachzuprüfen, ob
nicht hier eine Möglichkeit wäre, gerade in die vereinheitlichte
Produktion sozialisierend einzugreifen. Denn auf der einen Seite
wäre durch den Normenausschuß die Gewähr gegeben, daß
eine durch die Bureaukratisierung etwa bedingte Erstarrung
ausgeglichen würde, auf der andern Seite hätte der Staat die
Möglichkeit, preisregelnd in die Produktion einzugreifen, wenn
er die Grundelemente der Kalkulation in den Normalien oder
Typen liefert.

---

[1]) »Die Maschinenindustrie in der Übergangswirtschaft«, Die
Werkzeugmaschine 1917, Nr. 24, S. 449. »Helfferich glaubt z. B.
solch staatlich geleitetem Verbande die Aufgabe zuteilen zu können,
im Interesse der Spezialisierung und Massenherstellung den zu er-
wartenden Bedarf nach in sich gleichen Gruppen auf die hierfür geeigneten Werke zu verteilen.« — E. Toussaint, »Spezialisieren, Organisieren und Normalisieren bei der Umstellung auf die Friedenswirtschaft«, Der Staatsbedarf, 10. XII. 1917, S. 698. — W. Müller-
»Technische Friedensaufgaben«, Dinglers Polytechn. Journ. 1917, S. 201.

[2]) »Wege zur Spezialisierung«, Mitteilungen des A. w. F., April
1918, Nr. 1, S. 15. — »Preiskartelle, Syndikate oder Spezialisierung«,
Mitteilungen des A. w. F., April 1918, Nr. 1, S. 16. — »Die Maschinenindustrie in der Übergangswirtschaft«, Die Werkzeugmaschine 1917, S. 449.

[3]) »Die Begründung des Ausschusses für wirtschaftliche Fertigung«, Mitteilungen des A. w. F., April 1918, S. 4. »Die etwa 40 Firmen umfassende Holzbearbeitungsmaschinenindustrie hat sich bereits
zusammengeschlossen und durch Gegenseitigkeitsverträge die Spezialisierung der von ihr gebauten ungefähr 400 Maschinentypen durchgeführt. Jede Firma stellt danach nur noch eine bestimmte Zahl
von Maschinen her, während sie gegen gewisse Vorteile die von den
andern Fabriken hergestellten zum Vertrieb übernimmt.«

[4]) »Herzhafte Theorie und Praxis in der Maschinenbauindustrie«,
Deutsche Rüstungsindustrie, 6. VII. 1918, S. 117.

Die Folgen der Vereinheitlichung. Die Folgen der
Vereinheitlichung aber würden nicht nur dem einzelnen Verbraucher, sondern schließlich der Gesamtheit zugute kommen. Die
geschichtliche Entwicklung hat gelehrt, daß schon zu Zeiten,
wo von einer Industrie nicht die Rede ist, Normung, Normalisierung, Typisierung und Spezialisierung regelnd in das Einzel- und
Gemeinschaftsleben eingegriffen haben. Die überragende Bedeutung der Gesetzes-, Maß- und Gewichts-, religiösen Normen und
ähnlicher ist so selbstverständlich und in das Unterbewußtsein
aller Kreise der Bevölkerung eingedrungen, daß sich weitere
Worte hierüber erübrigen. Die Spezialisierung der menschlichen
Tätigkeiten in den Berufen hat weiter zur qualitativen Befriedigung der Allgemeinheit beigetragen. Kulturfortschritt und
Vereinheitlichung laufen parallel. Sie bildet gewissermaßen das
Lebensgesetz der Volkswirtschaft[1]). Deren Widerstandsfähigkeit und ihr Kulturniveau hängen von der Zahl und Art der vereinheitlichten Formen ab. Sie stellen als der Niederschlag der schon
geleisteten, geistigen und körperlichen Arbeit die potentielle
Energie des Volkskörpers dar. Je größer diese, desto größer
die Gesamtenergie, da der kinetische Teil gleichsam an die jeweilige Generation und ihre Mittel gebunden scheint. Ohne Normen kein Fortschritt, denn jeder Fortschritt verbraucht Kräfte
zur Überwindung der sich entgegenstellenden Widerstände. Die
Normen stellen dann gleichsam die Stufen dar, auf denen die
Volkskraft zu neuem Vorwärtsdrängen rasten kann. Sie zerlegen
den Entwicklungsgang in Etappen, innerhalb deren die nach Normen geregelten Tätigkeiten blühen und Früchte ausreifen können[2]),
indem sie einerseits Erprobtes der Öffentlichkeit zur Verwendung
unterbreiten und andererseits ständigen Änderungsversuchen
zeitweise ein Ziel setzen. Eine gleichmäßige, sichere, planvolle
Entwicklung muß an Stelle unnötigen Probierens und eines
steten Hin und Her die Folge sein. Die schon in den vorausgegangenen Erörterungen in der Einzelwirtschaft festgestellten
materiellen und geistigen Kräfteersparnisse müssen sich in der
Volkswirtschaft summieren und so bedeutende Energien für weiteren Fortschritt und anderweitige Betätigung freimachen.

[1]) W. Hellmich, »Der Normenausschuß der deutschen Industrie«,
Mitteilungen des Normenausschusses der deutschen Industrie, Jan. 1918.

[2]) Kienzle, »Normen und ihre Bedeutung für die Allgemeinheit,
insbesondere für die Industrie«, Der Weltmarkt 1918, S. 179.

Wie hätte Deutschland vier Jahre lang zu solch unnachahmlicher Kraftentfaltung in der Lage sein können, wenn nicht eine überragende Organisation durch zahllose Normen in der Ausbildung der Menschen, der Regelung des Verkehrs, der Lebensmittel- und Rohstoffverteilung, der Erzeugung des Kriegsbedarfes eine so erstaunliche Zusammenfassung der Kräfte ermöglicht hätte!

Die ganze Lebenshaltung des Volkes wird durch die Vereinheitlichung beeinflußt. Normalisierung und Spezialisierung haben Massenfabrikation und Massenfabrikation Verringerung der Herstellungskosten zur Folge. Diese kommt aber in einem sozialen Staate schließlich in erster Linie dem Verbraucher zugute. Denn jede Verringerung des Verkaufspreises und jede Vermehrung der Produktion macht die Lebenshaltung billiger und reichlicher[1]), während gleichzeitig die im Gefolge der vereinheitlichten Massenfabrikation durchführbare wissenschaftliche Betriebsführung durch Lohnerhöhung und Arbeitsverkürzung geeignet ist, zur Befriedigung der arbeitenden Massen beizutragen[2]).

Es ist schwer, sich von der zahlenmäßigen Wirkung ein genaues Bild zu machen; folgende Angaben können aber zur Veranschaulichung dienen:

Seit 3 Jahrhunderten ist die Produktivität in der Eisenindustrie wie 1:30, in der Baumwollverarbeitung von 1769 bis 1855 wie 1:700 gestiegen[3]). Die Kosten und Arbeitszeiten für Hand- und normalisierte Maschinenarbeit betrugen 1899 für[4])

| Menge | Handarbeit | | Maschinenarbeit | |
|---|---|---|---|---|
| | Stunden | Selbstkosten | Stunden | Selbstkosten |
| | | Mk. | | Mk. |
| Garn 100 Pfd. . . . . . | 3117 | 382 | 19 | 5 |
| Nadeln 1000 Stück . . . | 475 | 344 | 12 | 9 |
| Hufnägel 100 Pfd. . . . . | 250 | 262 | 63 | 9,5 |
| Zigaretten 100000 Stück . | 990 | 409 | 97 | 48 |

[1]) Technik und Wirtschaft 1913, S. 123.
[2]) Friedrich W. Taylor-Roeßler, »Die Grundsätze wissenschaftlicher Betriebsführung«, Berlin 1913, S. 146.
[3]) G. Schmoller, »Das Maschinenzeitalter in seinem Zusammenhang mit dem Volkswohlstand und der sozialen Verfassung der Volkswirtschaft«, Z. d. V. D. I., 15. VIII. 1903, S. 1117.
[4]) »Hand and machine labour. 13 Annual Report of the Commissioner of Labour«, Washington 1899, 2. Bd., S. 1604.

Bis zum Jahre 1895 ist seit 1873 für fast alle industriellen
Erzeugnisse ein stetes Fallen der Preise zu verzeichnen gewesen[1]).
Baumwolle von 132 auf 62, Wolle von 480 auf 274, Reis von
34 auf 20½, Weizenmehl von 31 auf M. 19 pro Doppelzentner
usf. Ganz überragend ist hierbei der Einfluß des ja ganz unter
dem Zeichen der Vereinheitlichung stehenden Verkehrs. Ein
typisches Beispiel für die Verbesserung der Lebenshaltung unter
dem Einflusse der Vereinheitlichung bieten die Wirkwaren[2]).
Noch vor 60 Jahren wurden diese von der niederen Bevölkerung
kaum gebraucht; sie behalf sich mit Stroh und Lappen, in mittleren Kreisen wurden sie von den weiblichen Familienangehörigen
gestrickt. Heute stellt eine von den tausenden arbeitenden
Strickmaschinen, deren Preis etwa M. 800 beträgt, in einer Stunde
8 Dutzend ohne jede Wartung her.

Dabei ist die Qualität solcher Massenware gleichmäßig und
erstklassig, denn alle Kräfte können vom Produzenten auf die
Herstellung der verhältnismäßig wenigen normalen Erzeugnisse
konzentriert werden. Der Verbraucher kann sie von jeder beliebigen Stelle beziehen und erhält sie in kürzester Zeit meistens
ab Lager, so daß irgendwelche Verluste, die ihm bei Sondererzeugnissen oft durch nicht rechtzeitige Lieferung entstehen,
ausgeschlossen sind. Die Verminderung der Vielzahl der Typen
von Maschinen und deren Gleichheit ermöglicht eine Gewöhnung
der Arbeiter, die bei Stellenwechsel dann nicht jedesmal neu angelernt zu werden brauchen[3]). Die Ersatzteillager der Verbraucher
für die bezogenen Maschinen können kleiner sein, wenn diese
in den Einzelteilen weitgehend übereinstimmen. Welche Vorteile
hieraus erwachsen, kann aus der Tatsache entnommen werden,
daß eine Rheinische Maschinenfabrik für die Elektromotoren
ihres Werkes nicht weniger als 236 verschiedene Typen Bürsten
und Halter als Reserve im Magazin führen mußte, um ohne
Betriebsstörung auszukommen[4]). Die Spezialisierung hat eine

[1]) F. C. Huber, »Deutschland als Industriestaat«, S. 49.
[2]) J. Conrad, »Grundriß der politischen Ökonomie«, Jena 1902,
Bd. II, S. 158.
[3]) »Die Begründung des Ausschusses für wirtschaftliche Fertigung«, Mitteilungen des A. w. F. 1918, Nr. 1, S. 1.
[4]) E. Ziehl, »Spezialisierung, Typisierung und Normalisierung im
Elektromaschinenbau«, Mitteilungen des A. w. F. 1918, Nr. 1, S. 14.
»Die Ziehl-Abegg-Elektr.-Ges. m. b. H. verwendet für ihre sämtlichen Motoren bis 50 PS nur zwei Bürstentypen.« 14*

Einschränkung des unfruchtbaren, nicht dem technischen Fortschritt dienenden Wettbewerbs im Inland zur Folge und. stärkt durch das notwendige Zusammenarbeiten der deutschen Industrie unsere wirtschaftliche Stellung gegenüber dem Ausland.

Welche Summen für die deutsche Volkswirtschaft durch die Vereinheitlichung gespart werden können, läßt sich vorläufig auch nicht annähernd übersehen. Aufgabe des Normenausschusses würde es sein müssen, durch eine mit verhältnismäßig einfachen Mitteln arbeitende Statistik die Zahlen der jährlich nach den D J-Normen in Zukunft hergestellten Fabrikate zu ermitteln. Diese dürften dann bei einheitlichen Kalkulationsgrundlagen eine Beurteilung der finanziellen Bedeutung der Normalisierung sowie gleichzeitig eine Kontrolle für die Durchdringung des Wirtschaftslebens mit den neuen Ideen abgeben.

Aus produktionsstatistischen Angaben läßt sich jedoch wenigstens ein Maßstab dafür gewinnen, was bei dieser Rationalisierung unserer Industrie für Werte auf dem Spiele stehen. Allein 2,5 Milliarden betrug die Produktion der deutschen Maschinenindustrie[1]), M. 2 347 963 im Jahre 1913 die der Walzwerke, für die die Normalprofile in Frage kommen[2]), 1,2 Milliarden die der Elektroindustrie[3]), bei der die Vereinheitlichung schon am weitesten fortgeschritten ist und sich in einer reichlicheren Verzinsung des Kapitals als im allgemeinen Maschinenbau bemerkbar macht. Die Elektrizitätserzeugung, die unter dem Einfluß des Sozialisierungsgesetzes wohl am durchgreifendsten vereinheitlicht werden wird, betrug schon 1911 in etwa 4000 Zentralen 10 Milliarden KWh, die bei 10 Pf. pro KWh einen Wert von 1 Milliarde darstellen[4]). Welche Vorteile müßten gerade hier aus einheitlichen Spannungen entspringen, wenn man bedenkt, daß 1913 nach der Statistik der Elektrizitätswerke in Deutschland nicht weniger als 62 Oberspannungen, 35 Niederspannungen und 245 Übersetzungsverhältnisse bestanden, wobei diese Stati-

---

[1]) Fröhlich, »Die Stellung der deutschen Maschinenindustrie im deutschen Wirtschaftsleben und auf dem Weltmarkt«, Technik und Wirtschaft 1915, S. 96.

[2]) Statistisches Jahrbuch des Deutschen Reiches 1917.

[3]) »Die wirtschaftlichen Kräfte Deutschlands«, Dresdener Bank, S. 26.

[4]) A. Brandt, »Die Möglichkeiten der Elektroindustrie«, ETZ. 1913, S. 1056.

stik trotz ihrer trübseligen Ergebnisse nur einen schwachen
Abglanz der wirklichen Zustände bietet. Stern schätzt nach
seinen Beobachtungen die tatsächlichen Übersetzungsverhältnsse
auf rd. 2000[1]). Was z. B. kann in der Papierindustrie an Arbeit,
Maschinen und Abfall gespart werden, wenn die Einheitsformate
allgemeine Anerkennung erlangen![2]) Welche Unsummen von
totem Kapital, abgesehen von der verlorenen Arbeit, wird allein
die Maschinenindustrie an anderer Stelle freibekommen, wenn
eine einzige Fabrik durch die Schraubennormalisierung ihren
Bohrerbestand von 2831 auf 470 Stück und die Reibahlenzahl
durch die Vereinheitlichung der Kegelstifte auf den vierten Teil
verringern kann![3])

Berücksichtigt man weiter, daß z. B. einheitliche Unfallverhütungsnormen[4]) für ganz Deutschland, selbst bei häufigem
Wechsel des Arbeiters gleichsam automatisch in dessen Bewußtsein übergehen und so im Augenblick der Gefahr die richtigen
Handgriffe gewährleistend, zum Schutze des Lebens beitragen
würden[5]), daß ferner ein sozialer Nutzen der Vereinheitlichung
darin erblickt werden kann, daß bei sinkender Konjunktur
die später ja wieder verwendbaren Normalien auf Vorrat hergestellt werden können, um dabei gleichzeitig die Wirkung des
Steigens der Konjunktur hinterher wieder auszugleichen, so lassen
sich die günstigen Folgen der Vereinheitlichung tatsächlich
auf nahezu allen Gebieten der Volkswirtschaft feststellen[6]).

---

[1]) Georg Stern, »Normalisierung von Transformatoren«, ETZ.
1917, S. 277. »In welch erfreulichem Gegensatz hierzu die amerikanischen Verhältnisse stehen, zeigen die Angaben auf S. 21.« Rein-
hold Rüdenberg, »Über die Normalisierung von Drehstromspannungen«,
ETZ. 1918, S. 233. — Heinrich Spyri, »Normalisierungen in der Elektrotechnik«, Elektrotechnik und Maschinenbau 1917, S. 561.

[2]) Gary, »Wie kann die Ziegelindustrie gesunden?« Tonindustrie-
Zeitung, 15. IV. 1919, S. 345.

[3]) Hassenstein, »Normalisieren«, Der Staatsbedarf, 16. II. 1918,
S. 101.

[4]) Seidel, »Neubearbeitung der Normal-Unfallverhütungsvor-
schriften«, Sozialtechnik 1912, S. 125.

[5]) P. Wölfel, »Die Bedeutung der Vereinheitlichung für die Berufsgenossenschaften«, Sozialtechnik, Mai 1918, S. 57.

[6]) Kienzle, »Normen und ihre Bedeutung für die Allgemeinheit,
insbesondere für die Industrie«, Der Weltmarkt 1918, S. 179.

Sie können zusammenfassend dahingehend charakterisiert werden, daß die industrielle Vereinheitlichung unter Ausschaltung toter nutzloser Arbeit durch vermehrte, verbesserte und verbilligte Produktion als Folge einer aufs höchste gesteigerten Leistungsfähigkeit der Volkswirtschaft zur Erlangung höherer, vollkommenerer, innerer und äußerer Daseinsbedingungen beizutragen geeignet ist.

## Schluß.

Schwierigkeiten der Vereinheitlichung. Es müßte jedoch als ein unvollständiges Bild des Vereinheitlichungsgedankens bezeichnet werden, wenn nicht zum Schluß noch kurz auf die Grenzen hingewiesen würde, die seiner Verwirklichung in Gestalt der zu überwindenden Widerstände und der ev. im Gefolge sich einstellenden Gefahren gezogen sind. Die Trägheit der Masse, die Reibung und das Prinzip stellen nach Henry M. Move, Präsident der American Society for testing materials, die Schwierigkeiten dar, die bei der Verwirklichung des Vereinheitlichungsgedankens auftreten[1]). Und diese sind, wie das bei Eingriffen in das Grenzgebiet von Technik und Wirtschaft so häufig der Fall zu sein pflegt, nicht gering. Die Trägheit der Masse äußert sich in dem persönlichen Widerstand, den weite Kreise darum leisten, weil es ihnen schwer wird, den neuen Gedanken in sich aufzunehmen und liebe alte Gewohnheiten abzulegen. Sie kommt bei Produzenten und Konsumenten in gleicher Weise zum Ausdruck. Ein Beispiel sind die Sonderwünsche des Bestellers und die Befürchtung des Produzenten, daß der Abnehmer bei normalisierten Ersatzteilen diese von der Konkurrenz beziehen oder die Wettbewerbsfähigkeit der gerade durch ihre Vielseitigkeit und Anpassungsfähigkeit hochgekommenen deutschen Industrie auf den Weltmarkt leiden[2]) könnte[3]).

Auch die Tendenz vieler Verbraucher, die Lieferung zusammengesetzter Anlagen lieber in eine Hand zu geben, muß hierhin

---

[1]) F. Neuhaus, »Der Vereinheitlichungsgedanke in der deutschen Maschinenindustrie«, Technik und Wirtschaft 1914, August, S. 609.

[2]) »Wettbewerb und Spezialisierung«, Mitteilungen des A. w. F., April 1918, Nr. 1, S. 10.

[3]) Hassenstein, »Normalisieren«, Der Staatsbedarf, 16. II. 1918, S. 101.

gerechnet werden. Die notwendige Folge ist die, daß viele Fabriken, um solchen Wünschen entgegenzukommen, anstatt sich zu spezialisieren, schließlich wieder in den Urzustand der Maschinenindustrie zurückzufallen, wo eine Fabrik alles, was von ihr verlangt wurde, baute. Dabei darf allerdings nicht vergessen werden, daß es oft schwerlich lediglich Trägheit des Käufers sondern der an sich berechtigte Wunsch ist, für die verlangten Garantien eine einzige haftbare Stelle zu haben, sowie der Gedanke, daß solchen ganze Anlagen bauenden Firmen doch erheblich größere Erfahrungen als dem Käufer zur Verfügung stehen[1]).

Die Reibung tritt durch die Eingriffe auf, die sich bei einer restlos durchgeführten Vereinheitlichung in das Wirtschaftsleben der Gemeinschaft, die Organisation der Unternehmung und die Freiheit des einzelnen nicht gut vermeiden lassen. Es sei an die Beschränkung der konstruktiven Freiheit des Ingenieurs oder an die zugunsten der Spezialisierung etwa verordnete Einstellung unlohnender Fabrikation sowie an die unangenehme Tatsache erinnert, daß bei der Durchführung der Vereinheitlichung in einem Unternehmen zunächst infolge der Neuorganisation erhebliche Kosten entstehen, die erst nach einigen Jahren Früchte tragen[2]).

Die Schwierigkeiten des Prinzips bestehen in der ungeheuren Mühe und Kleinarbeit, die bei der Aufstellung der Normen aufgewendet werden muß, um diesen durch ihre gewissermaßen potenzierte Qualität die erforderliche räumliche und zeitliche Geltung zu sichern, sowie in dem ständigen technischen Fortschritt, der durch Wachsen der Einheiten, Betriebsspannungen, neue Erfindungen usw. der Vereinheitlichung entgegensteht.

Wie schwer eine Vereinheitlichung sich durchzusetzen vermag, sei an dem Beispiel der Ludwig Loewe & Co. A.-G. erläutert. Die Firma hatte 1898 bei der Übersiedlung in das neue Werk ihr Programm zwecks Vereinheitlichung beschränken und abgesehen von den mehreren hundert Typen Dampfmaschinen, Sondermaschinen für Gewehrfabrikation, Dampfkessel usw. im Werk-

---

[1]) »Die Stellung der Verbraucherkreise zur Normung, Typisierung und Spezialisierung«, Mitteilungen des A. w. F., Februar 1919, S. 3. — »Die Maschinenfabrik als Ingenieurfirma«, Mitteilungen des A. w. F., Februar 1919, S. 5.

[2]) »Die Begründung des Ausschusses für wirtschaftliche Fertigung«, Mitteilungen des A. w. F., April 1918, S. 2.

Abbild. 18.

zeugmaschinenbau die in der untenstehenden Figur umrahmten
Maschinen fortlassen wollen (siehe Abbild. 18)[1]). Heut baut sie
auch diese wieder.

[1]) Schlesinger, »Die Stellung der deutschen Werkzeugmaschine
auf dem Weltmarkte«, Z. d. V. D. I. 1911, S. 2038.

Gefahren. Nun zu den Gefahren! Es liegt im Wesen jeder Vereinheitlichung, daß sie schematisierend wirkt. Wehe dem Volk, das hiermit über seine Lebensbedingungen hinausgeht! Technisch und wirtschaftlich würde es seine ganze Entwicklung hemmen. Sind nicht alle Möglichkeiten, Notwendigkeiten und Grenzen streng wissenschaftlich durchdacht, wird zum Schaden der Allgemeinheit etwas Unreifes zur Norm erhoben, das nicht die Billigung aller interessierten Kreise erhalten hat, so kann da und dort der Fall eintreten; daß man sich mit reiferen Ideen über das Geschaffene hinwegsetzt. So würde das Gegenteil von dem beabsichtigten Zweck erreicht[1]). Der Vereinheitlichungsgedanke käme in Mißkredit und würde sich selbst sein Grab schaufeln. Das gleiche gilt von der starren Norm, die nicht das nötige Leben besitzt, um dem Fortschritt angepaßt zu werden. Sie wird eine technische Entwicklung unmöglich machen. Ein Beispiel hierfür ist die Normalspur und das von England übernommene Kupplungssystem[2]). Wie leicht kann auch die Gefahr eintreten, daß der Konstrukteur durch das Arbeiten mit Normalien verknöchert, daß die eigene Initiative darunter leidet und so schließlich der Fortschritt gehemmt wird! Es würde das etwa die gleiche Wirkung sein, wie sie für den Arbeiter bei Massenfabrikation der monotonen Maschinenarbeit nachgesagt wird[3]), zumal wenn jener unter dem Einfluß des Taylorsystems jeden Spielraumes zur individuellen Betätigung seiner Kräfte beraubt wirs. Die durch die erhöhte Leistung ermöglichte Vermehrung der Mußezeit muß hier den entsprechenden Ausgleich schaffen. In wirtschaftlicher Hinsicht ist aber nicht zu leugnen, daß je höher spezialisiert eine Fabrik ist, um so gefährdeter ist sie bei fehlendem Zusammenschluß[4]) in Zeiten des wirtschaftlichen Niederganges, abgesehen davon, daß sie beim Übergang zur Spe-

---

[1]) W. Speiser, »Grundlagen, Grenzen und Gefahren der Normalisierung«, Dinglers Polytechn. Journal 1917, S. 345.

[2]) W. Cauer, »Zur Vereinheitlichung der deutschen Eisenbahnen«, Zeitung des Vereins Deutscher Eisenbahnverwaltungen 1918/19, Nr. 14.

[3]) Slater Lewis, »The mechanical and commercial limits of specialisation«, The Engineering Magazine and International Review 1900, S. 709.

[4]) Döhne, »Normalisierung, Typisierung, Spezialisierung — Lebensfragen des deutschen Werkzeugmaschinenbaues«, Technik und Wirtschaft, Dez. 1918, S. 519.

zialisierung keineswegs sicher ist, daß der Markt ihre Erzeugnisse auch in dem erforderlichen Umfange aufnimmt[1]). Eine weitere Gefahr lag bisher in der Tatsache, daß die Massenherstellung normaler Teile leicht eine Betriebskonzentration, die Vernichtung des Handwerks und damit durch Monopolisierung die Ausschaltung des freien Wettbewerbes zur Folge haben könnte. Die soziale Neuordnung dürfte in Deutschland solche konsumentenfeindlichen Versuche unmöglich machen[2]). Ebenso können die Gefahren, die der Vereinheitlichung bisher mit Recht von militärischer Seite nachgesagt wurden, angesichts der Völkerbunds- und Abrüstungs- tendenz als überholt gelten. — Ausscheiden muß aber die Verein- heitlichung an all den Stellen, wo das ästhetische Moment bei dem Erzeugnis den Ausschlag gibt, also z. B. bei allen Kunst- gegenständen etwa in der Keramik[3]) oder der Glasindustrie Hausbauten nach stets gleicher Schablone sind gleichfalls ein Unding. Derartige Versuche könnten nur lähmend und erstickend wirken.

Sache einer weisen, alle Vor- und Nachteile gerecht und in breitester Öffentlichkeit abwägenden Organisation wird es sein, über die Schwierigkeiten hinwegzukommen und die Gefahren zu vermeiden, dann wird die Vereinheitlichung in der deutschen Industrie eins der vornehmsten Mittel sein, dem wirtschaft- lichen Wiederaufbau Deutschlands ein gutes Gelingen zu sichern.

---

[1]) »Standardisation«, Engineering 1900, S. 409.

[2]) Dr. A. Südekum, »Monopolisierungsgefahren bei der Massen- herstellung von Bauteilen«, Reichsverband zur Förderung sparsamer Bauweise E. V. 1919, S. 31.

[3]) Jos. Rieder, »Keramische Industrie und Vergesellschaftung«, Keramische Rundschau, 20. II. 1919, S. 35.

www.ingramcontent.com/pod-product-compliance
Lightning Source LLC
Chambersburg PA
CBHW031439180326
41458CB00002B/590